全国技工院校数控加工类专业通用教材（中级技能层级）

数控车床编程与操作

（第三版）

——广数 GSK980TDc 车床数控系统

人力资源社会保障部教材办公室组织编写

中国劳动社会保障出版社

内容简介

本书内容分为三篇十九个课题。入门篇包括入门基础概述、面板操作、编程基础知识、对刀方法。编程篇包括插补功能（G01、G02、G03）、非圆曲线插补功能（G6.2、G6.3、G7.2、G7.3）、固定循环指令（G90、G94）、多重循环指令（G70～G75）、螺纹切削指令（G32、G92、G76）、调用子程序、编程实例。操作篇包括外圆、端面与台阶加工，圆锥面加工，车槽加工，圆弧面加工，螺纹加工，内孔加工，数控加工尺寸的修改方法，综合加工实例。

本书由陈何生担任主编，洪凤铃、陈兴彪、谢耀福、陈春林、陈春海、郭少芳、肖洪梅、李玉兵参加编写，崔兆华审稿。

图书在版编目(CIP)数据

数控车床编程与操作：广数 GSK980TDc 车床数控系统/人力资源社会保障部教材办公室组织编写. -- 3 版. -- 北京：中国劳动社会保障出版社，2019

全国技工院校数控加工类专业通用教材. 中级技能层级

ISBN 978-7-5167-4012-5

Ⅰ. ①数… Ⅱ. ①人… Ⅲ. ①数控机床-车床-程序设计-技工学校-教材 ②数控机床-车床-操作-技工学校-教材 Ⅳ. ①TG519.1

中国版本图书馆 CIP 数据核字(2019)第 129999 号

中国劳动社会保障出版社出版发行

（北京市惠新东街 1 号　邮政编码：100029）

*

北京市艺辉印刷有限公司印刷装订　新华书店经销

787 毫米×1092 毫米　16 开本　17.25 印张　378 千字

2019 年 8 月第 3 版　2022 年12月第 5 次印刷

定价：32.00 元

营销中心电话：400-606-6496

出版社网址：http://www.class.com.cn

http://jg.class.com.cn

前言

为了更好地适应全国技工院校数控加工类专业的教学要求，全面提升教学质量，人力资源社会保障部教材办公室组织有关学校的一线教师和行业、企业专家，在充分调研企业生产和学校教学情况、广泛听取教师对教材使用反馈意见的基础上，对全国技工院校数控加工类专业中级阶段通用教材进行了修订。

教材体系

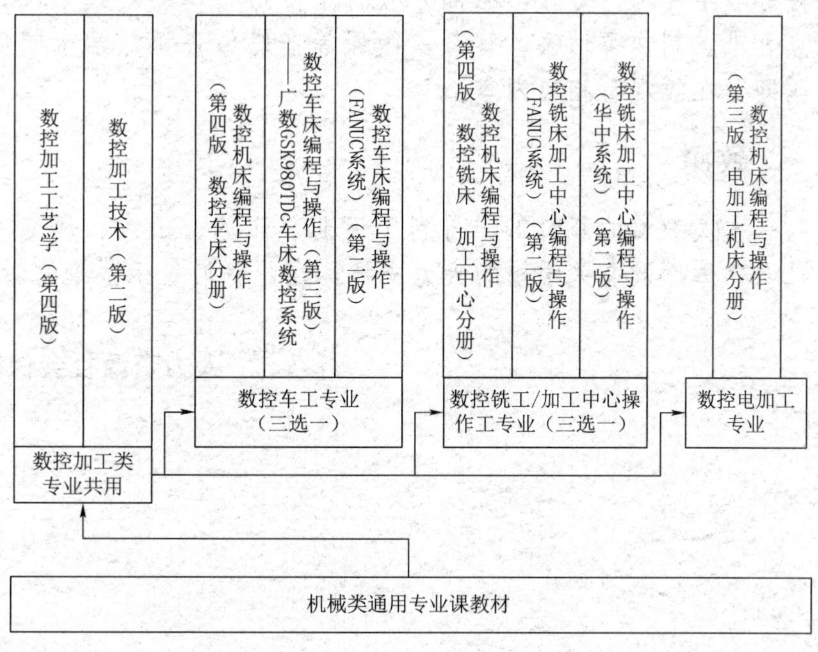

编写特色

◆ 紧贴教学实际情况　根据数控加工类专业毕业生所从事岗位的实际需要和教学实际情况的变化，合理确定学生应具备的能力与知识结构，对部分教材内容及其深度、难度做了适当调整；充分考虑教材的适用性，选择当今数控教学中广泛使用的数控系统。

◆ 体现行业技术发展　根据相关专业领域的最新发展，在教材中充实新知识、新技术、新设备、新材料等方面的内容，体现教材的先进性。

◆ 更新国家技术标准　采用最新的国家技术标准，使教材内容更加科学和规范。

◆ 符合学生阅读习惯　在教材内容的呈现形式上，较多地利用图片、实物照片和表格等形式将知识点生动地展示出来，力求让学生更直观地理解和掌握所学内容。

教学服务

本套教材配有习题册和方便教师上课使用的多媒体电子课件，可以通过职业教育教学资源和数字学习中心网站（http://zyjy. class. com. cn）下载电子课件等教学资源。另外，在部分教材中使用了二维码技术，针对教材中的教学重点和难点制作了动画、视频、微课等多媒体资源，学生使用移动终端扫描二维码即可在线观看相应内容。

致谢

本次教材的修订工作得到了河北、江苏、山东、河南、广东等省人力资源社会保障厅及有关学校的大力支持，在此我们表示诚挚的谢意。

人力资源社会保障部教材办公室

2018 年 8 月

目录

第一部分　入门篇 …………………………………………… (1)

课题一　入门基础概述 ……………………………………… (3)
课题二　面板操作 ……………………………………………… (8)
课题三　编程基础知识 ……………………………………… (36)
　§3.1　坐标、程序与编程指令 …………………………… (36)
　§3.2　程序编写 ………………………………………… (44)
课题四　对刀方法 …………………………………………… (47)

第二部分　编程篇 …………………………………………… (55)

课题五　插补功能（G01、G02、G03） ……………………… (57)
　§5.1　直线插补（G01） ………………………………… (57)
　§5.2　圆弧插补（G02、G03） …………………………… (59)
课题六　非圆曲线插补功能（G6.2、G6.3、G7.2、G7.3） …… (64)
　§6.1　椭圆插补（G6.2、G6.3） ………………………… (64)
　§6.2　抛物线插补（G7.2、G7.3） ……………………… (67)
课题七　固定循环指令（G90、G94） ……………………… (71)
　§7.1　轴向切削循环（G90） …………………………… (71)
　§7.2　径向切削循环（G94） …………………………… (75)
课题八　多重循环指令（G70～G75） ……………………… (81)
　§8.1　轴向粗车循环（G71） …………………………… (81)
　§8.2　径向粗车循环（G72） …………………………… (87)
　§8.3　封闭切削循环（G73） …………………………… (91)
　§8.4　精加工循环（G70） ……………………………… (95)

§8.5　轴向车槽多重循环（G74）…………………………（96）
§8.6　径向车槽多重循环（G75）…………………………（99）
课题九　螺纹切削指令（G32、G92、G76） ……………………（104）
§9.1　螺纹基本切削指令（G32）…………………………（104）
§9.2　螺纹切削单一固定循环指令（G92）………………（106）
§9.3　复合型螺纹切削循环指令（G76）…………………（109）
课题十　调用子程序 ……………………………………………（113）
课题十一　编程实例 ……………………………………………（118）

第三部分　操作篇 ……………………………………………（161）

课题十二　外圆、端面与台阶加工 ……………………………（163）
课题十三　圆锥面加工 …………………………………………（169）
课题十四　车槽加工 ……………………………………………（181）
课题十五　圆弧面加工 …………………………………………（192）
课题十六　螺纹加工 ……………………………………………（199）
§16.1　普通螺纹加工 ………………………………………（199）
§16.2　梯形螺纹加工 ………………………………………（207）
课题十七　内孔加工 ……………………………………………（214）
课题十八　数控加工尺寸的修改方法 …………………………（220）
课题十九　综合加工实例 ………………………………………（225）
综合训练图集 …………………………………………………（252）

第一部分　入　门　篇

课题一

入门基础概述

学习目标

- 能认识数控的定义及数控车床的基础知识、用途及分类。
- 能认识数控加工文明生产和安全操作技术知识。

一、数控的概念

数控（Numerical Control，NC）技术是用数字化信息进行控制的自动控制技术。采用数控技术控制的机床，即装备了数控系统（Computer Numerical Control，CNC）的机床，是集机床、计算机、电动机及拖动、自动控制、检测等技术于一体的自动化设备。数控机床的基本组成包括输入/输出装置、数控装置、伺服系统、辅助控制装置、反馈系统及机床本体。常用的数控机床有数控车床、数控铣床、数控加工中心等。

数控机床的加工原理是将工件的几何数据和工艺数据等加工信息按规定的代码和格式编制成数控加工程序，并用适当的方法将加工程序输入数控系统，数控系统对输入的加工程序进行处理，输出各种信息和指令，控制机床各部分按规定有序地动作。最基本的信息和指令包括各坐标轴的进给速度、进给方向和进给位移量，各状态控制的输入/输出信号等。

数控机床的运行处于不断计算、输出、反馈等控制过程中，从而保证刀具和工件之间相对位置的准确性。

二、数控车床

数控车床可以完成内外圆柱面、圆锥面、圆弧面、端面、螺纹等切削加工，特别适合加工形状复杂的轴类或盘类零件。

1. 数控车床的分类

(1) 按车床主轴位置分类

1）立式数控车床（见图 1—1a）。立式数控车床简称数控立车，其车床主轴垂直于水平面，并有一个直径很大的圆形工作台，供装夹工件用。这类机床主要用于加工径向尺寸大、轴向尺寸相对较小的大型复杂零件。

2）卧式数控车床（见图 1—1b）。卧式数控车床又分为数控水平导轨卧式车床和数控倾斜导轨卧式车床。倾斜导轨的结构形式可以使车床具有更大的刚度，并易于排出切屑。

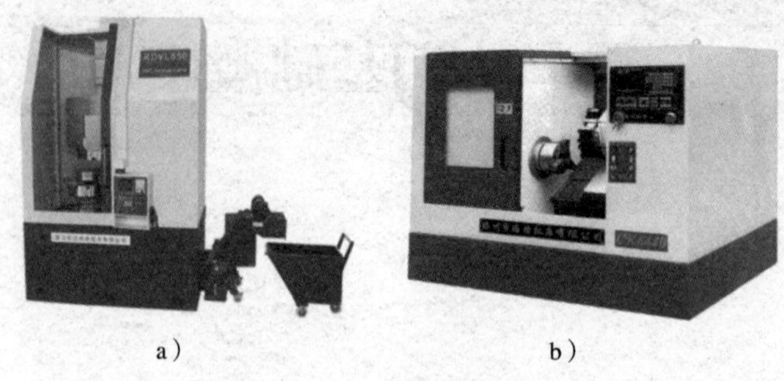

a）　　　　　　　　　　　　b）

图 1—1　按车床主轴位置分类

a）立式数控车床　b）卧式数控车床

（2）按加工零件的基本类型分类

1）卡盘式数控车床。这类车床不设置尾座，适合车削盘类（含短轴类）零件。其夹紧方式多为电动或液压控制，卡盘结构多具有可调卡爪或不淬火卡爪（即软卡爪）。

2）顶尖式数控车床。这类数控车床配置有普通尾座或数控尾座，适合车削较长的轴类零件及直径不太大的盘类、套类零件。

（3）按刀架数量分类

1）单刀架数控车床。普通数控车床一般都配置有各种形式的单刀架，如四工位卧式自动转位刀架或多工位转塔式自动转位刀架。

2）双刀架数控车床。这类车床的双刀架配置平行分布，也可以相互垂直，如图 1—2 所示。

（4）按数控系统的功能分类

1）经济型数控车床。一般采用步进电动机驱动，形成开环伺服系统，其控制部分采用单板机或单片机来实现。此类车床结构简单、价格低廉、无刀尖圆弧半径自动补偿和恒线速度切削等功能。

2）全功能型数控车床。一般采用闭环或半闭环控制系统，具有高柔度、高精度和高效率等特点。

3）车削中心。车削中心是以全功能型数控车床为主体，如图 1—3 所示，并配置刀库、换刀装置、分度装置、铣削动力头和机械手等，实现多工序复合加工的机床。在工件一次装夹后，它可完成回转零件的车、铣、钻、铰、攻螺纹等多种加工工序。

4）柔性制造单元。这类车床实际上是由数控车床、机器人等构成的。它能实现工件搬运、装卸的自动化和加工调整准备的自动化。

（5）其他分类方法

按数控系统的不同控制方式等指标，数控车床可以分成很多种类，如直线控制数控车床、两主轴控制数控车床等；按特殊或专门工艺性能可分为螺纹数控车床、活塞数控车床等。

图 1—2 双刀架数控车床

图 1—3 车削中心

2. 数控车床的特点

（1）适应性强

数控车床加工新工件时，只需重新编制新工件的加工程序就能实现。数控车床加工工件只需要简单的夹具，不需要制作成批的工装夹具，更不需要反复调整车床，因此，特别适合单件、小批量及试制新产品的工件加工。

（2）能实现复杂工件的加工

数控车床能够加工许多普通车床难以完成或无法完成的复杂零件，如二次曲线、椭圆等曲线构成曲面的加工。采用数控车床加工很方便，其车刀刀尖运动的轨迹由加工程序进行控制。

（3）精度高、质量稳定

数控车床是按照预定的程序自动加工的，消除了人为产生的误差，因而产品的质量十分稳定。数控车床的机械部分具有较高的动态精度，数控装置的脉冲当量可达 0.001 mm/脉冲，还可以通过实时检测反馈修正误差或补偿获得更高的精度。加工精度一般可以达到 0.005～0.1 mm。

（4）生产效率高

产品的生产时间主要包括工艺时间和辅助时间。数控车床功率大，切削速度较普通车床高，因此，能缩短工艺时间；由于其配备了自动换刀装置和检测装置，可以减少工件的装卸次数和其他辅助时间，从而明显提高生产效率。

（5）减轻劳动强度，改善劳动条件

数控车床在生产过程中是按照数控指令进行工作的，不需要人工干预，又可在恶劣的环境下自动进行加工，从而降低了工人的劳动强度，极大地改善了劳动环境条件。

（6）有利于生产管理的现代化

数控车床使用数字信息与标准代码处理、传递信息，可以同计算机连接，构成由计算机控制、管理的生产系统，为产品的设计、制造及管理一体化奠定了基础。

三、GSK980TDc 数控系统简介

GSK980TDc 是在 GSK980TDb 基础上升级的产品，采用 8.4 in（1in=25.4 mm）彩色 LCD，支持梯形图在线监控，新增在线机床调试向导、示教、辅助编程、多边形车削等功

能。标配 GS2000T－N 系列强过载型伺服单元及 5 000 线编码器的伺服电动机，达到了 μ 级位置精度，支持输入/输出单元扩展，可满足普及型数控车床和专用机床的应用需求。该数控系统的技术特点如下：

1. 5 个进给轴，2 个模拟主轴。

2. 最小控制精度 0.1 μm，最高移动速度 60 m/min。

3. 标配 GS2000T－N 系列强过载型伺服单元，伺服电动机位置反馈采用 5 000 线编码器。

4. 适配伺服主轴可实现主轴定向、刚性攻螺纹、圆柱插补、极坐标插补等功能。

5. 内置式 PLC，梯形图在线显示、实时监控，可扩展串行输入/输出单元。

6. 具备手脉试切、示教、手脉中断功能。

7. 具备在线机床调试向导、辅助编程、界面自定义、图形尺寸直接输入、多边形车削等功能。

8. 具备 MDI 多程序段执行功能。

9. 40M 程序存储空间，10 000 个零件程序，支持 U 盘程序加工。

10. 6 级操作权限管理，32 次限时停机设置。

四、安全文明生产

1. 文明生产

文明生产是企业管理中一项十分重要的内容，它直接影响产品质量，设备和工具、夹具、量具的作用效果及使用寿命，以及操作工人技能的发挥。从开始学习本课程时，就要重视培养文明生产的良好习惯，做到以下几点：

（1）进入数控实习室后，应服从安排，听从指挥，严格按照教师的教学安排，不得擅自启动或操作车床数控系统，防止意外事故的发生。

（2）操作前，应该仔细检查车床各部分机构是否完好，各传动手柄、变速手柄的位置是否正确，还应按要求认真检查数控系统及各电器附件的插头、插座是否连接可靠。

（3）对数控车床主体，应按普通车床的有关要求进行使用和养护，按规定加油并观察各部分的润滑情况，要注意车床溜板、刀架是否会碰撞尾座等。工具及量具放置位置应合理，班前、班后要清理工作场地。

（4）操作数控系统时，对各按键及开关的操作不得用力过猛、过大，应轻触慎用，不允许用扳手或其他工具进行操作。

（5）虽然数控车削加工过程是自动进行的，但并不属于无人加工性质，仍需要操作者经常观察，不允许随意离开生产岗位。

2. 安全操作技术

操作时，必须按照课堂规定，严格执行操作规程，自觉遵守安全技术条例和各项规章制度，并认真做到以下几点：

（1）按规定穿戴好保护用品（穿合体的工作服，袖口不要敞开，长发放在护发帽内）。

（2）不准穿高跟鞋、拖鞋上岗，不允许戴手套和围巾进行操作。

（3）刀具装夹要牢固，刀头伸出部位不要过长，刀具下垫片的形状尺寸应与刀体形状尺寸相一致，垫片应尽可能少而平。

（4）装拆工件时，卡盘扳手应随手放下，不得留放在插孔上，避免开车时飞出，造成伤人及设备事故。

（5）完成对刀后，要认真检查程序（或仿真图形）才能切削加工，以防止操作加工（或自动加工）时发生撞坏刀具、工件或机床设备等事故。

（6）在数控车削过程中，一定要关门操作，防止切屑、崩刃、工件等飞出伤人。

（7）切削时产生的带状切屑、螺旋状的长切屑，由于温度较高，卷切力较强，对操作者危害较大，应尽量改变加工参数、刀具角度等，避免意外事故的发生。对于切屑，应使用钩子及时清除，严禁用手拉。

（8）在数控车削过程中，因观察加工的时间多于操作时间，所以操作者一定要选择好位置，确保人身安全。

课题二

面 板 操 作

学习目标

- 能说出面板按键的名称及功能。
- 能完成面板各种方式的操作。

一、面板操作的介绍

1. GSK980TDc 操作面板

GSK980TDc 采用集成操作面板，面板划分如图 2—1 所示。

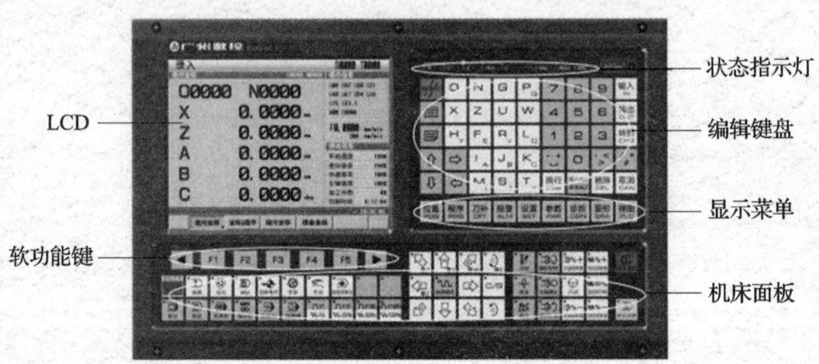

图 2—1　面板划分

2. 面板划分功能说明

(1) 状态指示灯（见表 2—1）

表 2—1　　状态指示灯

图示	说明
X　Y　Z　4th　C	轴回零结束指示灯
ALM　READY　RUN	三色灯

（2）编辑键盘（见表 2—2）

表 2—2 **编辑键盘**

图示	名称	说明
 RESET	复位键	CNC 复位，进给、输出停止等
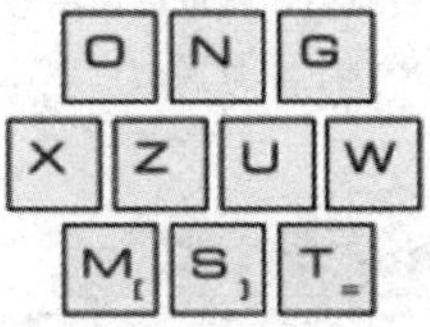 O N G X Z U W M [S] T =	地址键	地址输入
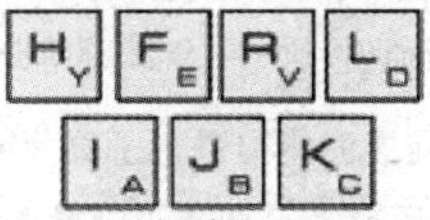 H Y F E R V L D I A J B K C		双地址键/反复按键，在两者间切换
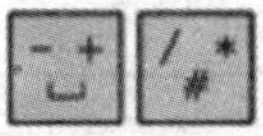 - + ⊔ / * #	符号键	三地址键/反复按键，在三者间切换
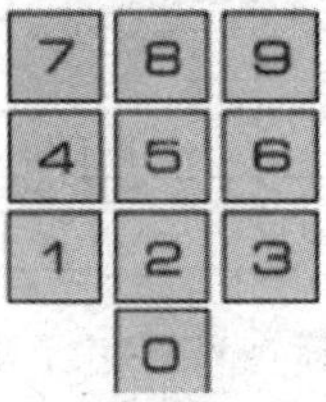 7 8 9 4 5 6 1 2 3 0	数字键	数字输入
 . < >	小数点键	小数点输入
 输入 IN	输入键	参数、补偿等数据输入的确定
 输出 OUT	输出键	启动通信输出
 转换 CHG	转换键	信息、显示的切换
 插入INS 修改ALT 删除 DEL 取消 CAN	编辑键	编辑时程序、字段的插入、修改、删除（插入INS 修改ALT为复合键/反复按键，在插入、修改、宏程序间切换）
 换行 EOB	EOB 键	结束程序段的输入
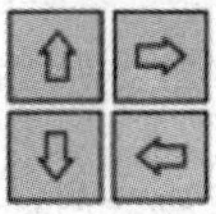 ⇧ ⇨ ⇩ ⇦	光标移动键	控制光标的移动

续表

图示	名称	说明
	翻页键	同一显示界面下页面的切换
 ◀ F1 F2 F3 F4 F5 ▶	软功能键	使用功能键进入界面集的切换后，就可以使用对应的软功能键来显示当前界面集中某一个子页面的内容，示意图如下： 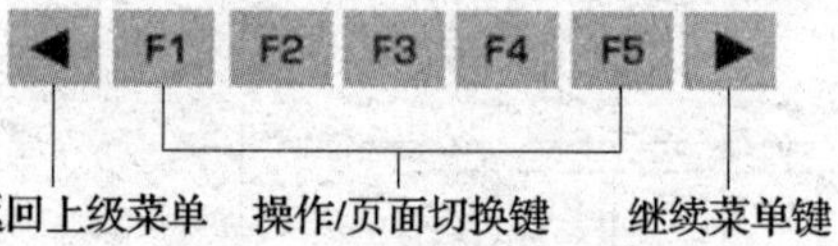 ◀ F1 F2 F3 F4 F5 ▶ 返回上级菜单　操作/页面切换键　继续菜单键 软功能键的作用：在当前界面集内进行子页面的切换，作为当前显示的子页面的操作输入，如编辑、修改数据或显示内容等

（3）显示菜单键（见表 2—3）

表 2—3　　显示菜单键

图示	说明
位置 POS	进入位置界面集，位置界面集有相对坐标、绝对坐标、综合坐标、坐标 & 程序 4 个子页面
程序 PRG	进入程序界面集，程序界面集有程序内容、MDI 程序、本地目录、U 盘目录 4 个子页面
刀补 OFT	进入刀补界面集，刀补界面集有刀偏设置、宏变量、工件坐标系、刀具寿命 4 个子页面
报警 ALM	进入报警界面集，报警界面集有报警信息、报警日志 2 个子页面
设置 SET	进入设置界面集，设置界面集有 CNC 设置、系统时间、文件管理 3 个子页面
参数 PAR	进入参数界面集，参数界面集有状态参数、数据参数、常用参数、螺距补偿 4 个子页面
诊断 DGN	进入诊断界面集，诊断界面集有系统诊断、系统信息 2 个子页面
梯形图 PLC	进入梯形图界面集，梯形图界面集有 PLC 状态、梯形图监控、PLC 数据 3 个子页面
图形 GRA	进入图形页面，可显示 X、Z 轴的运动轨迹

(4) 机床控制键（见表 2—4）

表 2—4 **机床控制键**

图示	名称	说明
 进给保持	进给保持键	程序运行暂停
 循环启动	循环启动键	程序运行启动
   %+ 进给倍率增 100% 进给倍率100% %－ 进给倍率减	进给倍率键	进给速度的调整
  %+ 进给倍率增 %－ 进给倍率减	主轴倍率键	主轴速度调整（主轴转速模拟量控制方式有效）
 换刀	手动换刀键	手动换刀
 点动	点动开关键	主轴点动状态开/关
 C/S	C/S 轴切换	切换主轴速度/位置控制
 润滑	润滑开关键	机床润滑开/关
 冷却	切削液开关键	切削液开/关
 顺时针转	主轴控制键	主轴顺时针转
 主轴停止		主轴停止
 逆时针转		主轴逆时针转
 快速移动	快速移动键	快速移动/进给速度切换

续表

图示	名称	说明
	X 轴进给键	手动、单步操作方式各轴正向/负向移动
	Z 轴进给键	
	手脉控制轴选择键	手脉操作方式各轴选择
X1 F0 X10 25% X100 50% X1000 100%	手脉/单步增量选择与快速倍率选择键	手脉每格移动 1/10/100/1 000×最小当量；单步每步移动 1/10/100/1 000×最小当量；快速倍率 F0、25%、50%、100%
选择停	选择停开关键	选择停开关有效时，执行 M01 暂停
单段	单段开关键	程序单段运行/连续运行状态切换，单段有效时指示灯亮
跳段	程序段选择跳开关键	程序段首标有“/”号的程序段是否跳过状态切换，程序段选择跳开关键打开时，跳段指示灯亮
机床锁	机床锁住开关键	机床锁住时指示灯亮，进给轴输出无效
MST 辅助锁	辅助功能锁住开关键	辅助功能锁住时指示灯亮，M、S、T 功能输出无效
空运行	空运行开关键	空运行有效时指示灯亮，加工程序/MDI 代码段空运行
编辑	编辑方式选择键	进入编辑操作方式
自动	自动方式选择键	进入自动操作方式
MDI	录入方式选择键	进入录入操作方式
回参考点	机床回零方式选择键	进入机床回零操作方式
手脉	单步/手脉方式选择键	进入单步/手脉操作方式 （两种操作方式由参数选择其一）
手动	手动方式选择键	进入手动操作方式
回程序零点	回程序零点方式选择键	进入程序回零操作方式
Trial 手脉试切	手脉试切方式选择键	进入手脉试切操作方式

二、位置显示界面

按[位置POS]键进入位置显示界面，位置显示界面有[绝对坐标][相对坐标][综合坐标]和[坐标&程序]子页面，通过按相应的软功能键或反复按[位置POS]键切换到各子页面。

1. 绝对坐标显示页面

绝对坐标显示页面如图 2—2 所示。

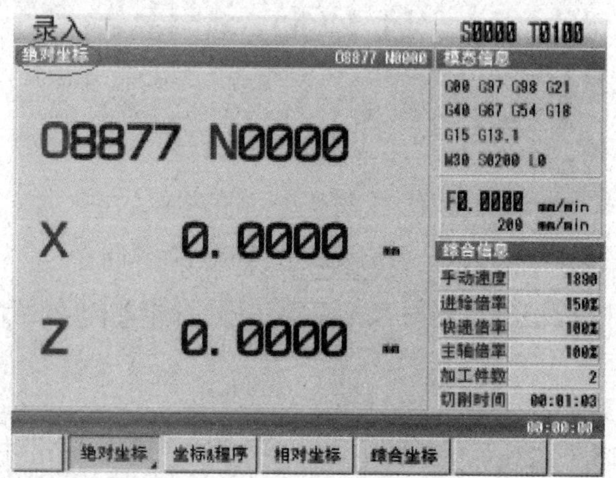

图 2—2 绝对坐标显示页面

（1）页面基本信息说明（见表 2—5）

表 2—5 页面基本信息说明

页面基本信息	说明
G 功能码	各组 G 代码的信息
M	最近一次执行的 M 代码
S	模拟主轴时表示输入的主轴转速；当为主轴时表示输入的主轴挡位
L	子程序调用次数
F	上半部分（0.000 0 mm/min）为实际速度，下半部分（200 mm/min）为指令速度
手动速度	手动方式下的理论速度值
进给倍率	由进给倍率开关选择的倍率
主轴倍率	当参数 N0.001 的 Bit4 位设定为 1 时，显示主轴倍率
加工件数	当程序执行完 M30 指令（或子程序中的 M99）后，加工件数加 1
切削时间	当自动运转启动后开始计时，时间单位依次为小时、分、秒

（2）加工件数和切削时间掉电记忆清零方法

1）方法 1：按[绝对坐标]软键直至出现如图 2—3 所示的绝对坐标清零页面。

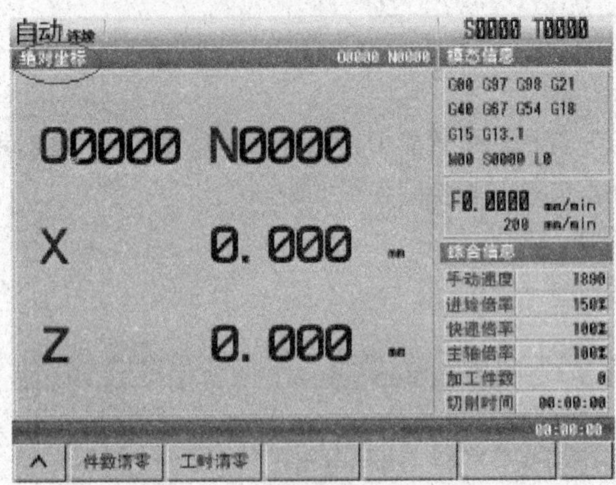

图 2—3　绝对坐标清零页面

此时按件数清零软键清除加工件数，按工时清零软键清除切削时间。

2）方法 2：直接按位置POS键进入绝对坐标页面，同时按取消CAN+N键清除加工件数，同时按取消CAN+T键清除切削时间。

2. 相对坐标显示页面

如图 2—4 所示的相对坐标显示页面中，*U*、*W* 值为当前位置相对参考点的坐标，CNC 上电时 *U*、*W* 坐标保持。当 CNC 参数 N0. 005 的 Bit1 为 1 时，相对坐标值也同时被设定。*U*、*W* 坐标可随时清零。

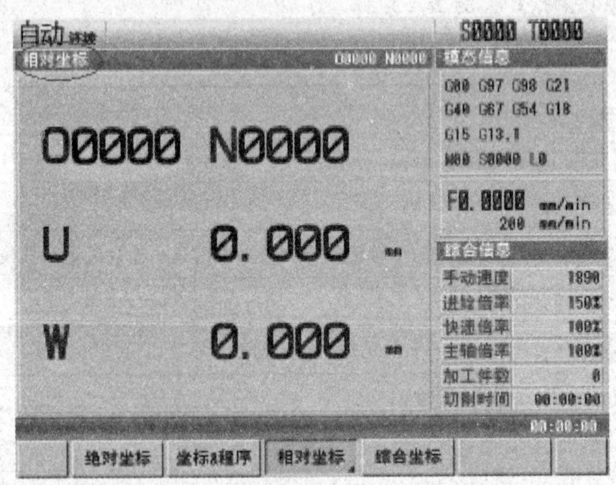

图 2—4　相对坐标显示页面

U、*W* 值清零的方法：

（1）方法 1

按相对坐标软键直至出现如图 2—5 所示的相对坐标清零页面。此时按U轴清零软键 *U* 值清零，按W轴清零软键 *W* 值清零。

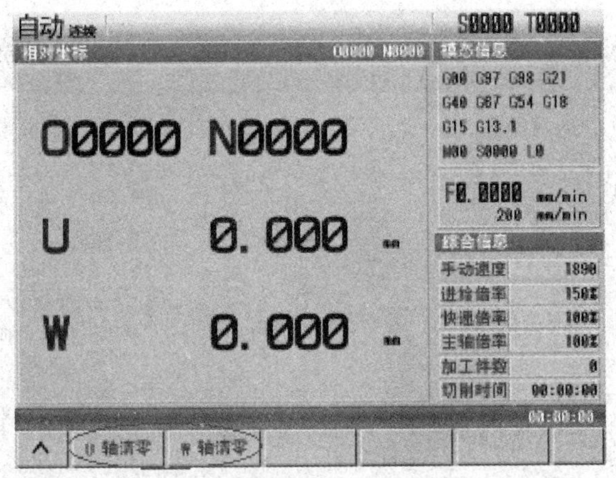

图 2—5　相对坐标清零页面

（2）方法 2

切换到相对坐标显示子页面，此时按 U 键，当页面中的大字符“U”出现闪烁时，再按 取消 CAN 键则 U 值被清零；W 值的清零方法相同。

3. 综合坐标显示页面

综合坐标显示页面如图 2—6 所示。

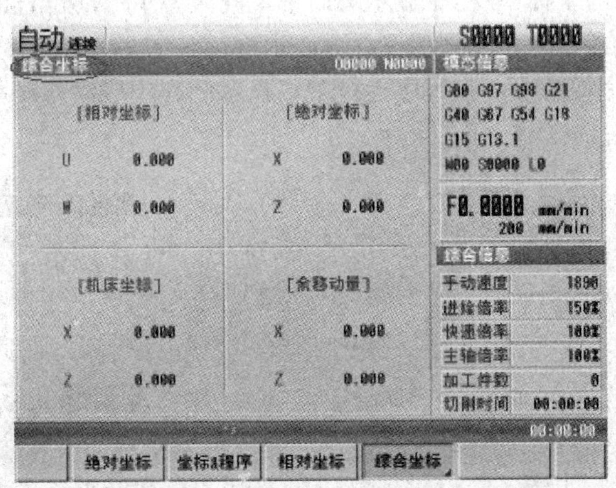

图 2—6　综合坐标显示页面

综合坐标清零的方法：

（1）方法 1

按 综合坐标 软键直至出现如图 2—7 所示的综合坐标清零页面。此时按 X 轴清零 软键 X 轴坐标值清零，按 Z 轴清零 软键 Z 轴坐标值清零。

（2）方法 2

切换到综合坐标子页面，同时按 X + 取消 CAN 键清除 X 轴机床坐标值；同时按 Z + 取消 CAN 键清除 Z 轴机床坐标值。

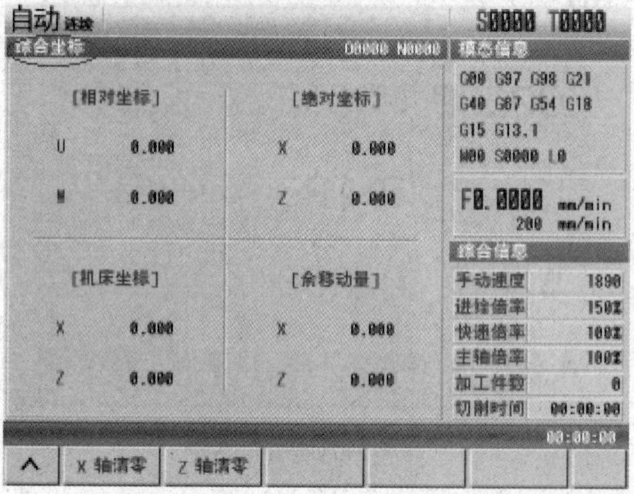

图 2—7　综合坐标清零页面

注意：只有当各轴没有机械零点（状态参数 N0. 0014 的 Bit0～Bit4 设定为 0 时），该操作才有效。

4. 坐标 & 程序显示页面

在如图 2—8 所示的坐标 & 程序显示页面中，同时显示当前位置的绝对坐标、相对坐标（若状态参数 N0. 180 的 Bit0 位设置为 1，则显示当前位置的绝对坐标、相对坐标、机床坐标）及当前程序的 7 个程序段，在程序运行中，显示的程序段动态刷新，光标位于当前运行的程序段。

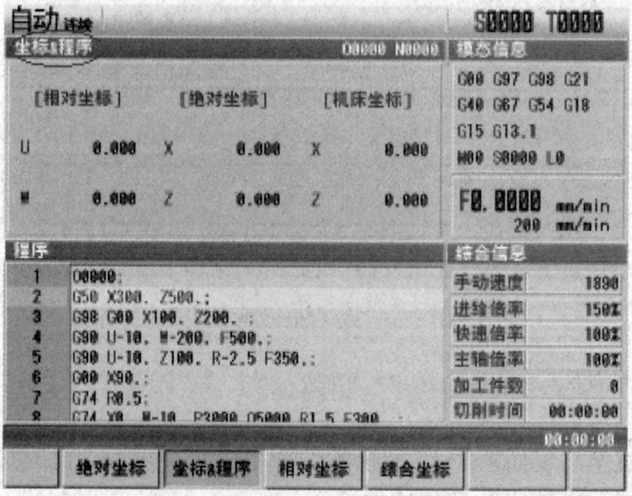

图 2—8　坐标 & 程序显示页面

三、面板功能操作方式

1. 手动操作方式

(1) 坐标轴移动

在手动操作方式下，可以使两轴手动进给、手动快速移动。

1) 手动进给。按或键可使 X 轴向负向或正向进给，松开按键时 X 轴运动停止；按住或键可使 Z 轴向负向或正向进给，松开按键时 Z 轴运动停止。

小提示

在手动进给时，可按等键修改手动进给倍率，共有 16 级调整速度。

2) 手动快速移动。按键使按键指示灯亮，按下或键可使 X 轴向负向或正向快速移动，松开按键时 X 轴运动停止；按下或键可使 Z 轴向负向或正向快速移动，松开按键时 Z 轴运动停止。

小提示

在手动快速移动时，可按等键修改手动快速移动倍率，快速倍率有 F0、25%、50%、100%四挡。快速倍率选择主要在 G00 快速移动、固定循环中的快速移动、手动快速移动的情况下有效；在编辑/手脉方式下，键无效。

(2) 其他手动操作

1) 主轴控制。手动操作方式下，按键，主轴顺时针转动；手动操作方式下，按键，主轴停止转动；手动操作方式下，按键，主轴逆时针转动。

2) 切削液控制。任意操作方式下，按键，切削液在开关之间切换。

3) 手动换刀。手动操作方式下，按键，手动按顺序依次换刀（若当前为 1 号刀具，按换刀键后，刀具换至 2 号刀具；若当前为最后一把刀具，按换刀键后，刀具换至 1 号刀具）。

4) 主轴倍率的修调。手动操作方式下，当选择模拟电压输出控制主轴速度时，可修调主轴速度。按键，修调主轴倍率改变主轴速度，可实现主轴倍率 50%～120%共 8 级实时调节。

2. 单步/手脉操作方式

(1) 单步进给

设置系统参数 N0.001 的 Bit3 位为 0，按键进入单步操作方式。

1) 增量的选择。按键，选择移动增量，移动增量会在页面中显示。当 PLC 状态参数 K016 的 Bit7 位（SINC）为 1 时，步长值无效；当 Bit7 为 0 时，

X1 F0、X10 25%、X100 50%、X1000 100%均有效（步长值单位为 0.001 mm）。如按 X100 50%键，单步移动增量页面如图 2—9 所示。

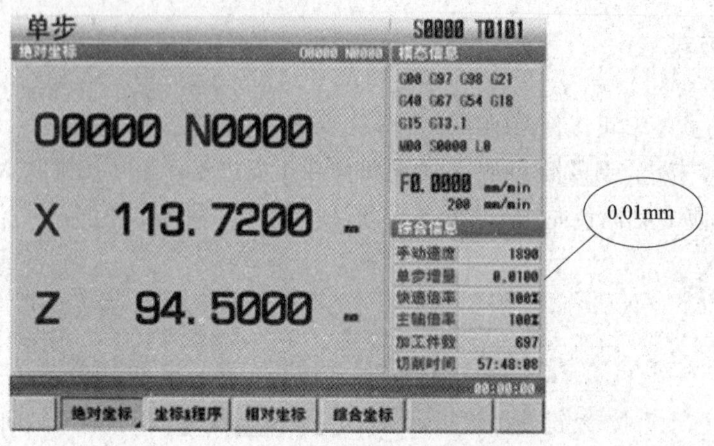

图 2—9 单步移动增量页面

2）移动方向选择。按一次 X 或 X 键，可使 *X* 轴向负向或正向按单步增量进给一次；按一次 Z 或 Z 键，可使 *Z* 轴向负向或正向按单步增量进给一次。

（2）手脉（手摇脉冲发生器）进给

手脉外形如图 2—10 所示。设置系统参数 N0.001 的 Bit3 位为 1，按手脉键进入手脉操作方式。

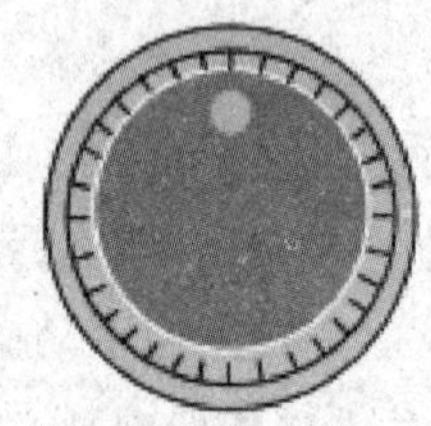

图 2—10 手脉外形

1）增量的选择。按 X1 F0、X10 25%、X100 50%、X1000 100%键，选择移动增量，移动增量会在页面中显示。当 PLC 状态参数 K016 的 Bit7 位（SINC）为 1 时，X1000 100%步长值无效；当 Bit7 为 0 时，X1 F0、X10 25%、X100 50%、X1000 100%均有效（步长值单位为 0.001 mm）。如按 X100 50%键，手轮移动倍率页面如图 2—11 所示。

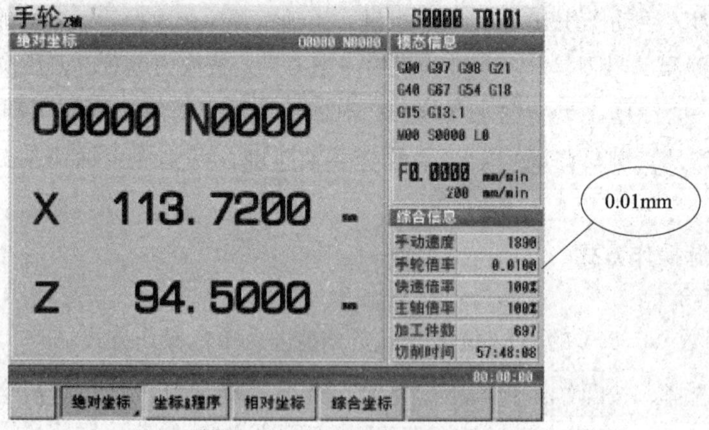

图 2—11 手轮移动倍率页面

2）移动轴及方向的选择。在手脉操作方式下，按[X轴键][Z轴键]键选择相应的轴。如按[X轴键]键，手轮移动轴页面如图 2—12 所示。

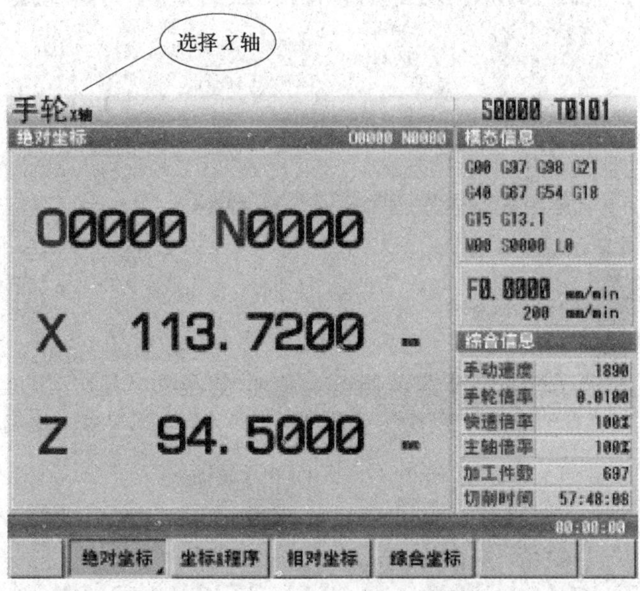

图 2—12 手轮移动轴页面

手脉的进给方向由手脉旋转方向决定。一般情况下，手轮顺时针为正向进给，逆时针为负向进给。如果有时手轮顺时针为负向进给，逆时针为正向进给，可交换手轮端 A、B 信号，也可由参数 N0.013 号 Bit0～Bit4 位选择手脉旋转的进给方向。

知识点拨

在单步/手脉方式中的其他操作与手动操作方式中的操作相同。

四、MDI（录入）方式操作

1. 程序段的录入

选择录入操作方式，进入 MDI 程序页面，输入一个程序段“G50 X50 Z100”，操作步骤如下：

（1）按[MDI]键进入录入操作方式。

（2）按[程序 PRG]键，再按[MDI 程序]软键进入 MDI 程序页面，如图 2—13 所示。

（3）依次键入地址键[G]、数字键[5][0]。

（4）依次键入地址键[X]、数字键[5][0]。

（5）依次键入地址键[Z]、数字键[1][0][0]。

执行完上述操作后，输入页面显示如图 2—14 所示。

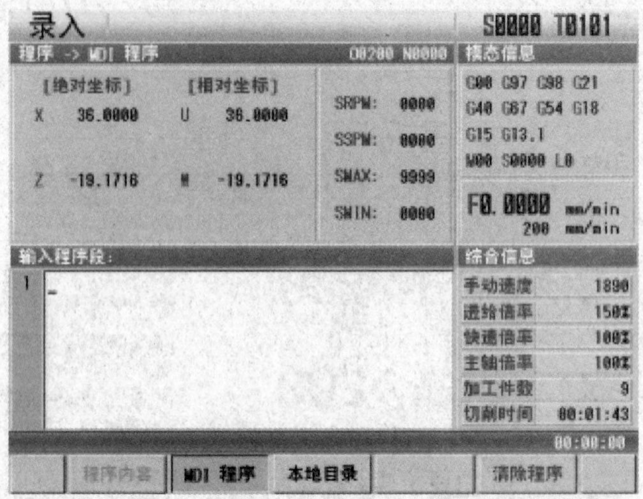

图 2—13　MDI 程序页面

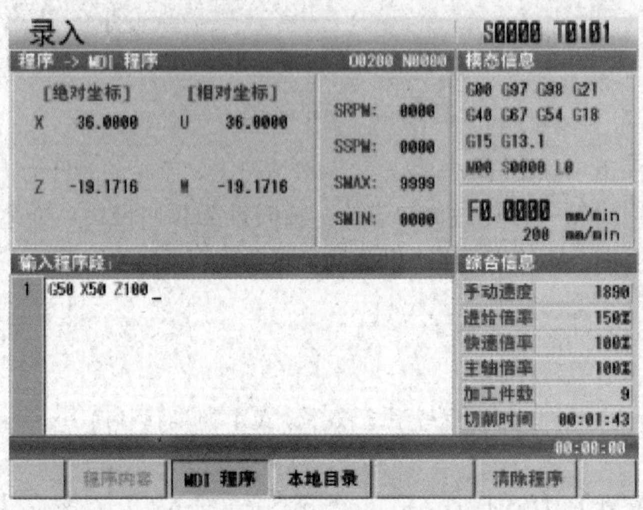

图 2—14　输入页面显示

2. 程序段的执行

程序段输入后，需按输入IN键确认，再按循环启动键执行输入的程序段。

五、编辑方式

1. 程序内容的输入

按编辑键进入编辑操作方式，按程序PRG键进入程序界面集，要输入加工程序，首先要建立一个加工程序，建立加工程序的方法如下：

(1) 方法一

1) 在程序内容页面输入程序名，按地址键 O ，在弹出的对话框中依次键入数字键 0 0 0 1 (输入时程序名的前导 O 可省略)，如图 2—15 所示。

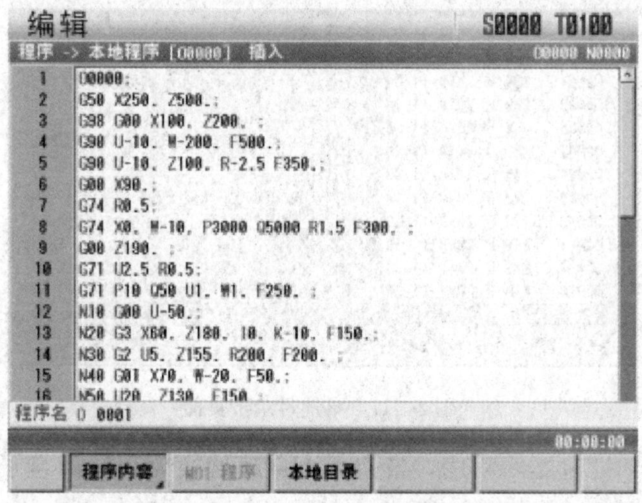

图 2—15 输入程序名

2) 按 换行EOB 键或 输入IN 键建立新程序，如图 2—16 所示。

图 2—16 建立新程序

(2) 方法二

1) 按 本地目录 软键（如果在其他子页面下，则连续按两次该键），进入到本地目录子页面，如图 2—17 所示。

2) 再按 打开&新建 软键，在弹出的对话框中依次键入数字 0 0 0 1 。

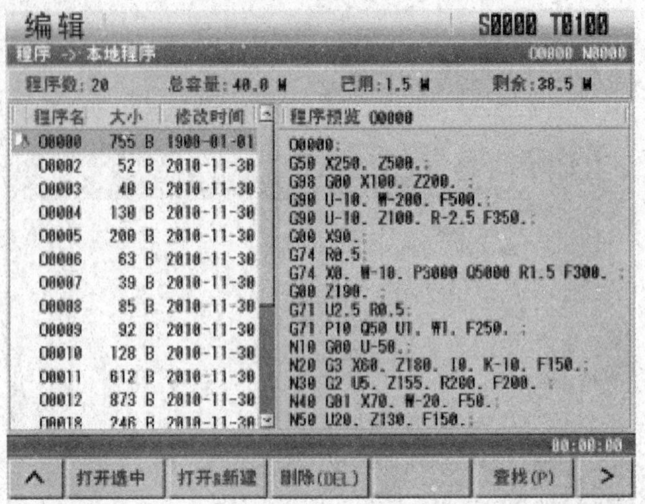

图 2—17　本地目录子页面

3）按换行EOB键或输入IN键建立新程序，当前页面自动切换为程序内容子页面，如图 2—16 所示。

小提示

1. 建立加工程序时，如果输入的程序名已经存在，则会打开该文件，否则自动新建一个程序文件。

2. 建立程序后，按照编制好的零件程序逐个输入，每输入一个字符，在屏幕上立即显示输入的字符（复合键的处理是反复按此键，实现交替输入），一个程序段输入完毕，按换行EOB键或输入IN键结束。

2. 字符的检索

（1）扫描法光标逐个字符扫描

1）按编辑键进入编辑操作方式，按程序PRG键进入程序界面集并切换到程序内容子页面。

2）按⇧键，光标上移一行；若当前光标所在的列数大于上一行总的列数，按⇧键后，光标移到上一程序段尾。

3）按⇩键，光标下移一行；若当前光标所在的列数大于下一行总的列数，按⇩键后，光标移到下一行末尾。

4）按⇨键，光标右移一列；若光标在行末，光标则移到下一程序段首。

5）按⇦键，光标左移一列；若光标在行首，光标则移到下一程序段末。

6）按向上翻页键，向上翻页，光标移至上一页第一行第一列；若向上翻页到程序内容首页，则光标移至第二行第一列。

7）按向下翻页键，向下翻页，光标移至下一页第一行第一列；若已是程序内容最后一页，则光标移至程序最后一行第一列。

（2）查找法

从光标当前位置开始，向上或向下查找指定的字符，查找法操作步骤如下：

1）按[编辑]键，进入编辑操作方式，按[程序 PRG]键进入程序界面集并切换到程序内容子页面。

2）按[查找(P)]键，在弹出的对话框中输入欲查找的字符（也可输入一行程序段）。如查找“G00 X90”，程序查找页面如图 2—18 所示。

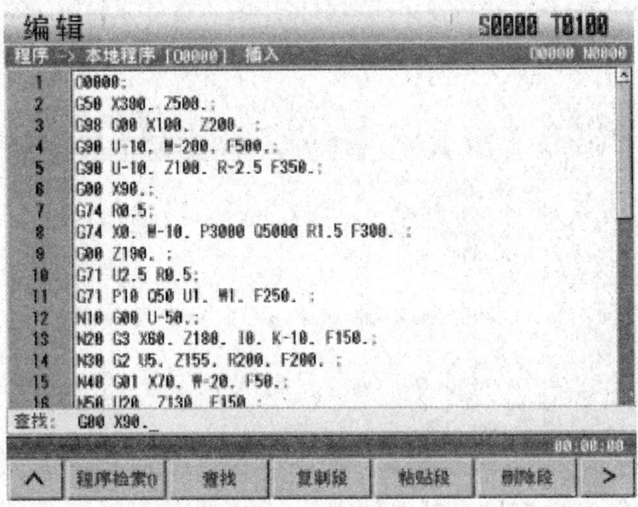

图 2—18　程序查找页面

3）按[⇩]键（根据欲查找字符与当前光标所在字符的位置关系确定按[⇧]键还是[⇩]键），程序查找结果页面如图 2—19 所示。

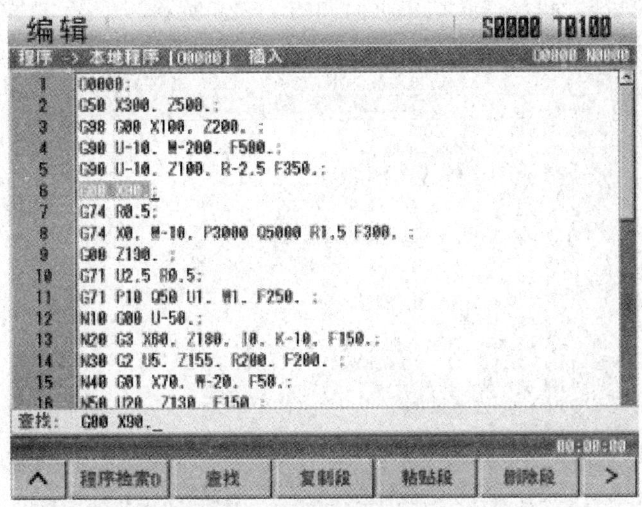

图 2—19　程序查找结果页面

4）查找完毕，CNC 仍然处于查找状态，再次按⇧键或⇩键，可以查找下一位置的字符，也可按转换CHG键退出查找状态。

5）如未查找到，则出现“找不到指定的字符串”的提示。

3. 定位光标到指定行

（1）按编辑键，进入编辑操作方式，按程序PRG键进入程序页面并切换到程序内容子页面。

（2）按转换CHG键或定位(CHG)软键，在弹出的对话框中输入行号（程序段的物理行号，即左边一列标注的行号），如光标要定位到第 10 行，程序查找输入页面如图 2—20 所示。

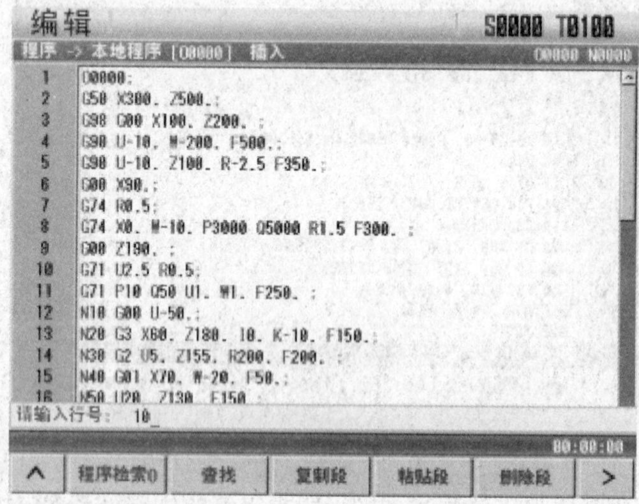

图 2—20　程序查找输入页面

（3）按输入IN键或换行EOB键，程序查找结果页面如图 2—21 所示。

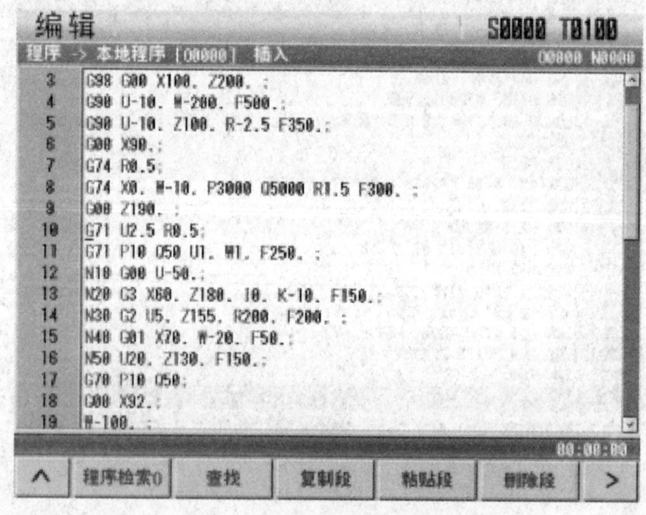

图 2—21　程序查找结果页面

4. 回程序开头的方法

在编辑操作方式、程序显示页面中，按RESET键，光标回到程序开始处。

5. 字符的插入

(1) 选择编辑操作方式，按程序PRG键进入程序内容显示页面。

(2) 按插入INS/修改ALT键进入插入状态（光标为一下划线），程序内容插入页面如图 2—22 所示。

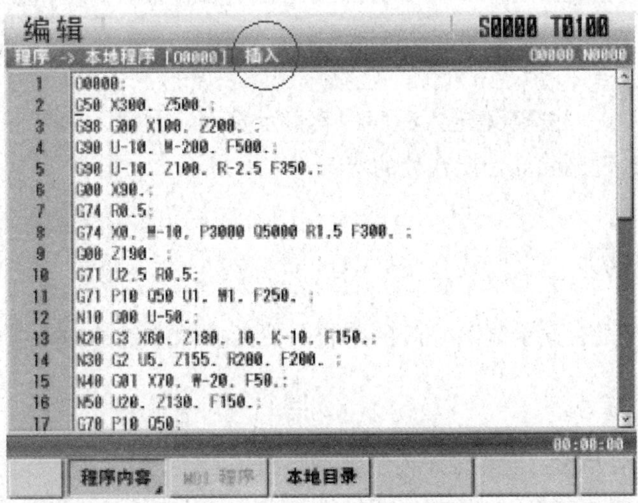

图 2—22　程序内容插入页面

(3) 输入要插入的字符（如图 2—22 所示的程序内容插入页面中，G50 前插入 G98 代码，输入G 9 8），程序内容插入结果页面如图 2—23 所示。

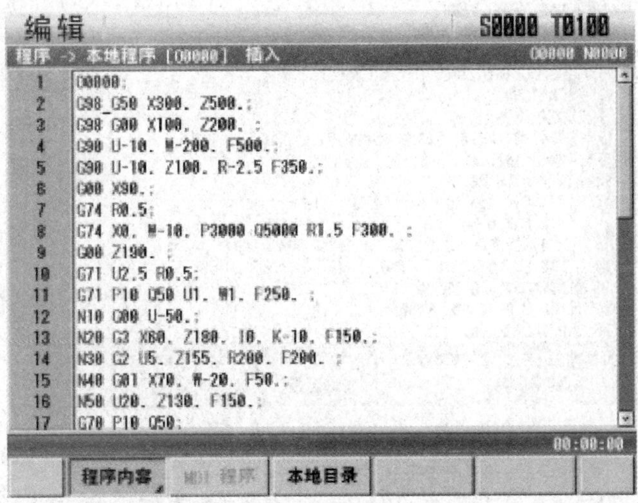

图 2—23　程序内容插入结果页面

知识点拨

1. 插入状态下，如光标不在行首，插入代码地址时会自动生成空格；如光标在行首，不会自动生成空格，必须手动插入空格。

2. 插入状态下，若光标前一位为小数点且光标不在行末时，输入地址字，小数点后自动补空格。

6. 字符的删除

选择编辑操作方式，按[程序 PRG]键进入程序内容显示页面，在插入状态下，按[取消 CAN]键删除光标处的前一字符，按[删除 DEL]键删除光标所在处的字符。

7. 字符的修改

字符的修改方法有以下两种：

（1）插入修改法

先按“字符的删除”方法删除修改的字符，然后按“字符的插入”方法插入要修改的字符。

（2）直接修改法

1）选择编辑操作方式，进入程序内容显示页面。

2）按[插入 INS 修改 ALT]键进入修改状态（光标为一矩形反显框，并且闪烁），程序修改页面如图 2—24 所示。

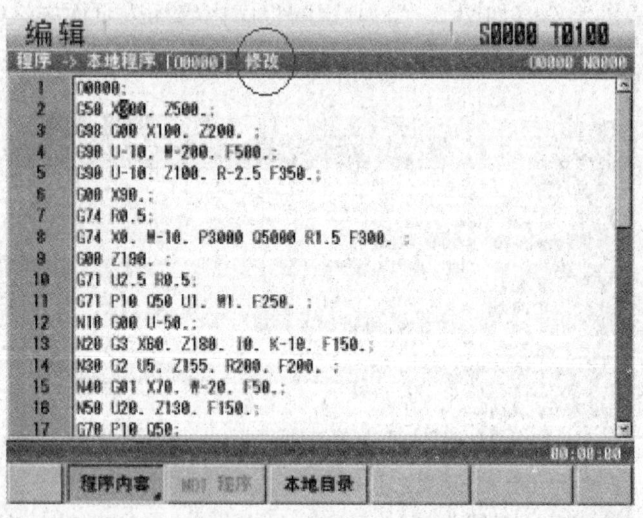

图 2—24　程序修改页面

3）输入修改后的字符（如图 2—24 所示的程序修改页面中，将“X300”修改为“X250”，输入[2][5][0]），程序修改结果页面如图 2—25 所示。

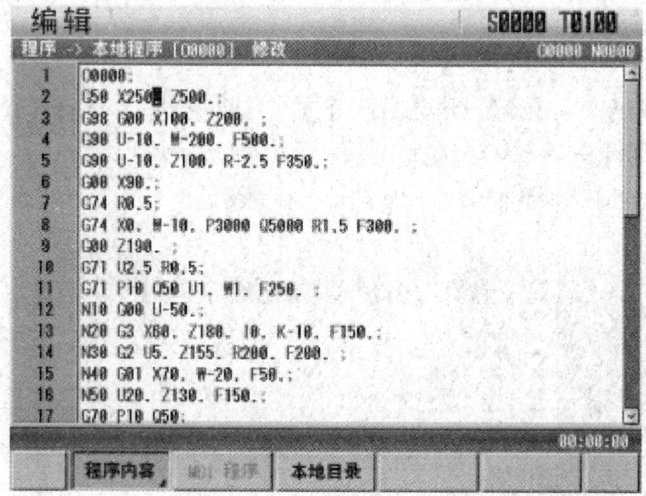

图 2—25 程序修改结果页面

小提示

在修改状态下，每输入一个字符后，当前坐标处字符被修改为输入的字符，且光标后移一位。

8. 程序的删除

（1）单个程序段的删除

1）选择编辑操作方式，按程序PRG键进入程序界面集，按程序内容软键进入程序内容子页面，如图 2—26 所示。

2）将移动光标移至要删除的程序段，按删除段软键即可。

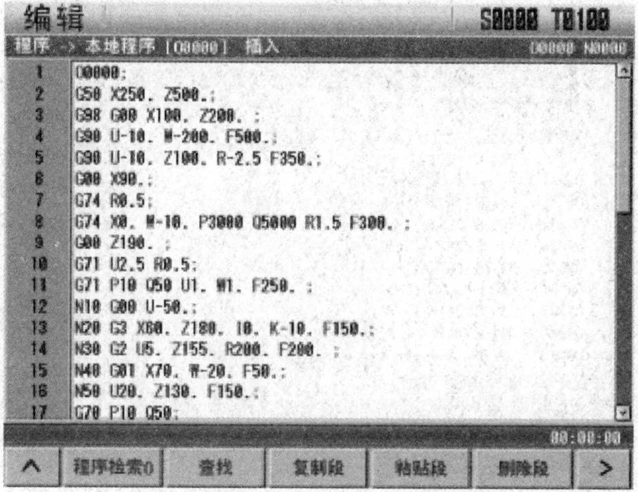

图 2—26 程序内容子页面

（2）单个程序的删除

1）方法一

①选择编辑操作方式，按程序PRG键进入程序界面集，按程序内容软键进入程序内容子页面。

②依次键入地址键O，数字0 0 0 1（以 O0001 为例）。

③按删除DEL键，弹出询问对话框页面，如图 2—27 所示。

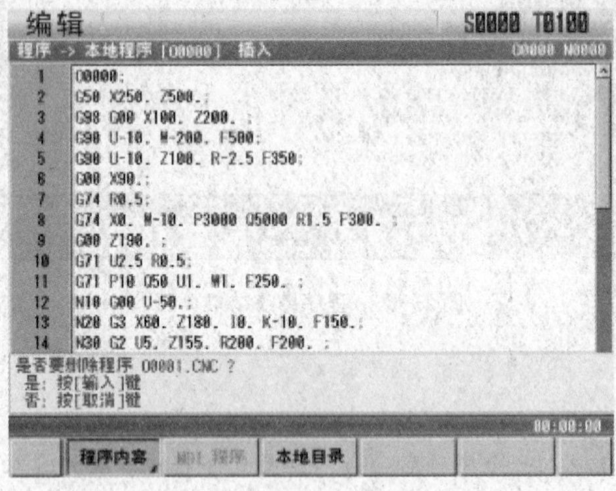

图 2—27　询问对话框页面 1

④按输入IN键，则 O0001 程序被删除；按取消CAN键，则取消删除操作。

2）方法二

①选择编辑操作方式，按程序PRG键进入程序界面集，按本地目录软键进入本地程序子页面。

②按⇩或⇧键，选择要删除的程序，如选择 O0001 程序。

③按删除(DEL)软键，弹出询问对话框页面，如图 2—28 所示。

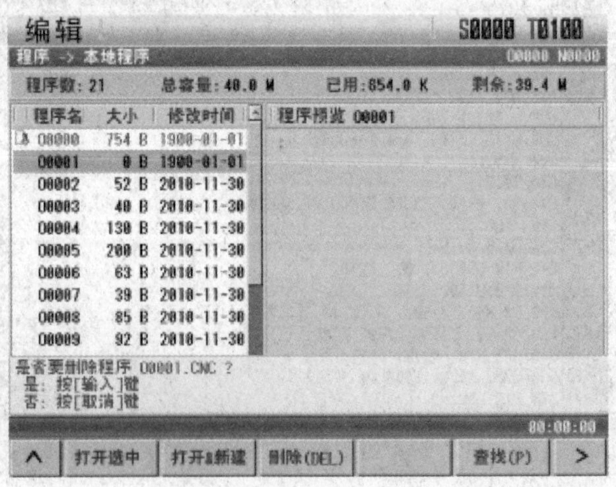

图 2—28　询问对话框页面 2

④按【输入 IN】键，则 O0001 程序被删除；按【取消 CAN】键，则取消删除操作。

(3) 全部程序的删除

1) 按照“单个程序的删除”中的方法二操作进入本地程序子页面。

2) 按【▶】键进入本地程序菜单页面，如图 2—29 所示。

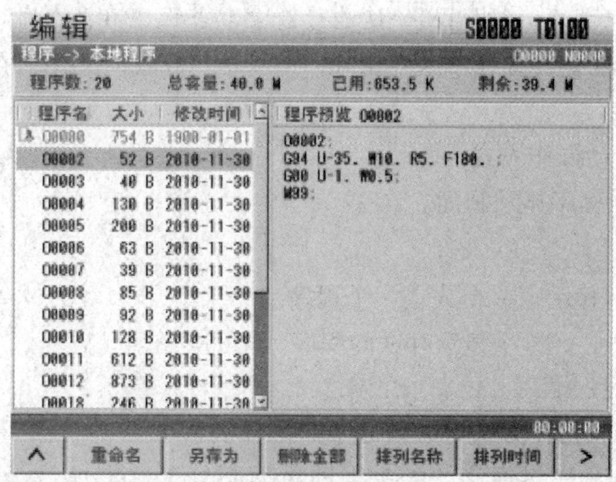

图 2—29 本地程序菜单页面

3) 先按【删除全部】软键，再按【输入 IN】键，则全部程序被删除。

9. 程序的选择

当 CNC 中已存有多个程序时，可以通过检索法、扫描法、直接确认法选择程序。

(1) 检索法

1) 选择编辑或自动操作方式。

2) 先按【程序 PRG】键，再按【程序内容】软键（快捷键为【□】键），进入程序内容页面。

3) 按【程序检索O】软键，在弹出的对话框中输入程序号，程序内容页面如图 2—30 所示。

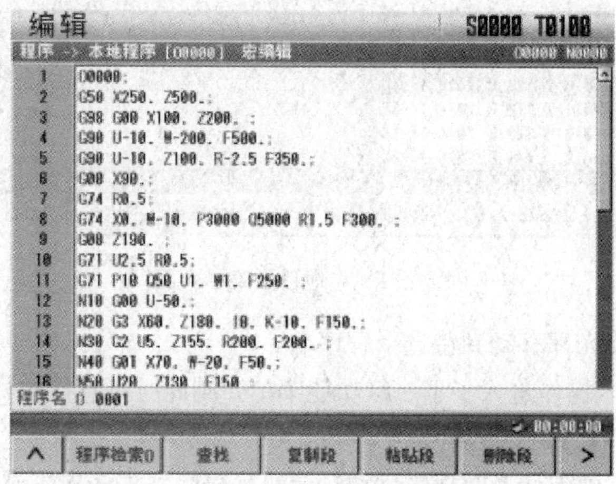

图 2—30 程序内容页面

4）按[⇩]或[⇧][换行EOB][输入IN]键，画面上显示检索到的程序，若程序不存在，则出现提示信息“查找的文件不存在”。

小提示

在编辑方式下检索程序，按[换行EOB]或[输入IN]键进行检索，当程序不存在时，CNC 会自动新建程序；按[⇩]或[⇧]键进行检索，当程序不存在时，会提示“查找的文件不存在”。

（2）扫描法

1）选择编辑或自动操作方式。

2）按[程序PRG]键，进入程序显示画面。

3）按地址键[O]。

4）按[⇩]或[⇧]键，显示下一个或上一个程序。

5）重复步骤 3)、4)，逐个显示存入的程序。

（3）直接确认法

1）选择编辑或自动操作方式（必须处于非运行状态）。

2）按[程序PRG]键，进入程序界面集，如果当前页面不处于“本地目录”子页面则按[本地目录]软键。

3）按[本地目录]软键，进入本地目录菜单页面，如图 3—31 所示。

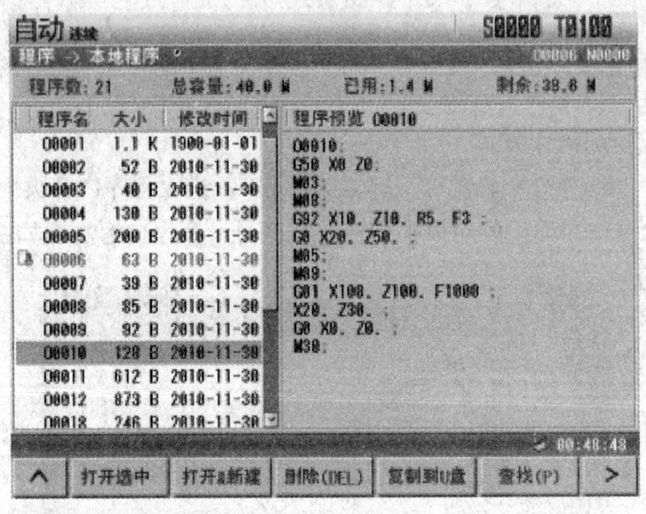

图 2—31　本地目录菜单页面

4）按[⇩]或[⇧]键将光标移动到待选择程序名。

5）如果按步骤 3）操作进入了下一级功能菜单，则此时可直接按[打开选中]软键打开程序文件，也可省略本步骤直接执行步骤 6）。

6）按[换行EOB]或[输入IN]键，则被选择的程序自动打开，且跳转到程序内容显示页面。

六、自动方式

1. 自动运行启动

（1）运行程序的选择（选择方法参见编辑方式中的程序选择）。

（2）按自动键选择自动操作方式。

（3）按循环启动键启动程序，程序自动运行。

小提示

程序的运行是从光标所在行开始的，所以在按下循环启动键之前应先确认光标是否在需要运行程序的开头。

2. 从任意段自动运行

（1）将光标移至准备开始运行的程序段处（如从第三行开始运行，移动光标至第三行开头），程序内容页面如图 2—32 所示。

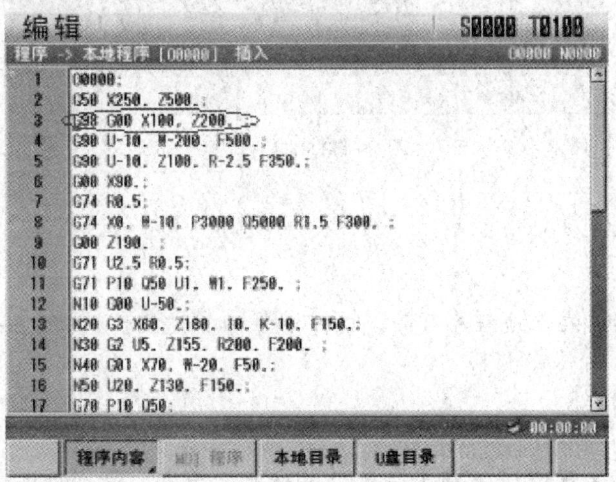

图 2—32　程序内容页面

（2）如当前光标所在程序段的模态（G、M、T、F 代码）缺省，并与运行该程序段的模态不一致，必须执行相应的模态功能后方可继续下一步骤。

（3）按自动键进入自动操作方式，按循环启动键启动程序运行。

3. 单段运行

首次执行程序时，为防止编程错误出现意外，可选择单段运行。在自动操作方式下，按单段键选择单段运行功能；单段运行时，执行完当前程序段后，CNC 停止运行；继续执行下一个程序段时，需再次按循环启动键，如此反复至程序运行完毕。

4. 空运行

自动运行程序前，为了防止编程错误出现意外，可以选择空运行状态对程序进行校验。

操作步骤如下：

（1）调出所需的程序，按键选择自动操作方式。

（2）按机床面板上的机床锁住键、辅助功能锁住键、空运行键、快速移动键，然后按键。

（3）按显示菜单中的图形GRA键，可通过调整图形参数观察加工轨迹（见图 2—33）。如果程序出错，系统会出现报警信息。

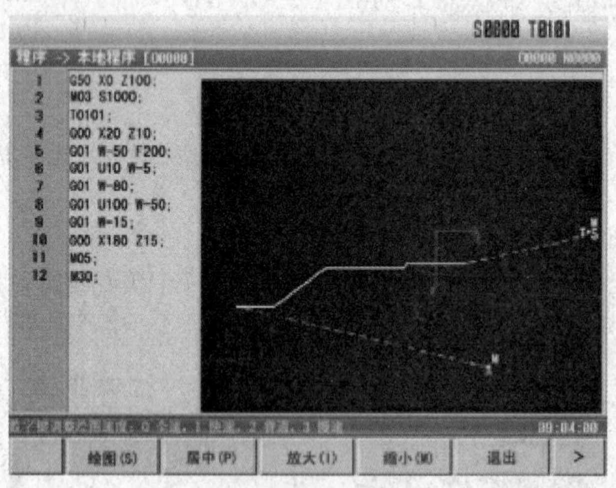

图 2—33 加工轨迹

知识点拨

在编辑好程序后，在本地程序页面，也可按轨迹预览键显示加工轨迹。

七、手脉试切

可以在编制完加工程序后使用手脉（手摇脉冲发生器）试切功能，检查程序的运行轨迹。在手脉试切方式下，可以通过转动手脉控制程序的执行速度，即可简单、方便地检查程序的错误。

1. 手脉试切方式的转换

选择好加工程序后，按键进入手脉试切方式，此时按下键，手脉试切页面如图 2—34 所示。

此时转动手脉，程序开始执行。程序的执行速度与手脉的转速成比例，只要使手脉快速移动，程序执行的速度就会加快；使手脉慢速转动，程序执行的速度就会减慢。手脉每 1 个脉冲的移动量，可通过快速倍率进行调节。

当处于手脉试切方式时，如果再次按下键，操作方式返回自动方式下。手脉试切方式下的所有操作同自动方式。

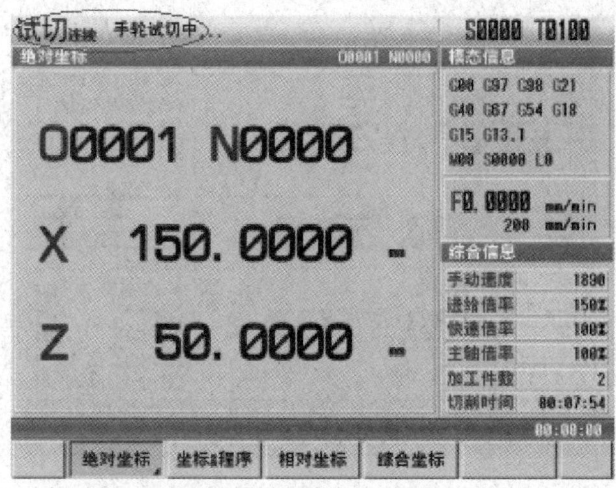

图 2—34　手脉试切页面

2. 手脉试切方式的注意事项

手脉试切时，应注意以下几点：

（1）在自动运行的过程中按手脉试切键时，CNC 不会立即切换为手脉试切方式，将从下一个程序段开始切换为手脉试切方式；同样当处于手脉试切方式时，按方式切换键，将从下一个程序开始退出手脉试切方式。

（2）在进行手脉试切控制时，单段停信号以及进给保持信号同样有效。单段停或进给保持已经停止的情况下，再次按循环启动键时，程序的执行状态恢复为手脉试切控制。

（3）具有移动量的程序段以及暂停的程序段，可通过手脉的旋转来控制程序的执行速度。但凡有 M、S、T、F 代码的程序段，既没有移动量又没有暂停，手脉的旋转只能控制本程序段是否被执行，不能控制其执行的速度（除了移动方式执行刀偏外）。

（4）主轴转速与手脉的脉冲不相关，即使在手脉试切方式中，也可以控制所有指令的转速。

八、回零操作

1. 程序零点

当零件装夹到机床上后，根据刀具与工件的相对位置用 G50 代码设置刀具当前位置的绝对坐标，就在 CNC 中建立了工件坐标系。刀具当前位置称为程序零点，执行程序回零后就回到此位置。

2. 程序回零的操作步骤

（1）按程序零点键进入程序回零操作方式，页面的左上角行显示“程序零点”，如图 2—35 所示。

（2）按 *X*、*Z* 轴的任意方向键，即可返回 *X*、*Z* 轴程序零点。

（3）机床沿着程序零点方向移动，回到程序零点后，轴停止移动，回零结束灯亮。

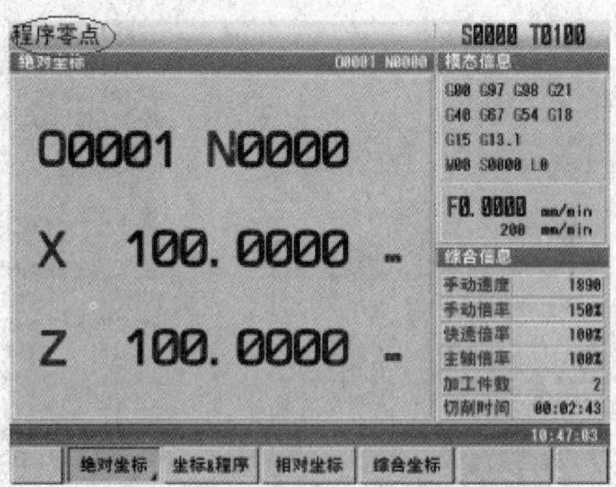

图 2—35　程序回零页面

小提示

进行程序回零操作后，不改变当前的刀具偏置状态，如有刀具偏置则回到的位置是用 G50 设定的位置（含有刀具偏置的位置）。

3. 机床回零

（1）机械零点

机械零点（或机床参考点）由安装在机床上的零点开关或回零开关决定，通常零点开关或回零开关安装在各轴正方向的最大行程处。

（2）机床回零的操作步骤

1）按键，进入机床回零操作方式，页面的左上角显示“机械零点”字样，如图 2—36 所示。

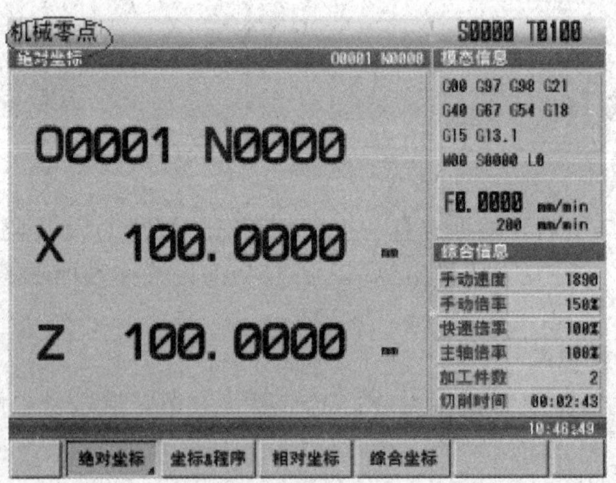

图 2—36　机床回零页面

2）按⇩或⇨键，选择返回 X、Z 轴机械零点。

3）机床沿着机械零点方向移动，经过减速信号、零点信号检测后回到机械零点，此时轴停止移动，回零结束指示灯亮。

知识点拨

1. 如果数控机床未安装机械零点，不得使用机床回零操作。

2. 回零结束指示灯在从零点移出和 CNC 断电的情况下熄灭。

3. 进行回零操作后，CNC 取消刀具长度补偿。执行机床回零操作后，原工件坐标系被重置，需要重新用 G50 指令进行设置。

课题三

编程基础知识

学习目标

- 能认识车床坐标系，掌握编程坐标值的确定方法。
- 能分析一个完整程序的基本构成。
- 能读懂并使用 G、S、M、F、T 功能。
- 能正确选择编程坐标，掌握编程的基本要求。

§3.1 坐标、程序与编程指令

一、坐标系统

1. 机床坐标轴

数控机床标准坐标系是根据右手直角笛卡儿坐标系（见图 3—1）来确定的，其基本坐标轴为 X、Y、Z 直角坐标，拇指的方向为 X 轴的正方向，食指的方向为 Y 轴的正方向，中指

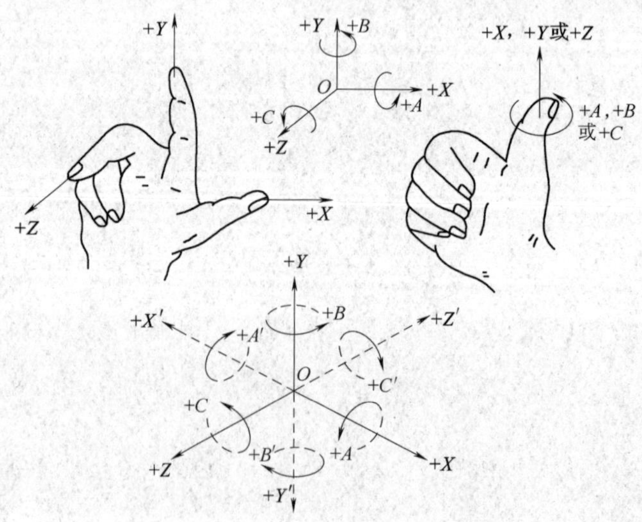

图 3—1　右手直角笛卡儿坐标系

的方向为 Z 轴的正方向。确定数控机床坐标系，一般先确定 Z 轴，然后确定 X 轴和 Y 轴。数控车床是以机床主轴轴线方向为 Z 轴方向，刀具远离工件的方向为 Z 轴的正方向。X 轴位于与工件安装面相平行的水平面内，垂直于工件旋转轴线的方向，且刀具远离主轴轴线的方向为 X 轴的正方向。

对于两轴联动的数控车床，坐标轴只有 X 轴和 Z 轴。如图 3—2a 所示，X 轴的正方向是朝上建立的，适用于斜床身和平床身斜滑板的卧式数控车床，这种类型的数控车床其刀架位于机床内侧，称后置刀架；如图 3—2b 所示，X 轴的正方向是朝下建立的，适用于平床身卧式数控车床，这种类型的数控车床其刀架位于机床的外侧，称前置刀架。

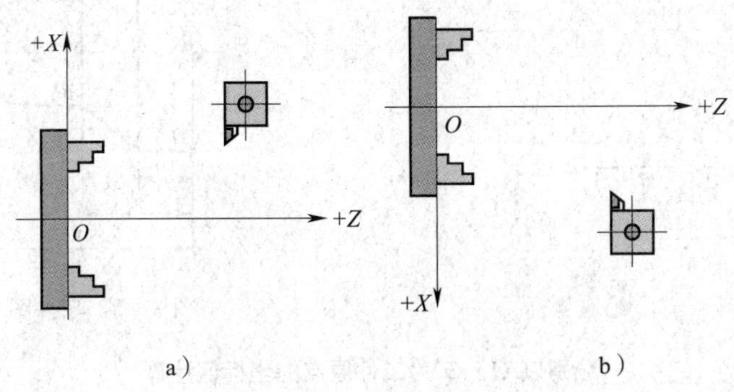

图 3—2　后置、前置刀架

a）后置刀架　b）前置刀架

2. 坐标原点（工件原点）

坐标原点是由编程人员在编程时根据加工零件图样及加工工艺要求选定的编程坐标系的原点，又称为工件原点。

工件原点是人为设定的（即可任意设置），设定的依据是既要符合图样尺寸的标注习惯，又要便于编程，通常工件原点选择在工件右端面、左端面或卡爪的前端面。工件坐标系的 Z 轴一般与主轴轴线重合，X 轴随工件原点位置不同而不同。各轴正方向与机床坐标系相同。图 3—3 所示工件坐标系是以工件右端面为工件原点。

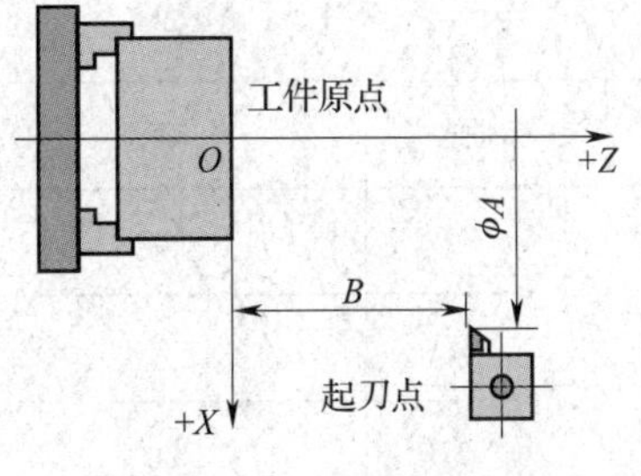

图 3—3　工件坐标系

3. 加工原点

加工原点是加工程序运行的起点位置，即编程时设计的刀尖起点位置，也称为起刀点（见图 3—3）。一般情况下，一个零件加工完毕，刀具返回加工原点位置，等待执行下一个零件加工的命令。

二、编程坐标值的确定

编程坐标分为绝对坐标（X、Z）、增量（相对）坐标（U、W）和混合坐标（X/Z、U/W）。

1. 绝对坐标

在直角坐标系中，所有坐标点的位置都以坐标原点（工件原点）作为坐标位置的起点（0，0），绝对坐标值是指某坐标点到工件原点之间的垂直距离，用 *X* 代表径向，*Z* 代表轴向，且 *X* 向在直径编程时为直径量（实际距离的 2 倍）。如图 3—4 所示，*A*、*B*、*C* 均以工件原点 *O* 点为坐标位置的起点，它们坐标值分别为（X80，Z50）、（X80，Z30）、（X30，Z20）。

在图 3—5 所示的零件图中，*O*、*O′*是建立在工件上的两个工件原点，分别以它们计算各坐标点的坐标值，见表 3—1。

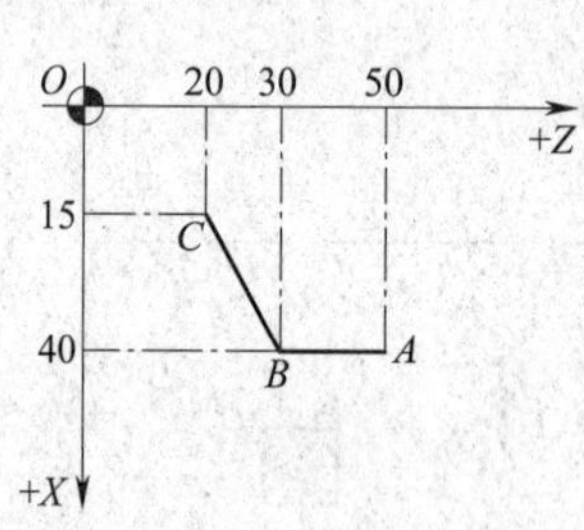

图 3—4　绝对坐标

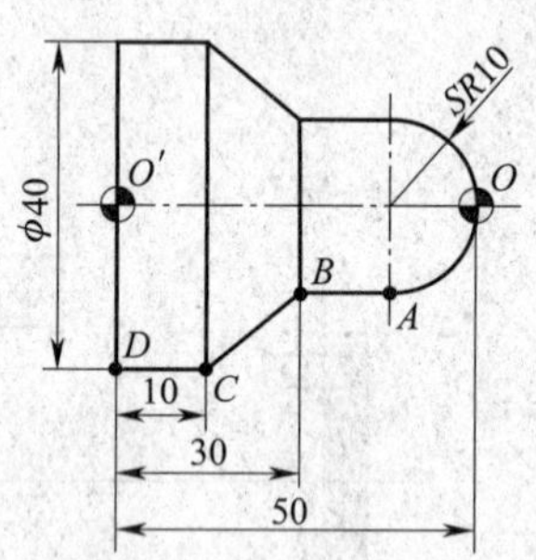

图 3—5　零件图

表 3—1　**分别以 *O*、*O′*为工件原点的坐标值计算**

工件原点		*O* 点		*O′*点	
坐标系图示		50 40 20 10 *O* *O′* +Z *B* *A* 10 *D* *C* 20 +X		*O′* 10 30 40 50 *O* +Z 10 *B* *A* 20 *D* *C* +X	
坐标轴		*X*	*Z*	*X*	*Z*
坐标值	*O*	0	0	0	50
	A	20	−10	20	40
	B	20	−20	20	30
	C	40	−40	40	10
	D	40	−50	40	0
	O′	0	−50	0	0

2. 增量（相对）坐标

增量坐标值指在坐标系中，运动轨迹的终点坐标是以起点计量的，各坐标点的坐标值是相对于前点所在的位置之间的距离，也就是“终点绝对坐标值－前点绝对坐标值＝终点增量坐标值”；径向用 U 表示，轴向用 W 表示。图 3—6 中，增量坐标值由 B 点加工到 C 点，也就是说 C 点以 B 点为计量原点来确定距离，那么 C 点的增量坐标值为：(U＝30－80＝－50，W＝20－30＝－10)。

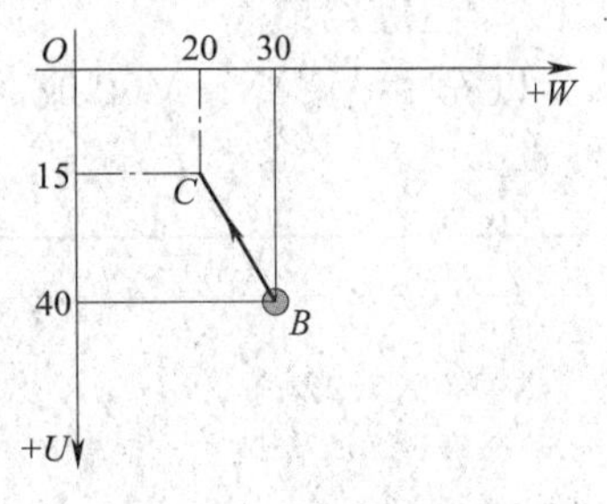

图 3—6　增量坐标

如图 3—5 所示，增量坐标以加工顺序 $O \to A \to B \to C \to D$ 为例，以 O 点（X0，Z0）为开始点，则各坐标点的增量坐标值见表 3—2。

表 3—2　各坐标点的增量坐标值

前点	终点	U	W	两者关系
O	A	20－0＝20	－10－0＝－10	A 点相对 O 点来计量
A	B	20－20＝0	－20－（－10）＝－10	B 点相对 A 点来计量
B	C	40－20＝20	－40－（－20）＝－20	C 点相对 B 点来计量
C	D	40－40＝0	－50－（－40）＝－10	D 点相对 C 点来计量

从以上各点坐标值可以看出，各点的增量坐标值都是相对于前一个点的位置而言的，而不是像绝对坐标值那样各点都是相对于工件编程原点而言的。

3. 混合坐标

在同一个程序段中，绝对坐标与增量坐标同时使用，对于标注尺寸较多的零件图，使用混合坐标可以减少一些烦琐的计算。

知识点拨

在 GSK980TDc 系统中 X 坐标值默认为直径值。

三、程序的结构

一个完整的程序由程序号、程序内容和程序结束三部分组成。

1. 程序号

程序号即为程序的编号，位于程序的开头，为了区别存储器中的程序，每个程序都要有程序编号，目的是便于从数控装置的存储器中检索，并调出该加工程序。在编号前采用程序编号地址符，如 GSK980TDc 系统采用英文字母“O”作为编号地址符（程序号是由字母 O 和 4 位数字组成的，O0000～O9999）。

2. 程序内容

程序内容部分是整个程序的核心，由若干个程序段组成，每个程序段由一个或多个指令字构成，每个指令字由地址符和数字组成，它代表机床的一个位置或一个动作，每一程序段结束用“；”。

3. 程序结束

以程序结束指令 M02 或 M30 作为整个程序结束的符号，其完整的程序结构见表 3—3。

表 3—3　**完整的程序结构**

数控程序	程序说明	
O0001；	程序号	
N10 G00 X50 Z50；	程序段	程序内容
N20 T0010 S02 M03；	程序段	
N30 G00 X10 Z2；	程序段	
…	…	
…	…	
…	…	
N…　M30；	程序结束	

四、程序段格式

程序段是为了完成某一动作要求所需功能“字”的组合。每一个字是一个控制机床的具体指令，它由一个英文字母开头，其后跟几个数字构成，是数控加工程序中的一条语句，程序段的格式如图 3—7 所示。

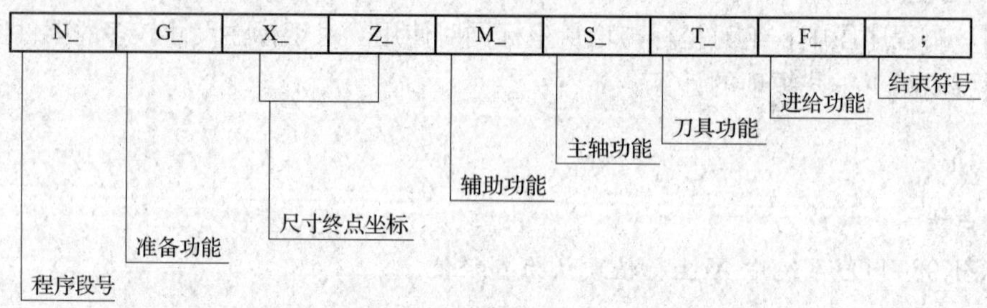

图 3—7　程序段的格式

程序段是由各种字组成的，例如：G01 是一个字，其中 G 是地址，为英文字母，01 是数字组合；F80 是一个字，其中 F 是地址，为英文字母，80 是数字组合。

五、数控系统功能指令

1. 准备功能（G 功能）

准备功能也称为 G 功能（或 G 代码），它是用来指令车床工作方式或控制系统工作方式的一种命令。G 功能由地址符 G 和其后的 2 位数字组成（00～99），从 G00～G99 共有 100 种功能，GSK980TDc 系统常用 G 功能见表 3—4。

表 3—4　GSK980TDc 系统常用 G 功能

指令字	组别	功能	备注
G00	01	快速移动	初始 G 代码
G01		直线插补	模态 G 代码
G02		圆弧插补（顺时针）	
G03		圆弧插补（逆时针）	
G05		三点圆弧插补	
G6.2		椭圆插补（顺时针）	
G6.3		椭圆插补（逆时针）	
G7.2		抛物线插补（顺时针）	
G7.3		抛物线插补（逆时针）	
G32		螺纹切削	
G32.1		刚性螺纹切削	
G33		*Z* 轴攻螺纹循环	
G34		变螺距螺纹切削	
G90		轴向切削循环	
G92		螺纹切削循环	
G84		端面刚性攻螺纹	
G88		侧面刚性攻螺纹	
G94		径向切削循环	
G04	00	暂停、准停	非模态 G 代码
G7.1		圆柱插补	
G10		数据输入方式有效	
G11		取消数据输入方式	
G28		返回机床第 1 参考点	
G30		返回机床第 2、第 3、第 4 参考点	
G31		跳转插补	
G36		自动刀具补偿测量 *X*	
G37		自动刀具补偿测量 *Z*	
G50		坐标系设定	
G52		局部坐标系设定	
G65		宏代码	
G70		精加工循环	
G71		轴向粗车循环	
G72		径向粗车循环	
G73		封闭切削循环	
G74		轴向车槽多重循环	
G75		径向车槽多重循环	
G76		多重螺纹切削循环	

续表

指令字	组别	功能	备注
G20	06	英制单位选择	模态 G 代码
G21		公制单位选择	
G96	02	恒线速开	
G97		恒线速关	初态 G 代码
G98	03	每分钟进给	
G99		每转进给	模态 G 代码
G40	07	取消刀尖半径补偿	初态 G 代码
G41		刀尖半径左补偿	模态 G 代码
G42		刀尖半径右补偿	
G54	14	工件坐标系 1	
G55		工件坐标系 2	
G56		工件坐标系 3	
G57		工件坐标系 4	
G58		工件坐标系 5	
G59		工件坐标系 6	

G 指令根据功能的不同可分为模态、非模态及初态。

模态 G 代码，在同组其他代码指令取消前一直有效，如 G96、G01；非模态 G 代码，只有在被指令的程序段中有效的代码，即表中 00 组代码；初态 G 代码，即系统里面已设置好的，一开机就进入的状态，如 G98、G00。

2. 辅助功能（M 功能）

辅助功能也称 M 功能，用以控制数控机床中辅助装置的开关动作或状态。辅助功能是由地址 M 及其后续数字（一般为两位数）组成的。下面介绍 GSK980TDc 数控车床常用的 M 代码：

（1）程序暂停指令 M00

程序执行 M00 指令，进给停止，主轴停转。重新按循环启动键后，系统继续执行后面的程序段。主要用于加工中机床的暂停（检验工件、调整、排屑等）。

（2）程序选择性暂停指令 M01

程序执行时，控制面板上“选择停止”键处于“ON”状态，此功能才有效，否则该指令无效。执行后的效果与 M00 相同，常用于关键尺寸的检验或临时暂停。

（3）主程序结束指令 M02

执行该指令，进给停止，主轴停止，切削液关闭，光标停在程序末尾。

（4）主程序结束指令 M30

功能同 M02，不同之处是，光标返回程序头位置，不管 M30 后是否还有其他程序段。

（5）主轴控制指令 M03、M04、M05

M03、M04 指令分别控制主轴的正转和反转，并与 S 指令组合，可控制高速、低速的正反转。M05 指令控制主轴停止，并在该程序段中，在其他指令执行完毕后才执行停止。

（6）切削液控制指令 M08、M09

M08 为打开切削液，控制冷却泵的启动；M09 为关闭切削液。

（7）子程序指令 M98、M99

M98 是调用子程序指令，M99 是子程序结束返回指令。

3. 主轴转速指令功能（S 功能）

主轴转速指令功能由地址 S 和其后的数字组成，目前有 S2（2 位数）、S4（4 位数）两种表示法，即 S××和 S××××。经济型数控车床一般用 1 位或 2 位约定的代码来控制主轴某一挡位的高速和低速，对具有无级调速功能的数控车床，则可由后续数字直接控制其主轴的转速。

4. 刀具功能（T 功能）

刀具功能也称为 T 功能，用于控制加工中所用刀具号及自动补偿编组号的地址字，其自动补偿内容主要指刀具的刀位偏差及刀尖半径补偿。在 GSK980TDc 数控车床中，其数控系统一般规定其后续数字为 4 位数，前 2 位为刀具号，后 2 位为刀具补偿的编组号或同时为刀尖圆弧半径补偿的编组号。

例： T0203 表示将 2 号刀转到切削位置，并执行第 3 组刀具补偿值。

T0100 表示将 1 号刀转到切削位置，不执行刀补，补偿量为零。

5. 进给功能（F 功能）

在切削零件时，用指定的速度来控制刀具运动和切削的速度称为进给速度，决定进给速度的功能称为进给功能（也称 F 功能）。对于数控车床，其进给方式分为每分钟进给和每转进给两种。

（1）每分钟进给

每分钟进给即刀具每分钟行走的距离，单位为 mm/min。其进给速度不随车床主轴转速的变化而变化，这和普通车床的进给量概念有区别。这种方式用 G98 配合指令（或不用指令），现大多数经济型数控车床都采用这种进给方式。有些初学者对 F 功能数值的确定往往不合理，这主要是缺少切削方面的知识。确定 F 值的公式如下：

F 值＝ 车床转速 × 所选进给量

上式适用于每分钟进给方式。如车削一外圆，主轴转速分别定为 400 r/min 和 600 r/min，而进给量都选为 0.3 mm/r，则 F 值分别为 F120 和 F180。但相对于切削进给运动而言，它的恒定进给量都是一致的，不会因主轴转速的变化而变化。车床转速和所选进给量都是根据材料种类、直径大小、背吃刀量等因素而定的，与普通车床的进给量选择基本一致。

（2）每转进给

每转进给即车床主轴每转一圈刀具向进给方向移动的距离，单位为 mm/r。主轴每转进给量用 F 及后续的数值直接指令，用 G99 配合指令，如 G99 F0.3 表示主轴每转一圈，刀具向进给方向移动 0.3 mm，与普通车床的进给量概念完全相同。其运行速度是随主轴的变化而变化的。

§3.2 程序编写

一、坐标系的设定

G50 X（α）Z（β）；

α、β——刀尖距工件坐标系原点的距离。

工件安装在卡盘上，机床坐标系与工件坐标系是不重合的。为了便于编程，应建立一个工件坐标系，同时编程人员应确定刀尖在这个坐标系中的位置（即起刀点）。

用 G50 X（α）Z（β）指令所建立的坐标系，是一个以工件原点为坐标系原点，确定刀具当前所在位置的工件坐标系。这个坐标系的特点是：

1. *X* 方向的坐标零点在主轴回转中心线上。

2. *Z* 方向的坐标零点可以根据图样技术要求设在右端面或左端面，也可以设在其他位置。

如图 3—8 所示为设定工件坐标系，*Z* 坐标零点的设置方法见表 3—5。

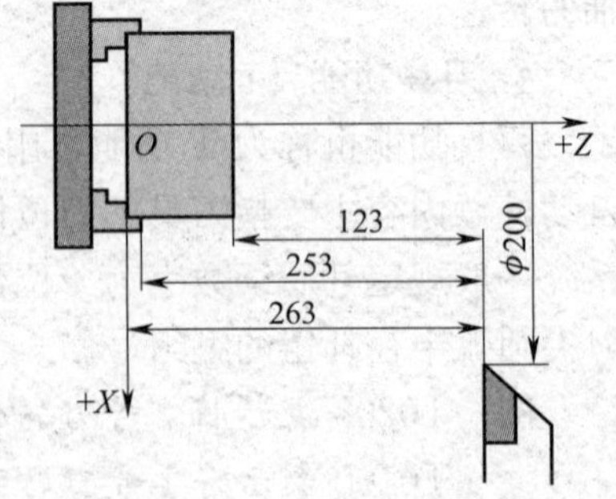

图 3—8　设定工件坐标系

表 3—5　***Z* 坐标零点的设置方法**

Z 坐标零点的设置	设在工件左端面	设在工件右端面	设在卡盘端面
程序	G50 X200 Z263	G50 X200 Z123	G50 X200 Z253
刀尖距原点距离	*X*=200　*Z*=263	*X*=200　*Z*=123	*X*=200　*Z*=253

知识点拨

在实际加工中，编写程序尽量不要使用 G50 指令，避免不清楚刀具位置时发生机床碰撞事故。

二、G00——快速定位

G00 定位功能是以快速进给速度移动到目标点。

1. 指令格式

G00　X（U）__ Z（W）__；

X、Z——绝对编程时的目标点坐标，单位为 mm。

U、W——相对编程时的目标点坐标，单位为 mm。

2. 进给路线

G00 指令的运动轨迹按快速定位进给速度运行，先两轴同量同步进给做斜线运动，走完较短的轴，再走较长的另一轴。系统中所有的快速定位都是按这样的路线运动的。G00 指令运动轨迹如图 3—9 所示。

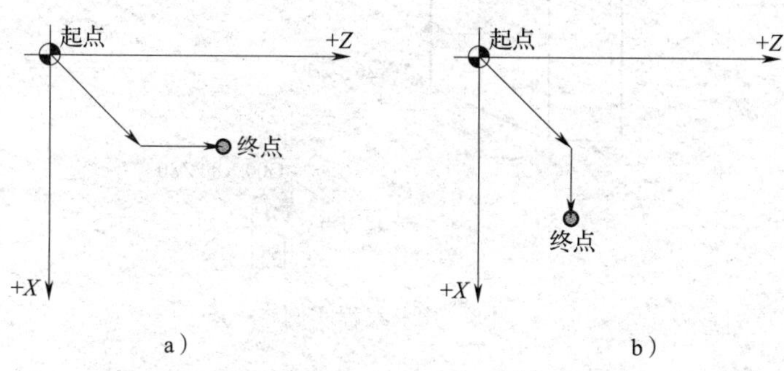

图 3—9　G00 指令运动轨迹

a）$X<Z$ 时 G00 指令轨迹　b）$X>Z$ 时 G00 指令轨迹

知识点拨

1. 在运行 G00 指令时，对应的坐标值选择原则是要防止刀架、刀具与卡盘、工件碰撞；对不适合联动的场合，两轴可以单动。

2. 目标点的坐标值可以用绝对值，也可以用相对值，甚至可以混合使用。如果起点与目标点有一个坐标值没有变化时，此坐标值可以省略。

3. G00 快速定位指令的移动速度与前程序段中选用的进给速度无关。实际加工中的移动速度可以通过快速倍率开关控制。

三、编写程序开始使用的功能（前三步的编写）

1. G00 X __ Z __；　快速移动到安全位置，避免更换刀具时与工件碰撞。
2. M __ S __ T __；　主轴正反转；主轴转速；使用刀具号及刀补号。
3. G00 X __ Z __；　把刀具快速移动到工件准备加工的边缘。

四、编写程序结束使用的功能（后三步的编写）

1. G00 X __ Z __；　快速移动到换刀的安全位置。
2. M05 T __；　主轴停止，换回基准刀。
3. M30；　程序结束并返回程序开始。

五、实例讲解

如图 3—10 所示为编程实例，试编写数控加工程序。

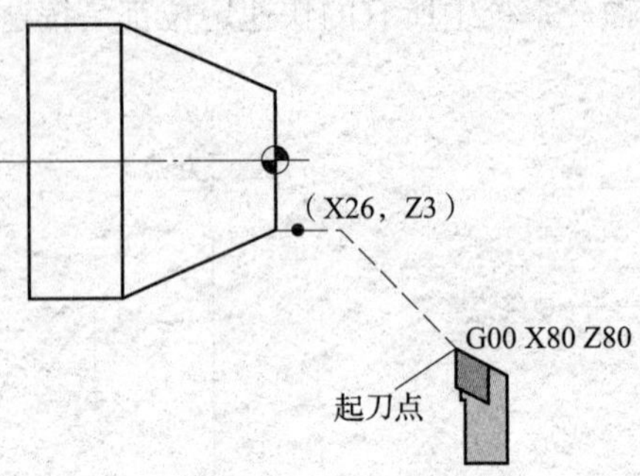

图 3—10　编程实例

参考程序如下：

程序	注释
O0001；	程序名
G00 X80 Z80；	快速定位至安全换刀点
M03 S500 T0100；	主轴正转，转速 500 r/min，使用 1 号基准刀
G00 X26 Z3；	快速定位到工件附近
…	
…	切削加工部分
…	
G00 X80 Z80；	快速返回安全换刀点
M05；	主轴停止
M30；	程序结束

课题四

对刀方法

学习目标

- 能正确完成试切对刀操作过程。
- 能正确使用量具，保证对刀尺寸的准确性。
- 能按照安全文明生产规定规范操作。

一、对刀的基本知识

1. 对刀

对刀是数控加工中较为复杂的工艺准备工作之一。对刀的好坏将直接影响到加工程序的编制及零件的尺寸精度。通过对刀或刀具预调，还可同时测定各刀的刀位偏差，有利于设定刀具补偿量。

(1) 刀位点

刀位点是指在加工程序编制中，用以表示刀具特征的点，也是对刀和加工的基准点。各类车刀的刀位点如图 4—1 所示。

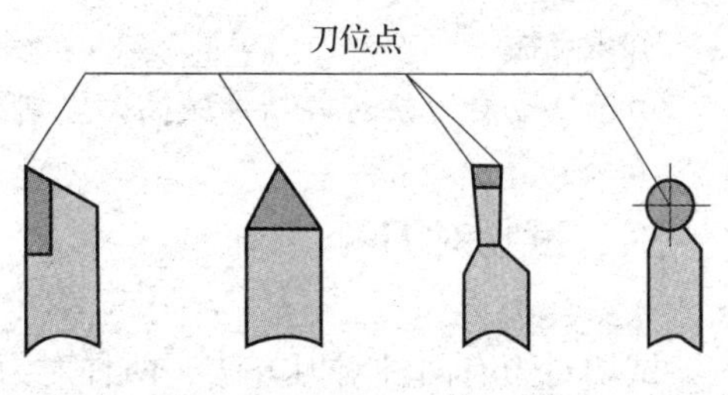

图 4—1　各类车刀的刀位点

(2) 对刀

在加工程序执行前，调整每把刀的刀位点，使其尽量重合于某一理想基准点，这一过程称为对刀。刀具安装误差的产生如图 4—2 所示。

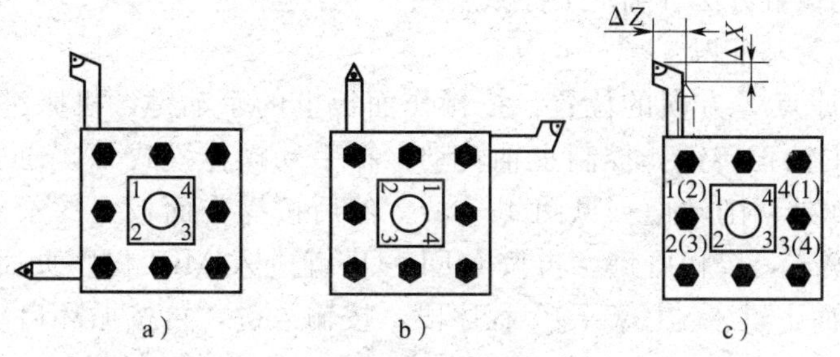

图 4—2　刀具安装误差的产生

a) 刀具原始位置　b) 刀具转位　c) 安装误差

知识点拨

理想基准点设在基准刀的刀尖上和对刀仪十字刻线的交点上；如图 4—2 所示，非基准刀 ΔX、ΔZ 是与基准刀之间所差的刀偏量，也称为刀补量。

2. 对刀的基本方法

目前绝大多数的数控车床采用手动对刀，其基本方法有以下几种：

（1）定位对刀法

定位对刀法的实质是按接触式设定基准重合原理而进行的一种粗定位对刀方法，其定位基准由预设的对刀基准点来体现。对刀时，只要将各刀的刀位点调整至与对刀基准点重合即可。该方法简便易行，因而得到较广泛的应用。但其对刀精度受到操作者技术熟练程度的影响，一般情况下其精度都不高，还须在加工或试切中修正。

（2）光学对刀法

这是一种按非接触式设定基准重合原理而进行的对刀方法，其定位基准通常由光学显微镜（或投影放大镜）上的十字基准刻线交点来体现。这种对刀方法比定位对刀法的对刀精度高，并且不会损坏刀尖，是一种推广采用的方法。

（3）试切对刀法

在以上各种手动对刀方法中，均因可能受到手动和目测等多种误差的影响以致其对刀精度十分有限，往往需要通过试切对刀，得到更加准确和可靠的结果。

知识点拨

由于试切对刀法对刀精度较高，在实践操作中用此方法较多，本书只介绍试切对刀法。

二、试切对刀

试切对刀有两种对刀方法，两种对刀方法的区别为是否有基准刀的设置。

1. 方法一

（1）基准刀的设置方法（确定工件原点）

假设 1 号刀作为基准刀。

1）确定工件原点 Z 方向的位置：按操作面板上的手动键，机床进入手动操作模式；按操作面板上的主轴正转键，控制主轴转动；在手动操作模式下，通过控制方向键将基准刀移到工件端面处切削端面（见图 4—3a），然后按操作面板上的录入方式键，进入机床录入方式操作模式，按程序键，再按 MDI 程序键进入 MDI 程序页面，在如图 4—4 所示的 MDI 程序页面下键入“G50 Z0”程序段，按输入键，再按循环启动键确定 Z 方向坐标值。

2）确定工件原点 X 方向的位置：单击操作面板上的手动键，机床进入手动操作模式；

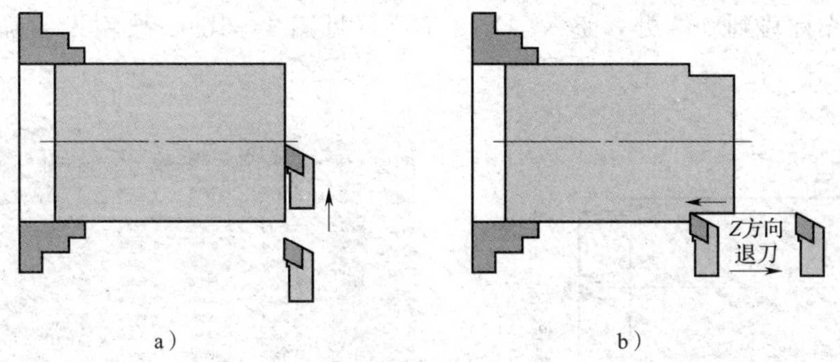

图 4—3　设置工件坐标系

a）Z 向坐标设置　b）X 向坐标设置

手动切削外圆，X 方向不动，按 Z 方向键退出（见图 4—3b)；按主轴停止键，控制机床主轴停止进行测量（假设测量值为 37.5)；然后按操作面板上的录入方式键，进入机床录入方式操作模式，按程序键，再按 MDI 程序键进入 MDI 程序页面，在如图 4—4 所示的 MDI 程序页面下键入“G50 X37.5”（37.5 为测量的值）程序段，按输入键，再按循环启动键确定 X 方向坐标值。

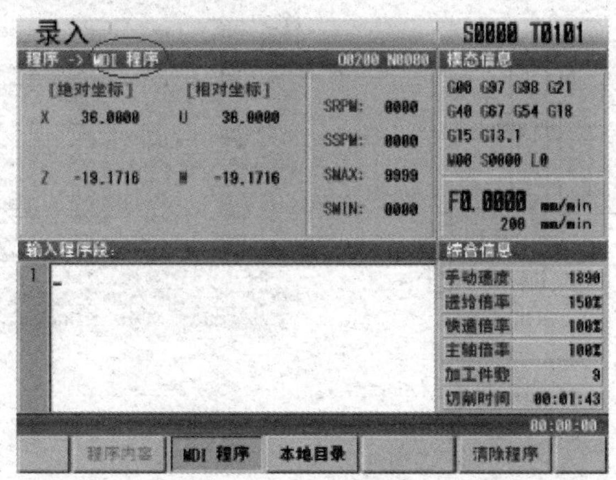

图 4—4　MDI 程序页面

（2）非基准刀（设为 2 号车槽刀）

1）确定非基准刀 Z 方向刀具补偿值：按操作面板上的手动键，机床进入手动操作模式，通过按换刀键，使刀架转到 2 号刀位置；按操作面板上的主轴正转键，控制主轴转动；在手动操作模式下，通过控制方向键将车槽刀移到工件端面处轻碰端面（见图 4—5a)；然后按操作面板上的刀补键，再按方向键将光标移到 002 处，键入“Z0”地址（见图 4—5b)，按输入键确定 Z 方向刀具补偿值。

2）确定非基准刀 X 方向刀具补偿值：按操作面板上的手动键，机床进入手动操作模式；手动切削外圆，X 方向不动，按 Z 方向键退出（见图 4—6a)；按主轴停止键，控制机床主轴停止进行测量（假设测量值为 33.75）；然后按操作面板上的刀补键，再按方向键将光标移到 002 处，键入“X33.75”（见图 4—6b），按输入键确定 X 方向刀具补偿值。

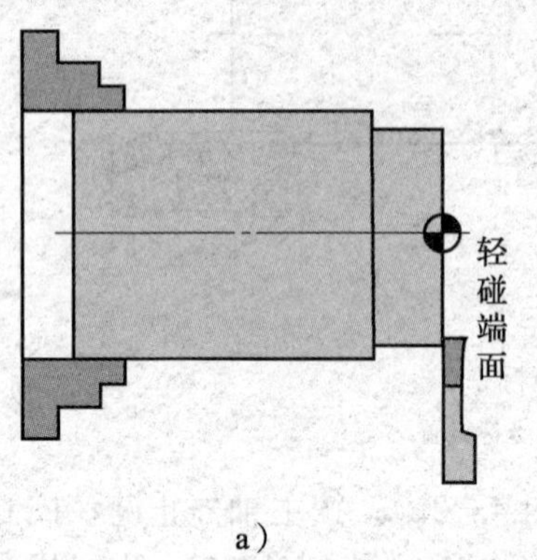

a）

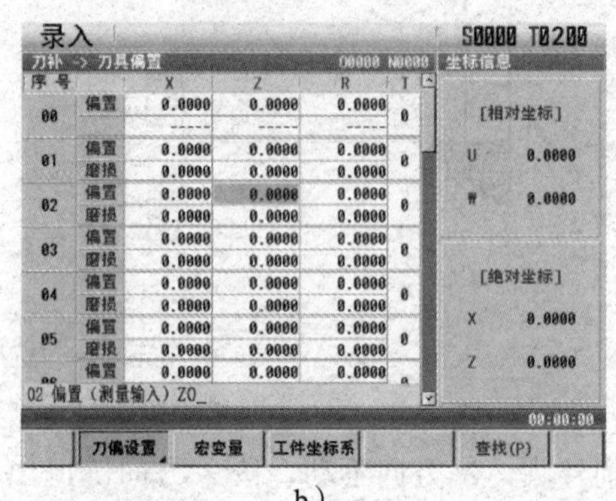

b）

图 4—5　非基准刀 Z 向对刀

a）Z 向对刀　b）刀具偏置页面

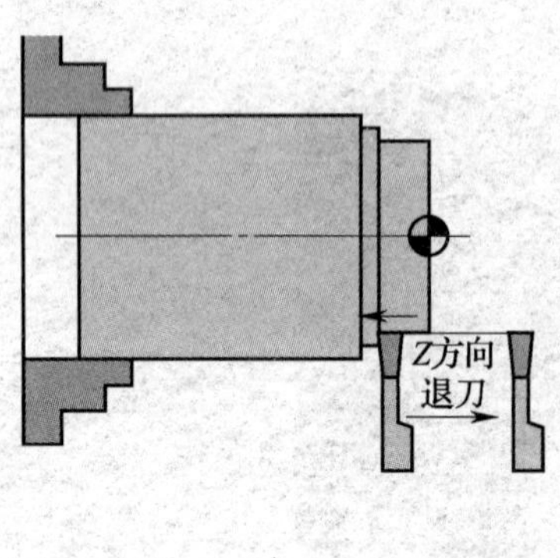

a）

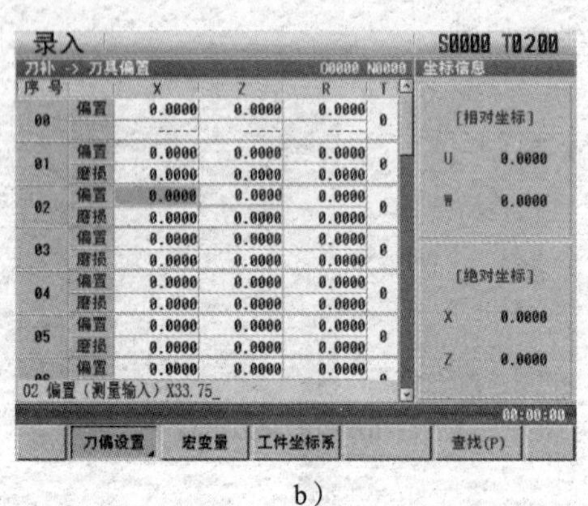

b）

图 4—6　非基准刀 X 向对刀

a）X 向对刀　b）刀具偏置页面

知识点拨

1. 此对刀方法的刀补值有可能很大，因此 CNC 必须设置为以坐标偏移方式执行刀补（CNC 参数 N0.003 的 Bit4 设置为 1）。

2. 在编写的加工程序中，基准刀的刀补值应为零；如果不为零时，编写刀具中的偏置号为“00”（如“T0101”改为“T0100”）。

3. 车槽刀在对刀时，如果选用左刀尖为刀位点，则刀具补偿量输入“Z0”；如果选用右刀尖时，则输入“Z（刀宽值）”。

4. 本书编程实例均以此对刀方法编写加工程序。

2. **方法二**

(1) 选择任意一把刀，使刀具沿工件端面切削，如图 4—3a 所示。

(2) 在 Z 轴不动的情况下沿 X 轴正方向退出刀具，并且停止主轴旋转。

(3) 按刀补键进入偏置界面，选择刀具偏置界面，按方向键移动光标选择该刀具对应的偏置号。

(4) 键入“Z0”，确定 Z 方向与机床坐标之间刀具补偿量。

(5) 车削外圆。

(6) 在 X 轴不动的情况下，沿 Z 轴正方向退出刀具，并且停止主轴旋转。

(7) 测量直径，假设为 15。

(8) 按刀补键进入偏置界面，选择刀具偏置界面，按方向键移动光标选择该刀具对应的偏置号。

(9) 键入“X15”，确定 X 方向与机床坐标之间刀具补偿量。

(10) 移动刀具至安全换刀位置，换另一把刀具。

(11) 使刀具轻碰端面，如图 4—5a 所示。

(12) 按刀补键进入偏置界面，选择刀具偏置界面，按方向键移动光标选择该刀具对应的偏置号。

(13) 键入“Z0”，确定 Z 方向与机床坐标之间刀具补偿量。

(14) 车削外圆，如图 4—6a 所示。

(15) 在 X 轴不动的情况下，沿 Z 轴正方向退出刀具，并且停止主轴旋转。

(16) 测量直径，假设为 10。

(17) 按刀补键进入偏置界面，选择刀具偏置界面，按方向键移动光标选择该刀具对应的偏置号。

(18) 键入“X10”，确定 X 方向与机床坐标之间刀具补偿量。

(19) 其他刀具对刀方法重复步骤（10）～（18）。

知识点拨

1. 此对刀方法的刀补值有可能很大，因此 CNC 必须设置为以坐标偏移方式执行刀补（CNC 参数 N0.003 的 Bit4 设置为 1）；并且在编写加工程序中，所有刀具 T 代码要执行刀具补偿偏置（如“T0100”改为“T0101”）。

2. 用此对刀方法编写加工程序时，必须先执行换刀再进行定位。

例：T0101 S500 M03；

G00 X…　Z…　；

如果先定位再换刀，由于定位前并没有进行坐标偏移会引起刀架与机床的碰撞。

三、刀具检查方法

1. 基准刀（假设 1 号刀）

（1）在录入方式下，按程序键，进入 MDI 页面，键入“T0100”，按输入键，再按循环启动键。

（2）在录入方式下，按程序键，进入 MDI 程序页面，输入“G00 Z2”，再按循环启动键。通过钢直尺检查刀尖所在的位置是否离工件端面 $Z=2$ mm 处，如图 4—7a 所示。

（3）在录入方式下，按程序键，进入 MDI 程序页面，输入“G00　X（X 轴外径值）”，再按循环启动键，检查刀尖所在的位置是否相符，如图 4—7b 所示。

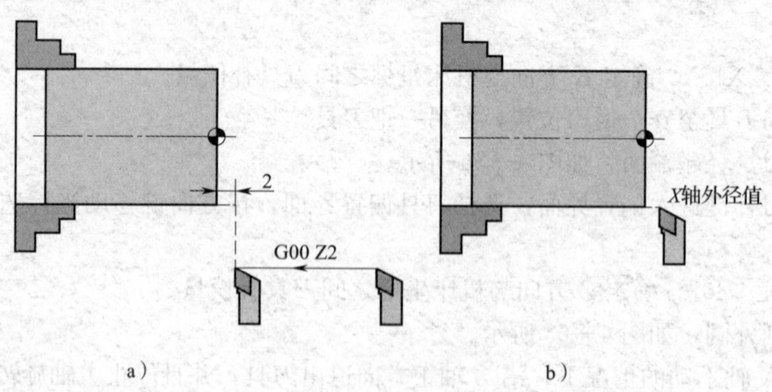

图 4—7　基准刀检查方法

a）Z 向检查　b）X 向检查

2. 非基准刀（假设 2 号刀）

（1）在录入方式下，按程序键，进入 MDI 程序页面，键入“T0202”，按输入键，再按循环启动键。

（2）在录入方式下，按程序键，进入 MDI 程序页面，输入“G00 Z2”，再按循环启动键。通过钢直尺检查刀尖所在的位置是否离工件端面 $Z=2$ mm 处，如图 4—8a 所示。

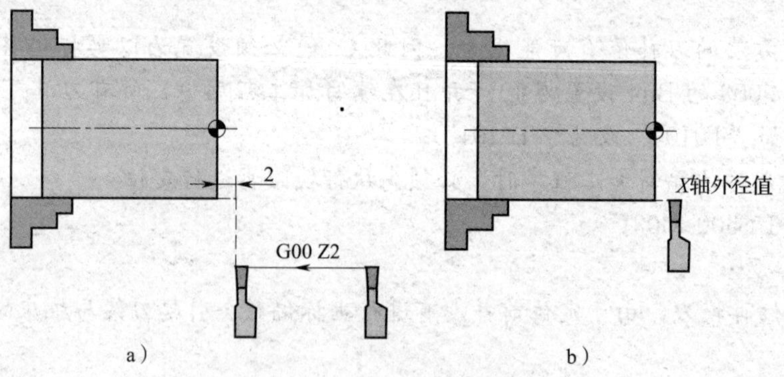

图 4—8　非基准刀检查方法

a）Z 向检查　b）X 向检查

（3）在录入方式下，按程序键，进入 MDI 程序页面，输入“G00 X（X 轴外径值）”，再按循环启动键，检查刀尖所在的位置是否相符，如图 4—8b 所示。

知识点拨

在检查刀具时，尽量不要 X 向和 Z 向同时检查，避免对刀不正确碰撞机床。

第二部分　编程篇

课题五

插补功能（G01、G02、G03）

学习目标

- 能正确使用直线插补的编程方法。
- 能理解 G01 格式中参数的含义及进给方向和路线。
- 能理解圆弧插补的方法及格式中各参数的含义。
- 能判断出顺时针、逆时针圆弧插补的方向。

§5.1 直线插补（G01）

一、G01 指令格式及参数含义

G01 是直线插补指令。

指令格式：G01 X（U）Z（W）F；

参数含义：

X、Z——绝对编程时的目标点坐标，单位为 mm。

U、W——相对编程时的目标点坐标，单位为 mm。

F——切削进给速度，单位为 mm/min 或 mm/r。

二、指令运动轨迹

G01 指令用于刀具直线插补运动，它是通过程序段中的信息，使机床各坐标轴上产生与其移动距离成比例的速度。其运动轨迹如下：G01 指令的运动轨迹按切削进给速度运行，以一定的切削进给速度，刀具从起点 A 沿直线切削到目标点 B，如图 5—1 所示。

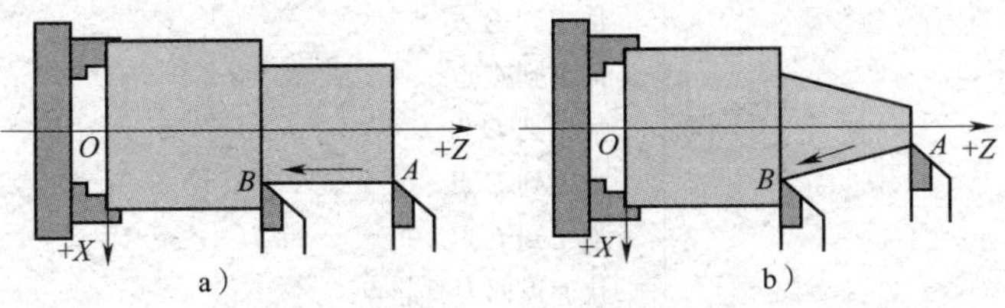

图 5—1　G01 指令的运动轨迹

a）切削外圆柱　b）切削外圆锥

知识点拨

1. G01 是模态 G 代码，如前一程序段有的，下面连续使用的可省略不写。

2. 直线插补一般用于精加工，如用于粗加工，应根据加工余量分层切削。

3. 使用 G01 指令可以实现纵向切削、横向切削、锥度切削等形式的直线插补运动。

4. 直线插补功能使用的刀具应根据加工零件切削的形式来选择。

5. G01 程序中必须含有 F 指令，F 指令的进给速度在没有新的 F 指令以前一直有效，不必在每个程序段中都写入 F 指令。

6. 在 GSK980TDc 系统中 F 指令的单位默认为 mm/min。

三、实例讲解

如图 5—2 所示为编程实例，工件已粗加工完毕，各个位置留有 0.3 mm 的余量，根据图 5—2 所示的路线编写精加工程序，不切断。

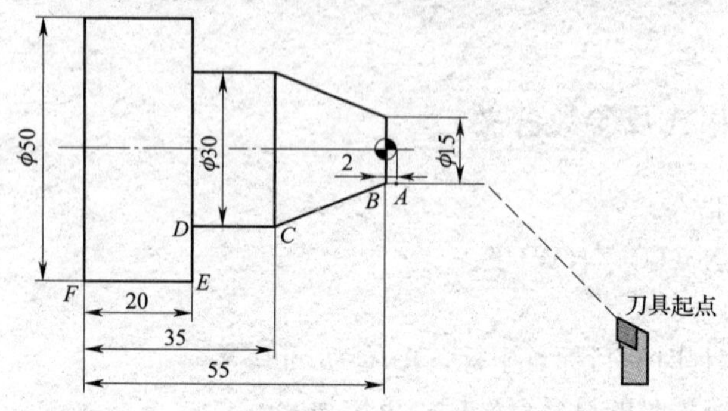

图 5—2　编程实例

参考程序如下：

程序	注释
O0001；	程序名
G00 X80 Z80；	快速定位至安全换刀点（刀具起点）
M03 S1000 T0100；	主轴正转，转速 1 000 r/min，使用 1 号基准刀
G00 X15 Z2；	快速定位到 A 点
G01 X15 Z0 F80；	加工到 B 点
G01 X30 Z−20；	加工到 C 点
G01 X30 Z−35；	加工到 D 点
G01 X50 Z−35；	加工到 E 点
G01 X50 Z−55；	加工到 F 点
G00 X80 Z80；	快速返回刀具起点
M05；	主轴停止
M30；	程序结束

小提示

1. 在编程中，可使用绝对坐标编程（X、Z）、相对坐标编程（U、W）和混合坐标编程（X、W/U、Z），在同一程序中也可任意使用。

2. 本例采用绝对坐标编程。

§5.2 圆弧插补（G02、G03）

一、圆弧顺逆的判断

国家标准规定顺时针圆弧插补指令为G02，逆时针圆弧插补指令为G03。数控车床是两坐标的机床，只有X轴和Z轴，因此，按右手定则的方法将Y轴考虑进来，然后从Y轴的正方向向Y轴的负方向看去，即可正确判断出圆弧的顺逆，如图5—3所示。

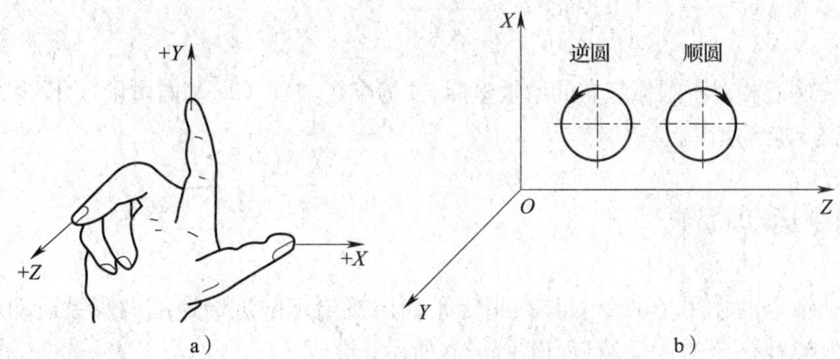

图5—3 圆弧顺逆的判断1

a）右手定则 b）逆圆和顺圆

在判断圆弧的顺逆方向时，要注意刀架的位置及Y轴的方向。因此，后置刀架与前置刀架有所不同，如图5—4所示。

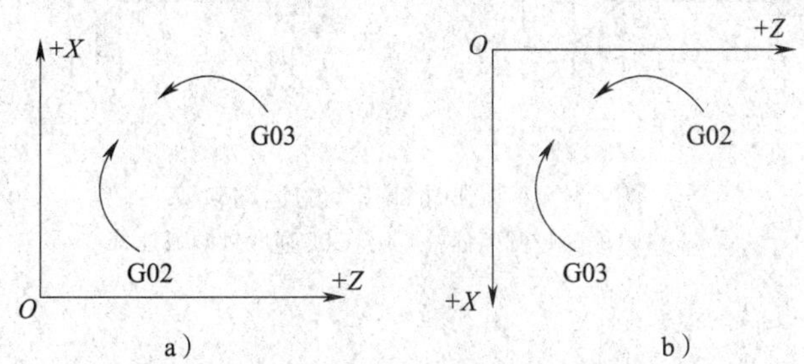

图5—4 圆弧顺逆的判断2

a）后置刀架 b）前置刀架

二、G02、G03 指令格式及参数含义

加工圆弧时，不仅需要用 G02、G03 指令指定圆弧的顺逆方向，用 X（U）、Z（W）指定圆弧的终点坐标，而且还要指定圆弧的中心位置。如图 5—5 所示，一般指定圆心位置的方法有以下两种：

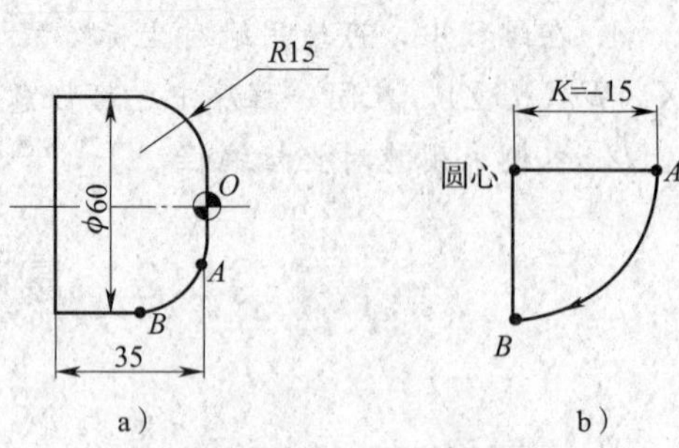

图 5—5　指定圆心位置的方法

a）用圆弧半径 R 指定圆心位置

b）用圆心坐标（I，K）指定圆心位置

1. 用圆弧半径 *R* 指定圆心位置

其指令格式为：

G02/G03 X（U）Z（W）R F；

参数含义：

R——圆弧半径。

F——切削进给速度。

2. 用圆心坐标（I，K）指定圆心位置

其指令格式为：

G02/G03 X（U）Z（W）I　K F；

参数含义：

I、K——圆心相对于圆弧起点的增量坐标，I 为半径增量（即 *X* 向增量），K 为 *Z* 向增量。

F——切削进给速度。

三、指令运动轨迹

圆弧插补指令的作用是命令刀具在指定平面内按给定的进给速度做圆弧运动，切削出圆弧轮廓。圆弧插补指令的运动轨迹如图 5—6 所示。

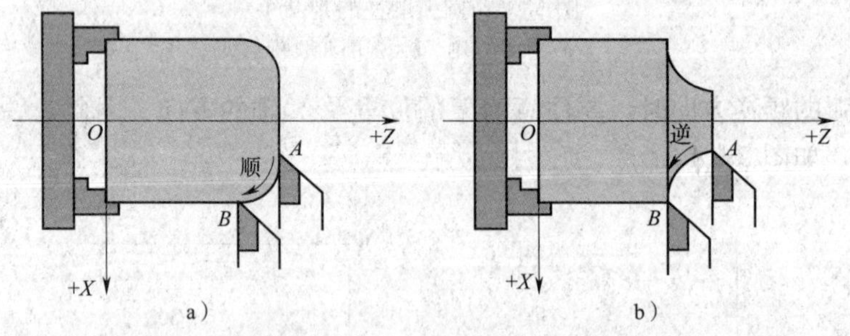

图 5—6　圆弧插补指令的运动轨迹

a）G03 顺时针圆弧插补　b）G02 逆时针圆弧插补

知识点拨

1. 本书实例采用前置刀架编程，故 G03 为顺时针插补，G02 为逆时针插补。

2. 采用绝对值编程时，用 X、Z 表示圆弧终点在工件坐标系中的坐标值；采用增量值编程时，用 U、W 表示圆弧终点相对于圆弧起点的增量值。

3. 圆心坐标（I，K）为圆弧起点到圆心所作矢量分别在 X、Z 轴方向上的分矢量（矢量方向指向圆心）。本系统的 I、K 为增量坐标，矢量方向取决于坐标轴的方向。

4. 用半径 R 指定圆心位置时，由于在同一半径 R 的情况下，从圆弧的起点到终点有两个圆弧的可能性，因此在编程时规定：圆心角小于或等于 180°的圆弧 R 值为正；圆心角大于 180°的圆弧 R 值为负。

5. 程序段中同时给出 I、K 和 R 值，以 R 值优先，I、K 值无效；如果 I、K 和 R 值都不给出，系统会产生报警信息。

6. G02、G03 用半径指定圆心位置时，不能描述整圆，只能使用圆心坐标（I，K）编程。

四、实例讲解

1. 如图 5—7 所示为编程实例，工件已粗加工完毕，各个位置留有 0.3 mm 的余量，根据图 5—7 所示的路线编写精加工程序，不切断。

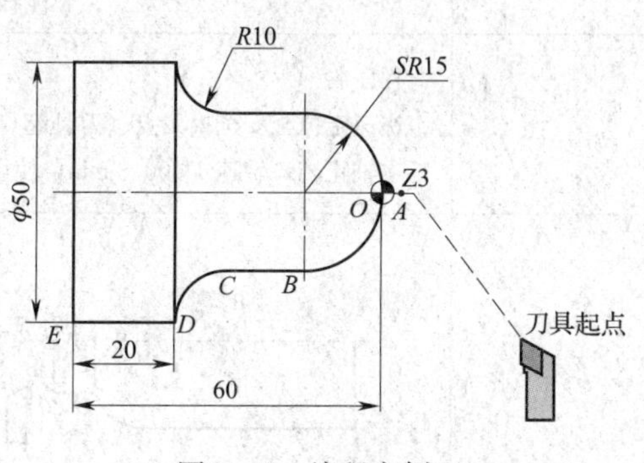

图 5—7　编程实例 1

参考程序如下：

程序	注释
O0001；	程序名
G00 X80 Z80；	快速定位至安全换刀点（刀具起点）
M03 S1000 T0100；	主轴正转，转速 1 000 r/min，使用 1 号基准刀
G00 X0 Z3；	快速定位到 A 点
G01 X0 Z0 F80；	加工到 O 点
G03 X30 Z−15 R15；	加工到 B 点（顺圆弧加工）
G01 X30 Z−30；	加工到 C 点
G02 X50 Z−40 R10；	加工到 D 点（逆圆弧加工）
G01 X50 Z−60；	加工到 E 点
G00 X80 Z80；	快速返回刀具起点
M05；	主轴停止
M30；	程序结束

2. 如图 5—8 所示为编程实例，工件已粗加工完毕，各个位置留有 0.3 mm 的余量，编写精加工程序，不切断。

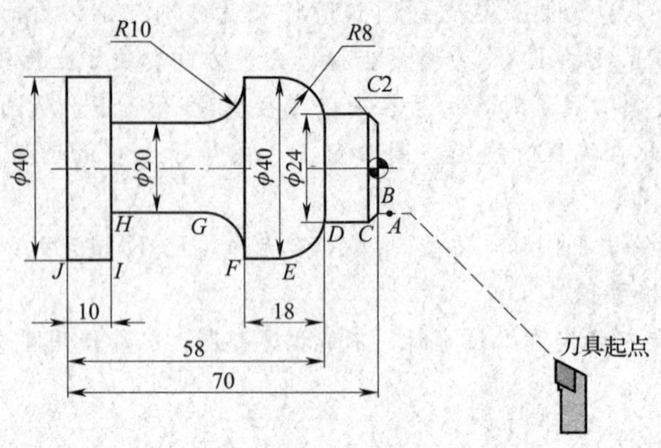

图 5—8 编程实例 2

参考程序如下：

程序	注释
O0002； G00 X80 Z80； M03 S1000 T0100；	程序名 快速定位至安全换刀点（刀具起点） 主轴正转，转速 1 000 r/min，使用 1 号基准刀
G00 X20 Z3； G01 Z0 F80； X24 Z−2； Z−12； G03 X40 W−8 R8； G01 Z−70；	精车 $A\sim J$ 点的轮廓
G00 X80 Z80； M05 T0202； S500 M03；	快速返回刀具起点 主轴停止，换 2 号车槽刀，刀宽为 3 mm 主轴正转，转速 500 r/min
G00 X45 Z−33； G01 X40 F50； G02 X20 W−10 R10； G01 Z−60； X40；	精车 $K\sim I$ 的轮廓
G00 X80 Z80； M05 T0100； M30；	快速返回刀具起点 主轴停止，换回 1 号基准刀 程序结束

小提示

1. 实例 2 中，由于 T0100 偏刀加工 $F \sim H$ 的轮廓时刀具与工件有干涉，所以采用 T0202 车槽刀来加工。

2. 本程序 G02/G03 的程序段采用混合坐标编程。

3. 刀具精加工时应根据刀具的性能采用不同的转速。

4. 本例车槽刀对刀时以左刀位点为基准点，在定位加工时，应考虑刀宽与定位点的位置。

课题六

非圆曲线插补功能（G6.2、G6.3、G7.2、G7.3）

学习目标

- 能理解椭圆插补的方法及指令格式中各参数的含义。
- 能判断出顺时针、逆时针椭圆插补的方向。
- 能理解抛物线插补的方法及指令格式中各参数的含义。
- 能判断出顺时针、逆时针抛物线插补的方向。
- 能正确使用椭圆插补、抛物线插补的编程方法。

§6.1 椭圆插补（G6.2、G6.3）

一、椭圆插补指令格式及参数含义

指令格式：

G6.2
G6.3 } X（U） Z（W） A B Q F；

参数含义：

X、Z——绝对编程时的目标点坐标，单位为 mm。

U、W——相对编程时的目标点坐标，单位为 mm。

A——椭圆长半轴长，0＜A＜9 999.999，无符号，单位为 mm。

B——椭圆短半轴长，0＜B＜9 999.999，无符号，单位为 mm。

Q——椭圆的长轴与坐标系 *Z* 轴的夹角（逆时针方向，单位为 0.001°）。

F——切削进给速度，单位为 mm/min 或 mm/r。

二、G6.2、G6.3 插补指令方向定义

方向定义与 G02、G03 指令定义方法相同，在前刀架坐标系和后刀架坐标系中是相反的，椭圆顺逆的判断如图 6—1 所示。

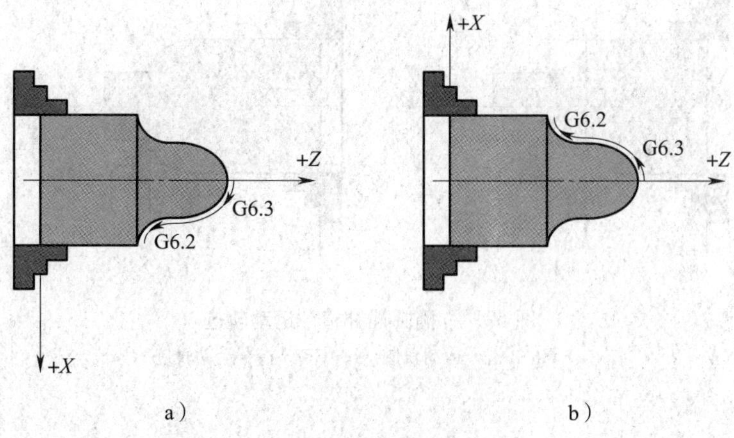

图 6—1　椭圆顺逆的判断

a）前刀架坐标系　b）后刀架坐标系

Q 值取值方向：

Q 值是指在右手直角笛卡儿坐标系中，从 Y 轴的正方向俯视 XZ 平面，Z 轴正方向顺时针方向旋转到与椭圆长轴重合时所经过的角度，椭圆 Q 值方向的判断如图 6—2 所示。

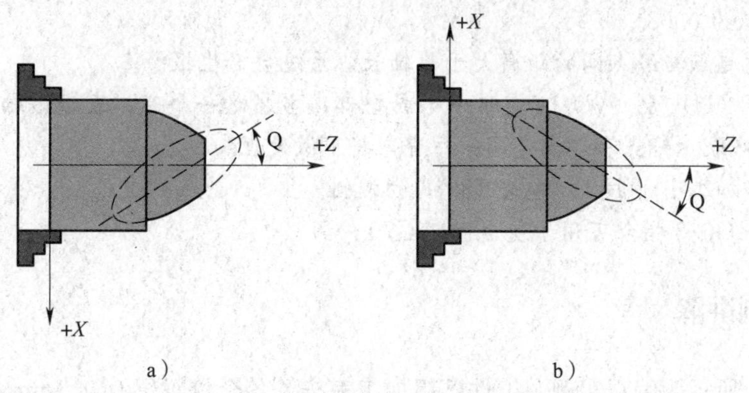

图 6—2　椭圆 Q 值方向的判断

a）前刀架坐标系　b）后刀架坐标系

三、指令运动轨迹

G6.2 指令运动轨迹为从起点到终点的顺时针（后刀架坐标系）/逆时针（前刀架坐标系）椭圆。

G6.3 指令运动轨迹为从起点到终点的逆时针（后刀架坐标系）/顺时针（前刀架坐标系）椭圆。

前刀架坐标系中，椭圆插补指令运动轨迹如图 6—3 所示。

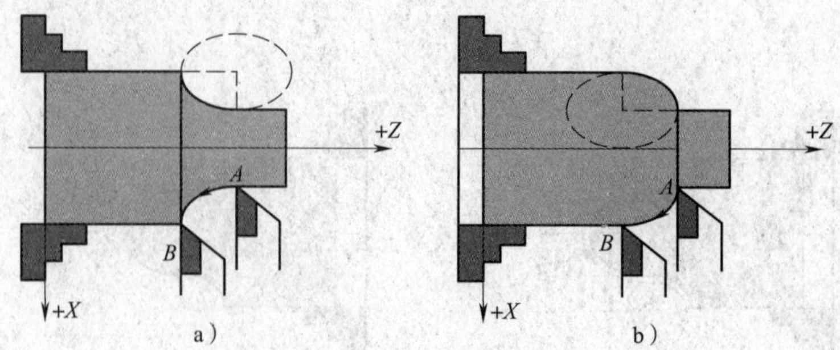

图 6—3　椭圆插补指令运动轨迹

a）G6.2 指令运动轨迹　b）G6.3 指令运动轨迹

知识点拨

1. A、B 是非模态参数，如果不输入默认为 0，当 $A=0$ 或 $B=0$ 时，系统产生报警；当 $A=B$ 时，作为圆弧（G02/G03）加工。

2. Q 值是非模态参数，每次使用都必须指定，省略时默认为 0°，长轴与 Z 轴平行或重合。

3. Q 值的单位为 0.001°，若与 Z 轴的夹角为 80°，程序中需输入 Q80000；如果输入 Q80，系统默认为 0.08°。

4. 编程的起点与终点间的距离大于长轴长，系统会产生报警。

5. 地址 X（U）、Z（W）可省略一个或全部；当省略一个时，表示该轴的起点与终点一致；同时省略表示终点和起点是同一位置，将不做处理。

6. 椭圆只加工小于 180°（包含 180°）的椭圆。

7. G6.2、G6.3 指令可用于复合循环 G70～G73 中。

四、实例讲解

如图 6—4 所示为编程实例，工件已粗加工完毕，各个位置留有 0.3 mm 的余量，根据图 6—4 所示的路线编写精加工程序，不切断。

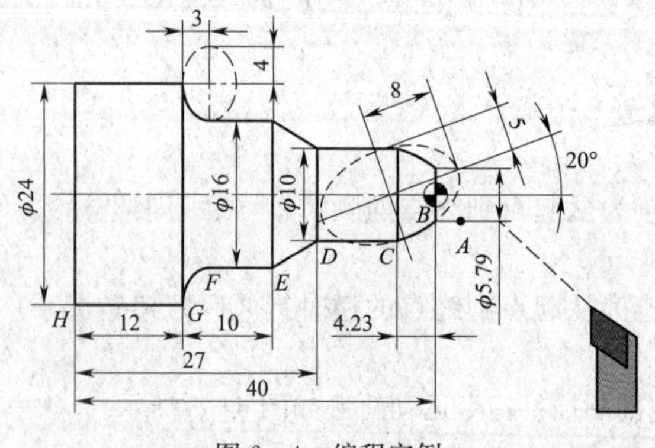

图 6—4　编程实例

参考程序如下：

程序	注释
O0001；	程序名
G00 X80 Z80；	快速定位至安全换刀点（刀具起点）
M03 S1000 T0100；	使用1号基准刀，主轴正转，转速1 000 r/min
G00 X5.79 Z2；	快速定位到 A 点
G01 X5.79 Z0 F80；	加工到 B 点
G6.3 X10 Z−4.23 A8 B5 Q20000；	加工到 C 点（顺时针椭圆加工）
G01 X10 Z−13；	加工到 D 点
G01 X16 Z−18；	加工到 E 点
G01 X16 Z−25；	加工到 F 点
G6.2 X24 Z−28 A4 B3 Q90000；	加工到 G 点（逆时针椭圆加工）
G01 X24 Z−40；	加工到 H 点
G00 X80 Z80；	快速返回刀具起点
M05；	主轴停止
M30；	程序结束

小提示

如果椭圆的长半轴在 X 轴方向时，编程作为椭圆旋转90°；切记不能将椭圆 Z 轴的半轴尺寸作为长半轴来编写程序。

§6.2 抛物线插补（G7.2、G7.3）

一、抛物线插补指令格式及参数含义

指令格式：

G7.2 / G7.3 X（U） Z（W） P Q F；

参数含义：

X、Z——绝对编程时的目标点坐标，单位为mm。

U、W——相对编程时的目标点坐标，单位为mm。

P——抛物线标准方程中 $Y^2=2PX$ 的P值，取值范围为1～999 999 9，无符号，单位为0.001 mm。

Q——抛物线对称轴与坐标系 Z 轴的夹角（逆时针方向，单位为0.001°）。

F——切削进给速度，单位为mm/min或mm/r。

二、G7.2、G7.3 插补指令方向定义

方向定义与 G02、G03 指令定义方法相同，在前刀架坐标系和后刀架坐标系中是相反的，抛物线顺逆的判断如图 6—5 所示。

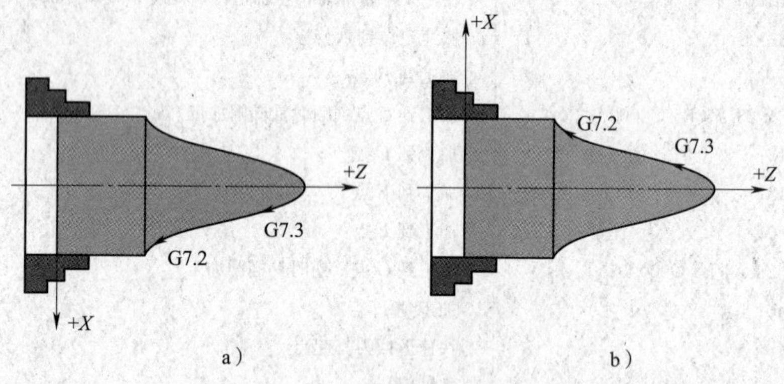

图 6—5　抛物线顺逆的判断

a）前刀架坐标系　b）后刀架坐标系

Q 值取值方向：

Q 值是指在右手直角笛卡儿坐标系中，从 Y 轴的正方向俯视 XZ 平面，Z 轴正方向顺时针方向旋转到与抛物线对称轴重合时所经过的角度，抛物线 Q 值方向的判断如图 6—6 所示。

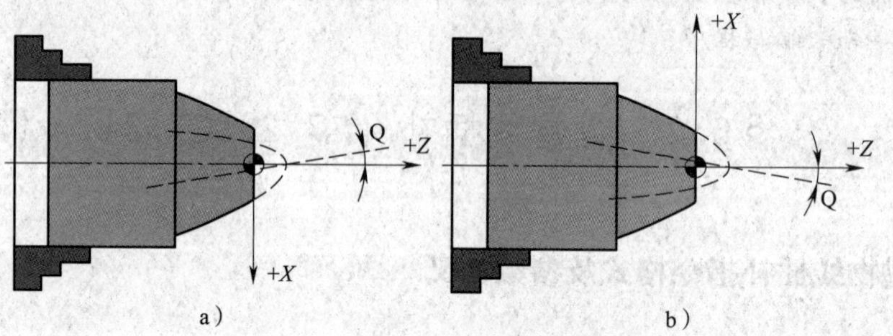

图 6—6　抛物线 Q 值方向的判断

a）前刀架坐标系　b）后刀架坐标系

三、指令运动轨迹

G7.2 指令运动轨迹为从起点到终点的顺时针（后刀架坐标系）/逆时针（前刀架坐标系）抛物线。

G7.3 指令运动轨迹为从起点到终点的逆时针（后刀架坐标系）/顺时针（前刀架坐标系）抛物线。

前刀架坐标系中，抛物线插补指令运动轨迹如图 6—7 所示。

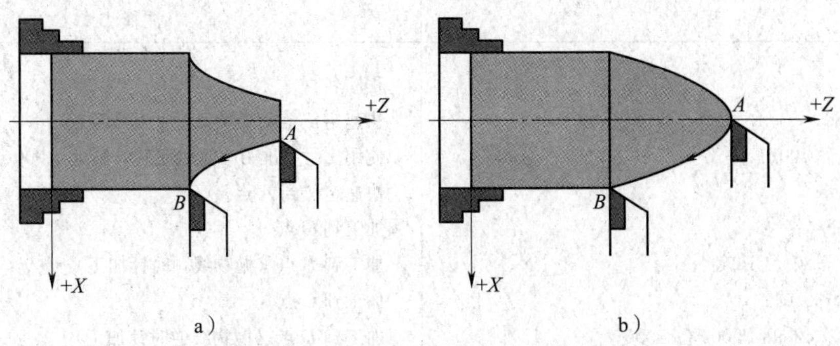

图 6—7　抛物线插补指令运动轨迹

a）G7.2 指令运动轨迹　b）G7.3 指令运动轨迹

知识点拨

1. P 值不可以为零或省略，否则产生报警。
2. P 值不含符号，如果输入了负值，则取其绝对值。
3. Q 值可省略，当省略 Q 值时，抛物线的对称轴与 Z 轴平行或重合，Q 值不含符号。
4. 当起点与终点所在的直线与抛物线对称轴平行时，产生报警。
5. G7.2、G7.3 指令可用于复合循环 G70～G73 中，注意事项同 G02、G03。

四、实例讲解

如图 6—8 所示为编程实例，工件已粗加工完毕，各个位置留有 0.3 mm 的余量，根据图 6—8 所示的路线编写精加工程序，不切断。

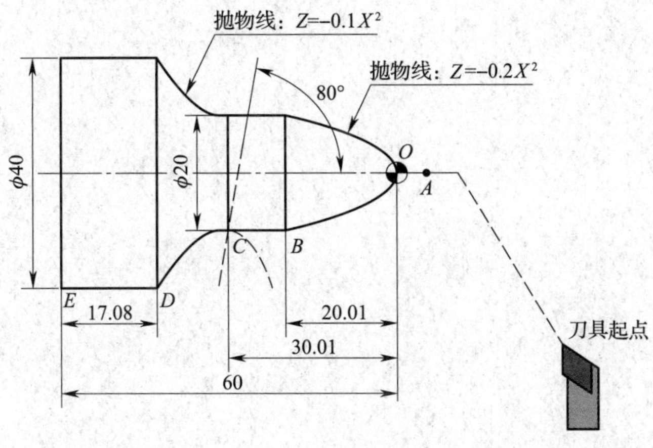

图 6—8　编程实例

参考程序如下：

程序	注释
O0002；	程序名
G00 X80 Z80；	快速定位至安全换刀点（刀具起点）
M03 S1000 T0100；	使用 1 号基准刀，主轴正转，转速 1 000 r/min
G00 X0 Z3；	快速定位到 A 点
G01 X0 Z0 F80；	加工到 O 点
G7.3 X20 Z－20.01 P2500；	加工到 B 点（抛物线顺时针加工）
G01 X20 Z－30.01；	加工到 C 点
G7.2 X40 Z－42.98 P5000 Q80000；	加工到 D 点（抛物线逆时针加工）
G01 X40 Z－60；	加工到 E 点
G00 X80 Z80；	快速返回刀具起点
M05；	主轴停止
M30；	程序结束

小提示

编写抛物线 $Z=-0.2X^2$ 和 $Z=-0.1X^2$ 时，要根据标准公式 $Y^2=2PX$ 推导出 P 值分别为 2.5 和 5；在公式推导过程注意标准公式中的 Y 坐标轴相当于数控车床中的 X 坐标轴。

课题七

固定循环指令（G90、G94）

学习目标

- 能认识固定循环（G90、G94）的指令格式和功能。
- 能分析固定循环加工轨迹，合理确定循环参数，特别是R值。
- 能合理选择加工工艺的路线。

§7.1 轴向切削循环（G90）

一、圆柱面固定循环

1. G90 指令格式及参数含义

指令格式：G90 X（U）Z（W）F；

参数含义：

X、Z——切削终点坐标的绝对值。

U、W——切削终点坐标的相对值。

F——切削进给速度。

2. 指令运动轨迹

切削圆柱面的运动轨迹如图 7—1 所示。刀具从循环起点 A 开始以 G00 方式径向移动至指令中的 X 坐标处（图中 B 点），再以 G01 的方式沿轴向切削工件外圆至终点坐标处（图中 C 点），然后以 G01 方式沿径向车削退至循环起点的 X 坐标处（图中 D 点），最后以 G00 方式快速返回循环起点 A 处，准备下个动作。图中 1R、4R 虚线表示快速移动，2F、3F 表示以指定的工件切削进给速度移动。

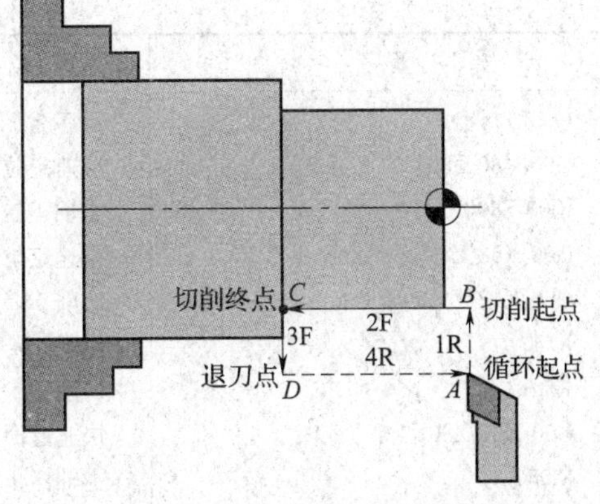

图 7—1　切削圆柱面的运动轨迹

3. 循环起点的确定

循环起点是执行循环指令之前刀位点所在的

位置，该点既是程序循环的起点，也是程序循环的终点。对于该点，考虑到快速进刀的安全性，Z 向应离开加工部位 1～2 mm。在加工外圆表面时，X 向等于或略大于毛坯外圆直径 2～3 mm；加工内孔时，X 向等于或略小于底孔直径 2～3 mm。

知识点拨

1. G90 是模态 G 代码，程序段中各功能字均为模态指令，在数值相同时可省略。

2. G90 轴向切削循环运动轨迹的 4 个动作：1（X 向进刀）—2（Z 向切削）—3（X 向退出）—（Z 向返回）。

3. 根据刀具的切削方向选择正确的刀具，由于 G90 指令的切削方向为 Z 方向，一般选择偏刀。

4. G90 指令主要用于轴类零件外圆、锥面的粗加工，但不能用于圆弧面的粗加工。

4. 实例讲解

如图 7—2 所示为编程实例，用 G90 指令加工 $\phi30$ mm 圆柱面，一共分 3 层切削。

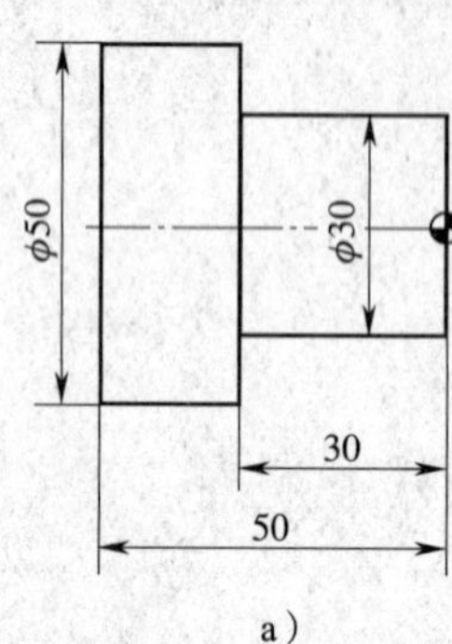

a）

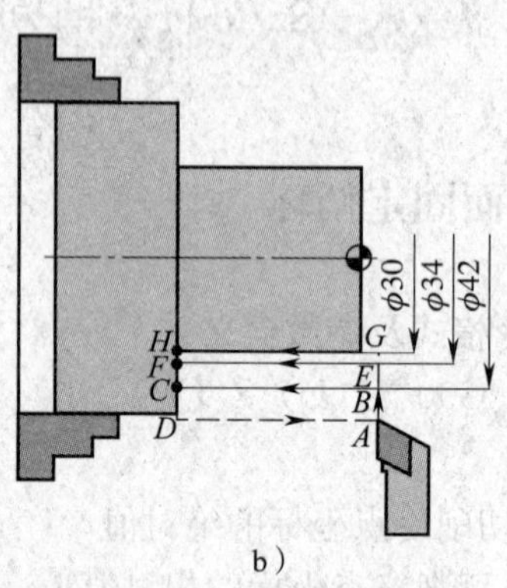

b）

图 7—2　编程实例

a）零件图　b）进给路线图

参考程序如下：

程序	注释
O0001；	程序名
G00 X80 Z80；	快速定位至安全换刀点（刀具起点）
M03 S800 T0100；	主轴正转，转速 800 r/min，使用 1 号基准刀
G00 X52 Z2；	快速定位到 A 点
G90 X42 Z−30 F80；	切削 $\phi42$ mm 的外圆，走刀轨迹：$A—B—C—D—A$
X34；	切削 $\phi34$ mm 的外圆，走刀轨迹：$A—E—F—D—A$
X30；	切削 $\phi30$ mm 的外圆，走刀轨迹：$A—G—H—D—A$
G00 X80 Z80；	快速返回刀具起点
M05；	主轴停止
M30；	程序结束

小提示

每次进刀量和进刀方向是由 G90 指令中的 X 值（切削终点）减去 G90 指令刀具起点的 X 值（循环起点）来确定的；切削长度由 G90 指令中的 Z 值确定。每切削一刀就用一次 G90 指令，要完成粗加工，需数次 G90 指令（改变 G90 中的 X 值）组成一个加工循环，所以 G90 指令也就是“单一固定循环”。

二、圆锥面固定循环

1. G90 指令格式及参数含义

指令格式：G90 X（U）Z（W）R F；

参数含义：

R——切削起点与圆锥的切削终点的半径差值（X 向）。

2. 指令运动轨迹

切削圆锥面的运动轨迹如图 7—3 所示，其动作与圆柱面切削循环类似。

3. R 值及循环起点的确定

G90 循环指令中 R 值的计算方法为切削起点 X 值减去切削终点 X 值所得尺寸的一半。R 值的正负取决于计算的结果。

实际加工中，考虑 G00 进刀的安全性，循环起点的位置取在轴向距圆锥右端面 1～2 mm处。如图 7—4 所示，若选择从 B_1点起刀，实际加工路线 B_1C，则必然导致锥度误差，解决的办法是在 BC 直线的延长线上起刀（图中的 B_2点），此时，对于 R 的取值，需计算出 BC 直线的延长线上对应所取 Z 坐标处与切削终点处的实际半径差。

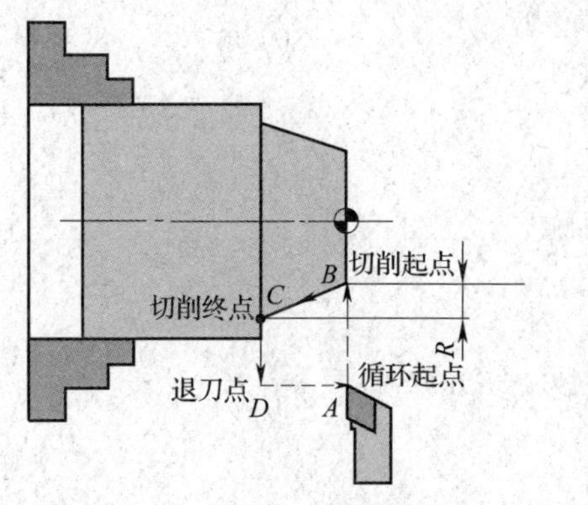

图 7—3 切削圆锥面的运动轨迹

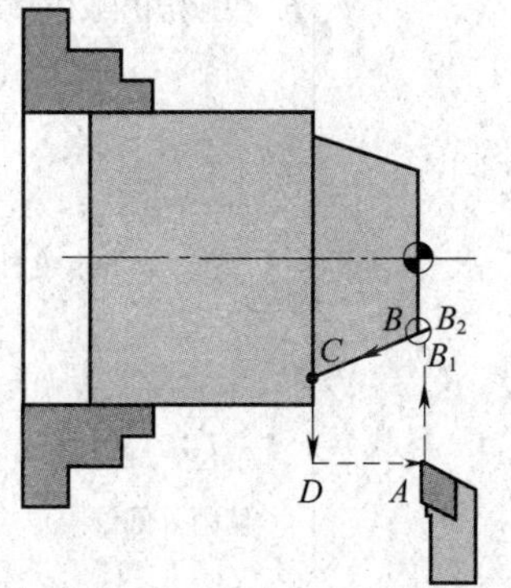

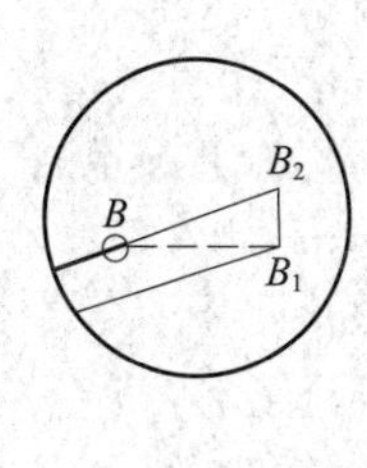

图 7—4 圆锥面切削循环的工艺分析

4. 切削圆锥面的分层加工方法

（1）切削终点不变，通过改变 R 值分层（见图 7—5a），程序分 3 层加工锥面，运动轨迹分别为：$A→B_1→C→D→A$；$A→B_2→C→D→A$；$A→B→C→D→A$。

（2）G90 指令中的 R、Z 不变，通过改变切削终点的 X 值分层（见图 7—5b），程序分 3 层加工锥面，运动轨迹分别为：$A \to B_1 \to C_1 \to D \to A$；$A \to B_2 \to C_2 \to D \to A$；$A \to B \to C \to D \to A$。

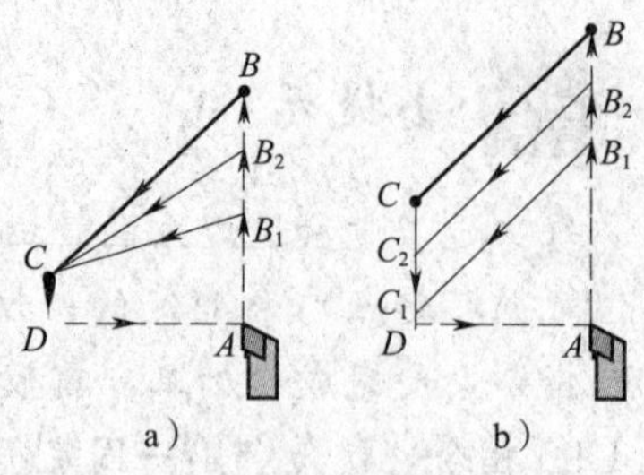

图 7—5　G90 锥面分层加工

a）R 值分层　b）X 值分层

5. 实例讲解

如图 7—6 所示为编程实例，毛坯直径为 50 mm，试用 G90 指令编写其加工程序。

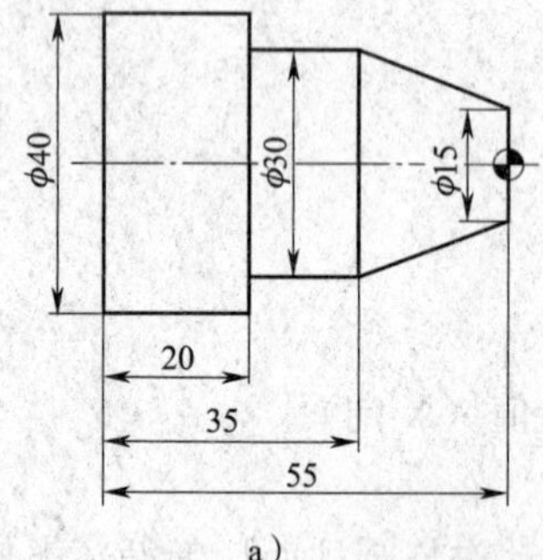

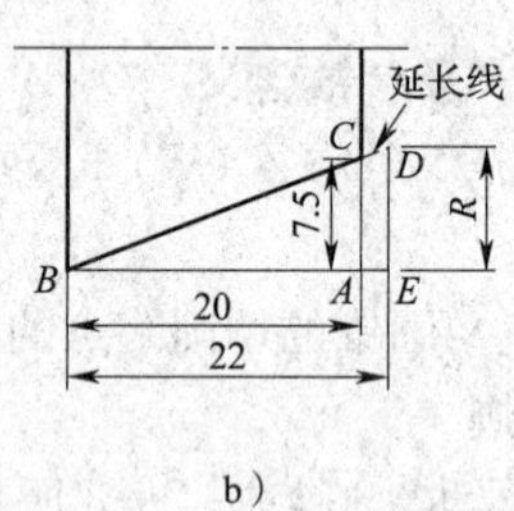

图 7—6　编程实例

a）零件图　b）R 值计算分析图

参考程序如下：

程序	注释
O0005；	程序名
G00 X80 Z80；	快速定位至安全换刀点（刀具起点）
M03 S800 T0100；	主轴正转，转速 800 r/min，使用 1 号偏刀
G00 X52 Z2；	快速定位到工件端面处
G90 X46 Z−55 F80；	切削 ϕ40 mm 的外圆
X42；	
X40；	
G90 X36 Z−35 F80；	切削 ϕ30 mm 的外圆
X32；	
X30；	
G00 X32 Z2；	定位，减少 G90 进刀、退刀的距离
G90 X30 Z−20 R−2；	切削外圆锥
R−4；	
R−6；	
R−8.25；	
G00 X80 Z80；	快速返回刀具起点
M05；	主轴停止
M30；	程序结束

小提示

本例加工锥面时将循环起点选在 Z2.0 的位置，由分析图得出$\triangle ABC \backsim \triangle EBD$，所以程序中的$R=ED=\frac{AC\times EB}{AB}=8.25$ mm；刀具的进刀方向取决于 R 值的正负方向。该程序加工锥面时采用改变 R 值分层加工。

§7.2 径向切削循环（G94）

一、圆柱端面固定循环

1. G94 指令格式及参数含义

G94 为端面加工循环指令。

指令格式：G94 X（U）Z（W）F；

参数含义：

X、Z——切削终点坐标的绝对值。

U、W——切削终点坐标的相对值。

F——切削进给速度。

2. 指令运动轨迹

圆柱端面切削循环的运动轨迹如图 7—7 所示。刀具从循环起点 A 开始以 G00 方式快速移动到指令中的 Z 坐标处（图中 B 点），再以 G01 的方式切削进给至终点坐标处（图中 C 点），并退至循环起点的 Z 坐标处（图中 D 点），最后以 G00 方式快速返回循环起点 A 处，准备下个动作。图中 1R、4R 虚线表示快速移动，2F、3F 表示以指定的工件切削进给速度移动。

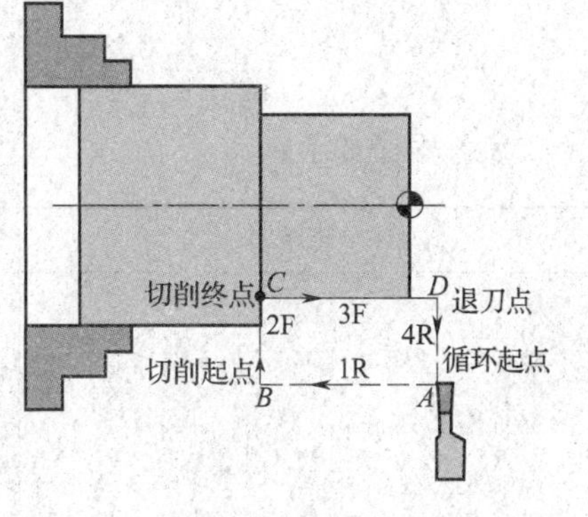

图 7—7 圆柱端面切削循环的运动轨迹

3. 循环起点的确定

端面切削的循环起点取值与 G90 循环类似。在加工外圆表面时，该点离毛坯右端面 2～3 mm，比毛坯外圆直径大 1～2 mm；在加工内孔时，该点离毛坯右端面 2～3 mm，比毛坯内径小 1～2 mm。

知识点拨

1. G94 是模态 G 代码。

2. G94 径向切削循环运动轨迹的 4 个动作：1（Z 向进刀）—2（X 向切削）—3（Z 向

退出）—（X 向返回）。

3. 根据刀具的切削方向选择正确的刀具，由于 G94 指令的切削方向为 X 方向，一般选择车槽刀。

4. 若 G94 指令中缺少 Z 参数则为车槽加工，运动轨迹由 4 个动作变成 2 个动作(2、4)，例：G94 X20 F50。

5. G94 指令主要用于车槽和一些长度较短、端面或锥面较大的零件粗加工，但不能用于圆弧面的粗加工。

4. 实例讲解

如图 7—8 所示为编程实例，用 G94 指令加工 ϕ30 mm 圆柱面，一共分 3 层切削。

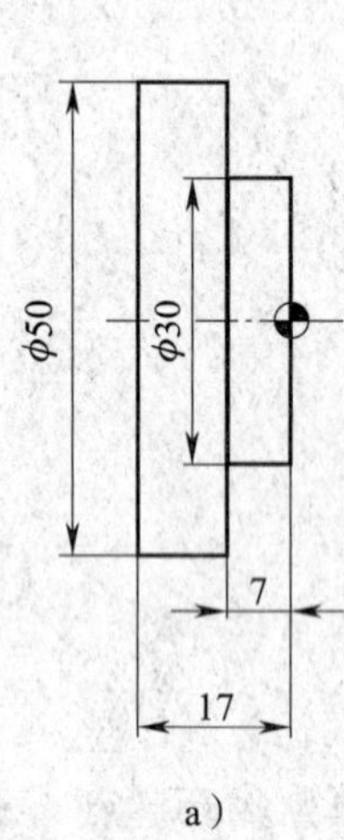

a）

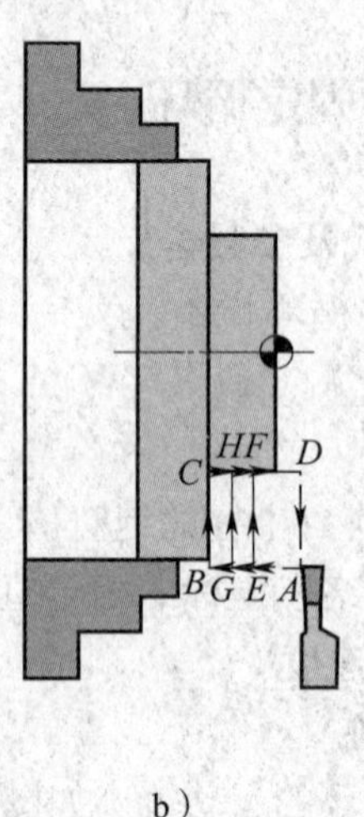

b）

图 7—8　编程实例

a）零件图　b）进给路线图

参考程序如下：

程序	注释
O0001；	程序名
G00 X80 Z80；	快速定位至安全换刀点（刀具起点）
M03 S600 T0202；	主轴正转，转速 600 r/min，使用 3 mm 宽车槽刀
G00 X52 Z2；	快速定位到 A 点
G94 X30 Z−2 F80；	走刀轨迹：$A \to E \to F \to D \to A$；Z 向进刀 2 mm
Z−4.5；	走刀轨迹：$A \to G \to H \to D \to A$；Z 向进刀 2.5 mm
Z−7.0；	走刀轨迹：$A \to B \to C \to D \to A$；Z 向进刀 2.5 mm
G00 X80 Z80；	快速返回刀具起点
M05 T0100；	主轴停止，换回基准刀
M30；	程序结束

小提示

每次进刀量和进刀方向是由G94指令中的Z值（切削终点）减去G94指令刀具起点的Z值（循环起点）来确定的；每次的进刀量不能大于车槽刀刀宽。切削深度由G94指令中的X值确定。每切削一刀就用一次G94指令，那么要完成粗加工，要数次G94指令（改变G94中的Z值）组成一个加工循环。

二、圆锥端面固定循环

1. G94指令格式及参数含义

指令格式：G94 X（U）Z（W）R F；

参数含义：

R——切削起点与圆锥的切削终点 Z 轴绝对坐标的差值。

2. 指令运动轨迹

切削圆锥端面的运动轨迹如图7—9所示，其动作与圆柱端面切削循环类似。

3. R值及循环起点的确定

G94循环指令中R值的计算方法为切削起点Z值减去切削终点Z值所得的长度尺寸。R值的正负取决于计算的结果。

实际加工中，考虑G00进刀的安全性，循环起点一般比毛坯直径大1～2 mm。如图7—10所示，若选择 R 为锥面尺寸时，加工出来的线段（图中的 B_1C）必然导致锥度误差，解决的办法是在 BC 直线的延长线上起刀（图中的 B_2），此时，需计算出 BC 直线的延长线上对应所取 X 坐标处与切削终点处的实际长度差；锥面尺寸则选择 R_1 为准。

4. 切削圆锥面的分层加工方法

（1）切削终点不变，通过改变R值分层（见图7—11a），程序分3层加工锥面，走刀轨迹分别为：$A \to B_1 \to C \to D \to A$；$A \to B_2 \to C \to D \to A$；$A \to B \to C \to D \to A$。

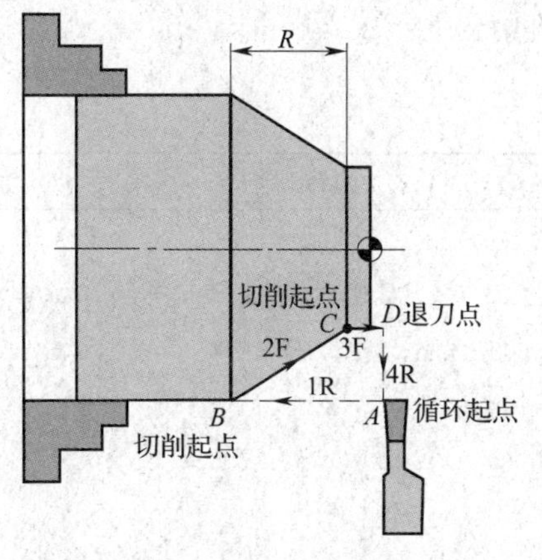

图7—9 切削圆锥端面的运动轨迹

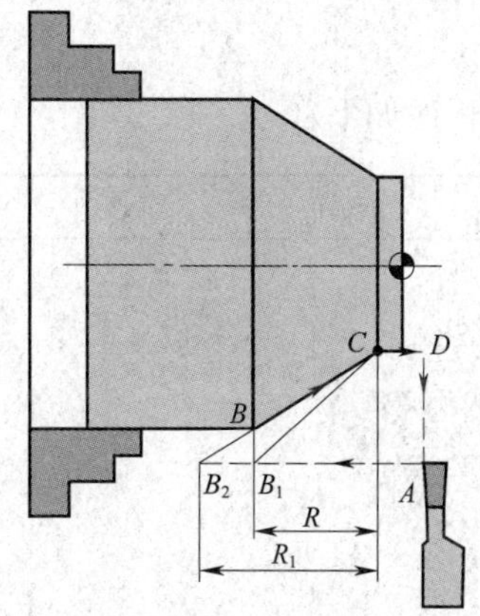

图7—10 圆锥端面切削循环路线分析

（2）G94 指令中的 R、X 不变，通过改变切削终点的 Z 值分层（见图 7－11b），程序分 3 层加工锥面，走刀轨迹分别为：$A \to B_1 \to C_1 \to D \to A$；$A \to B_2 \to C_2 \to D \to A$；$A \to B \to C \to D \to A$。

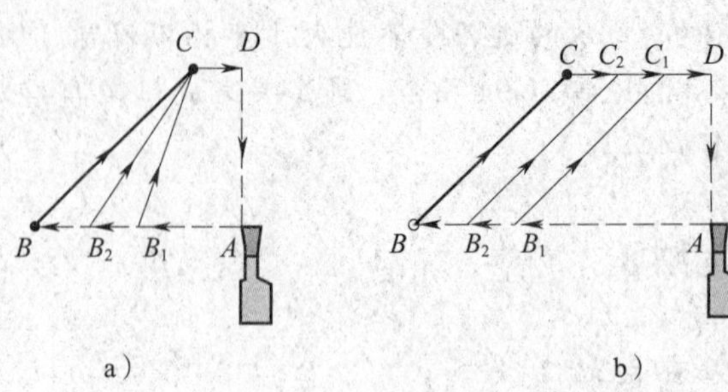

图 7—11　G94 锥端面分层加工

a）R 值分层　b）Z 值分层

5．实例讲解

（1）如图 7—12 所示为编程实例，试用 G94 指令编写槽和锥面的加工程序。

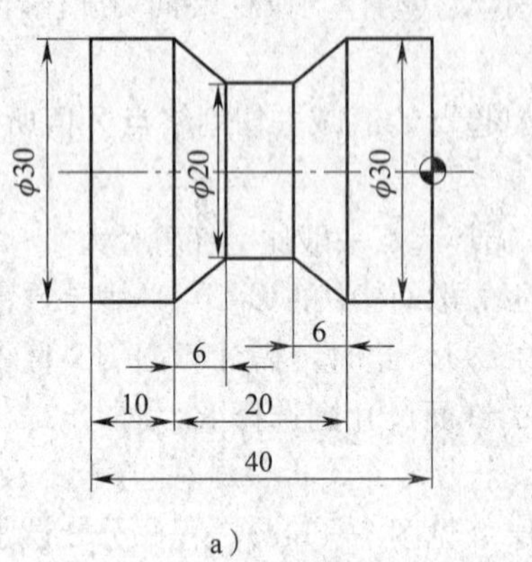

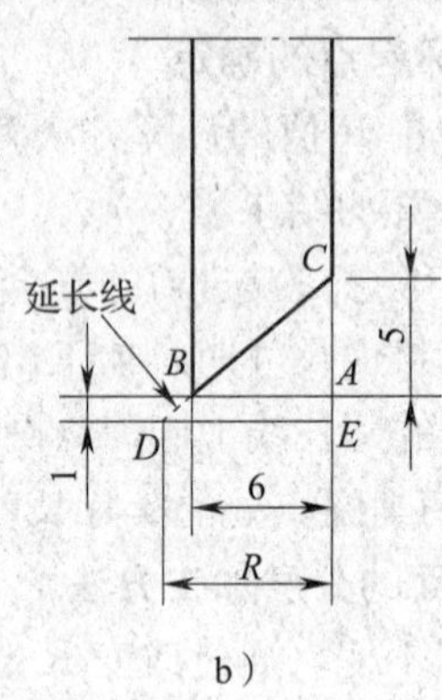

图 7—12　编程实例 1

a）零件图　b）R 值计算分析图

参考程序如下：

程序	注释
O0005；	程序名
G00 X80 Z80；	快速定位至安全换刀点（刀具起点）
M03 S600 T0202；	主轴正转，转速 600 r/min，使用 2 号车槽刀
G00 X32 Z－24；	快速定位到工件车槽处
G94 X20 F80；	加工 ϕ20 mm 槽
Z－21.5；	
Z－19；	

续表

程序	注释
G94 X20 Z−19 R2.5 F60；	加工右锥面
R5；	
R7.2；	
G94 X20 Z−24 R−2.5 F60；	加工左锥面
R−5；	
R−7.2；	
G00 X80 Z80；	快速返回刀具起点
M05 T0100；	主轴停止，换回基准刀
M30；	程序结束

小提示

本例使用宽 3 mm、左刀位点为基准点的车槽刀，加工锥面时将循环起点选在 X32 的位置，由分析图得出$\triangle ABC \backsim \triangle EDC$，所以程序中的$R=ED=\dfrac{AB\times EC}{AC}=7.2$ mm，加工右锥面时 R 值取正，左锥面为负方向。该程序加工锥面时采用改变 R 值分层加工。

（2）如图 7—13 所示为编程实例，试用 G94 指令编写槽和倒角的加工程序。

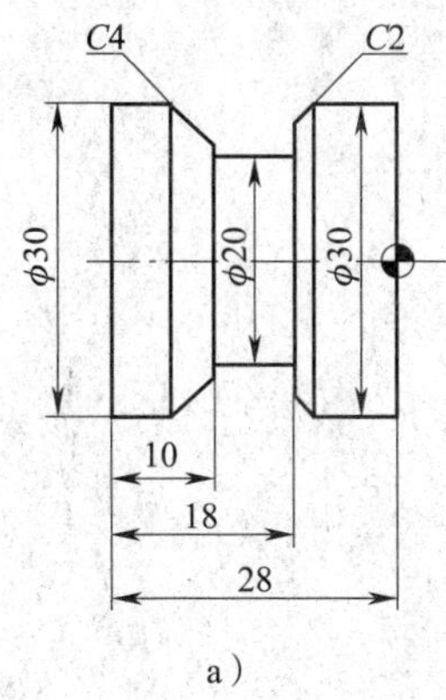

a）

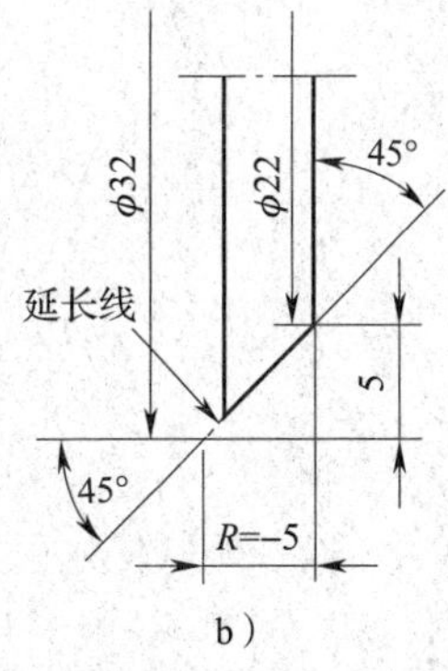

b）

图 7—13　编程实例 2

a）零件图　b）左端倒角 R 值计算分析图

参考程序如下：

程序	注释
O0005；	程序名
G00 X80 Z80；	快速定位至安全换刀点（刀具起点）
M03 S600 T0202；	主轴正转，转速 600 r/min，使用 2 号车槽刀
G00 X32 Z−18；	快速定位到工件车槽处

续表

程序	注释
G94 X20 F80；	加工 ϕ20 mm 槽
Z−15.5；	
Z−13；	
G94 X26 Z−13 R3 F60；	加工 C2 mm 倒角
G94 X22 Z−18 R−2.5 F60；	加工 C4 mm 倒角
R−5；	
G00 X80 Z80；	快速返回刀具起点
M05 T0100；	主轴停止，换回基准刀
M30；	程序结束

小提示

本例使用宽 3 mm、左刀位点为基准点的车槽刀，加工倒角时将循环起点选在 X32 的位置，加工左锥面时 R 值取负，根据分析图可简化 R 值计算，得出公式为：$R=\frac{\text{循环起点 X 值}-\text{G94 中的 X 值}}{2}=\frac{32-22}{2}=5$ mm。加工右锥面时 R 值取正，R 值计算公式为：$R=\frac{\text{循环起点 X 值}-\text{G94 中的 X 值}}{2}=\frac{32-26}{2}=3$ mm。该程序加工锥面时采用改变 R 值分层加工。

课题八

多重循环指令（G70 ~ G75）

学习目标

- 能认识复合型固定循环（G70～G75）的指令格式和功能。
- 能分析复合型固定循环加工轨迹，合理选择循环参数。
- 能合理确定加工工艺路线。

§8.1 轴向粗车循环（G71）

一、G71 指令格式及参数含义

指令格式：

G71 U（Δ*d*）R（*e*）； ①

G71 P（*ns*）Q（*nf*）U（Δ*u*）W（Δ*w*）K（0/1）J（0/1）F＿S＿T＿； ②

类型Ⅰ	类型Ⅱ	
N（*ns*）G00/G01 X（U）； … …F； …S； … N（*nf*）…	N（*ns*）G00/G01 X（U）Z（W）； … …F； …S； … N（*nf*）…	③

G71 指令分为三个部分：

①——给定粗车时 *X* 轴每次进给量、退刀量的程序段。

②——定义精车轨迹的程序段区间、精车余量和切削速度、主轴转速、刀具功能的程序段。

③——定义精车轨迹的若干连续的程序段，执行 G71 指令时，这些程序段仅用于计算粗车的轨迹，实际并未被执行，系统根据精车轨迹、精车余量、进刀量、退刀量等数据自动计算粗加工路线，沿与 *Z* 轴平行的方向切削，通过多次“进刀→切削→退刀”的切削循环

完成工件的粗加工。G71 的起点和终点相同。本代码适用于非成形毛坯（棒料）的成形粗车。

参数含义：

Δd——粗车时 X 轴每次进给量（半径值）。

e——粗车时 X 轴的退刀量，退刀方向与进刀方向相反。

ns——精车轨迹的第一个程序段的程序段号。

nf——精车轨迹的最后一个程序段的程序段号。

Δu——X 轴的精加工余量，粗车轮廓相对于精车轨迹的 X 轴坐标偏移（直径值，有正负符号）。

Δw——Z 轴的精加工余量，粗车轮廓相对于精车轨迹的 Z 轴坐标偏移（有正负符号）。

K——当 K 不输入或者 K 为 0 时，系统不检查程序的单调性，除了圆弧或椭圆、抛物线的起点和终点的 Z 值相等或圆弧大于 180°；当 K 为 1 时，系统检查程序的单调性。

F——切削进给速度。

S——主轴转速。

T——刀具号，刀具偏置号。

F、S、T：可以在第一个 G71 代码或第二个 G71 代码中指定。

1. 类型Ⅰ：指令运动轨迹

G71 指令轴向粗车循环运动轨迹如图 8—1 所示。

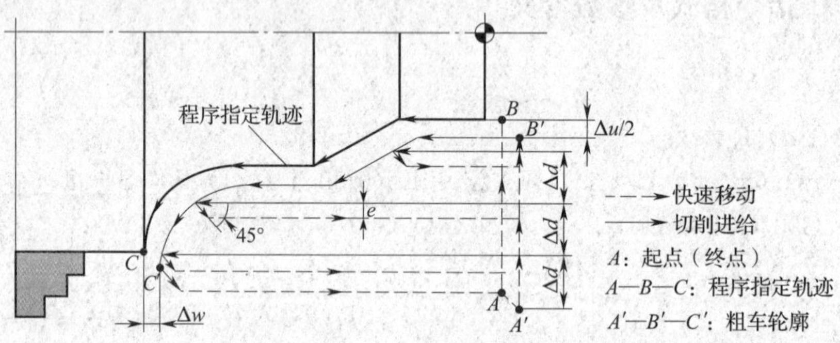

图 8—1　G71 指令轴向粗车循环运动轨迹

（1）从起点 A 点快速移动到 A' 点（X 轴移动 Δu、Z 轴移动 Δw）。

（2）从 A' 点沿 X 轴移动 Δd（进刀），ns 程序段是 G00 时，按快速移动速度进刀，如果 ns 程序段是 G01 时，按 G71 的切削进给速度进刀，进刀方向与 A 点→B 点的方向一致。

（3）Z 轴切削进给到轮廓粗车，切削方向与 B 点→C 点 Z 轴坐标变化一致。

（4）X 轴、Z 轴按切削进给速度退刀 e（45°直线），退刀方向与各轴进刀方向相反。

（5）Z 轴以快速移动速度退回到与 A' 点 Z 轴绝对坐标相同的位置。

（6）如果 X 轴再次进刀（$\Delta d+e$）后，移动的终点仍在 A' 点→B' 点的连线中间（未到达 B' 点），X 轴再次进刀（$\Delta d+e$），然后执行第（3）步；如果 X 轴再次进刀（$\Delta d+e$）后，移动的终点到达 B' 点或超出了 A' 点→B' 点的连线，X 轴进刀至 B' 点，然后执行第（7）步。

（7）沿粗车轮廓从 B' 点切削进给至 C' 点；从 C' 点快速移动到 A 点，G71 循环执行结束，程序跳转到 *nf* 程序段的下一个程序段执行。

知识点拨

1. G71 指令切削方式：*X* 轴进刀，*Z* 轴切削。

2. 类型Ⅰ*ns* 程序段只能是不含 Z（W）代码字的 G00、G01 代码。

3. 执行 G71 指令时，*ns*～*nf* 程序段仅用于计算粗车轮廓，程序段并未被执行；在 G71 循环中 *ns*～*nf* 间程序段号的 F 功能都无效，仅在有 G70 精车循环的程序段中有效；精车轨迹（*ns*～*nf* 程序段），*X* 轴、*Z* 轴的尺寸都必须是单调变化（一直增大或一直减小）。

4. 循环加工 *X* 轴的总进给量是由刀具定位点的 X 值与 *ns* 程序段中的 X 值来确定的。

5. 类型Ⅰ的加工为单调变化的形状，对于刀具的副偏角要求不大，而且 G71 指令的切削方向为 *Z* 方向，一般选择偏刀。

6. *ns*～*nf* 程序段必须紧跟在 G71 程序段后编写。如果在 G71 程序段前编写，系统自动搜索到 *ns*～*nf* 程序段并执行，执行完成后，按顺序执行 *nf* 程序段的下一程序，从而重复执行 *ns*～*nf* 程序段。

2. 类型Ⅱ：指令运动轨迹

（1）类型Ⅱ比类型Ⅰ多 1 个参数 J。

当 J 不输入或者 J 不为 1 时，系统不会沿着粗车轮廓再运行一次；当 J 为 1 时，系统会沿着粗车轮廓再运行一次。

（2）沿 *X* 轴的外形轮廓不必单调递增或单调递减，并且最多可以有 10 个凹槽，如图 8—2 所示。

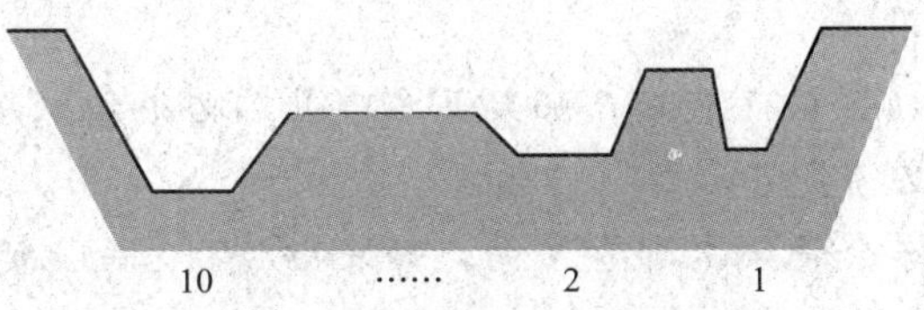

图 8—2　最多可以有 10 个凹槽

但是，沿 *Z* 轴的外形轮廓必须单调递增或单调递减，如图 8—3 所示的轮廓不能加工。

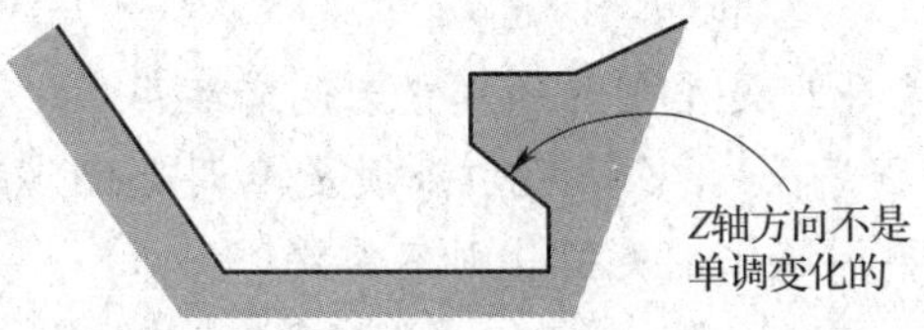

图 8—3　轮廓不能加工

（3）第一刀不必垂直，如果沿 *Z* 轴为单调变化的形状就可进行加工，如图 8—4 所示。

（4）车削后执行退刀，退刀量由参数 R 指定（或者以数据参数 52 号设定值指定），如图 8—5 所示。

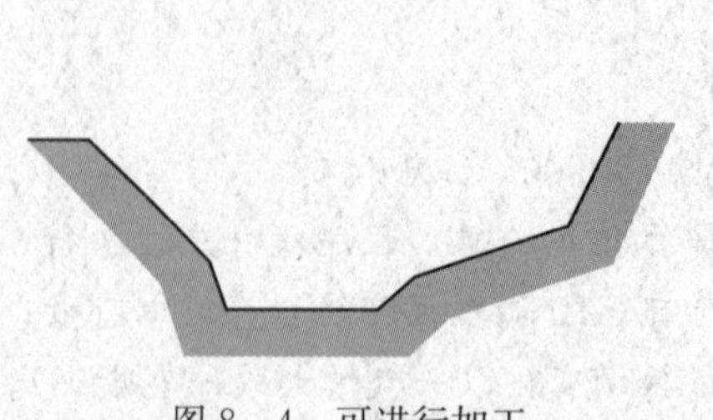

图 8—4　可进行加工

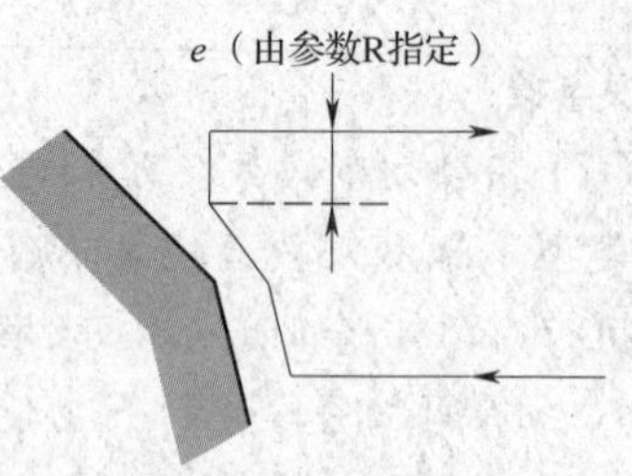

图 8—5　退刀量由参数 R 指定

（5）代码执行过程，粗车轨迹 $A \rightarrow H$，如图 8—6 所示。

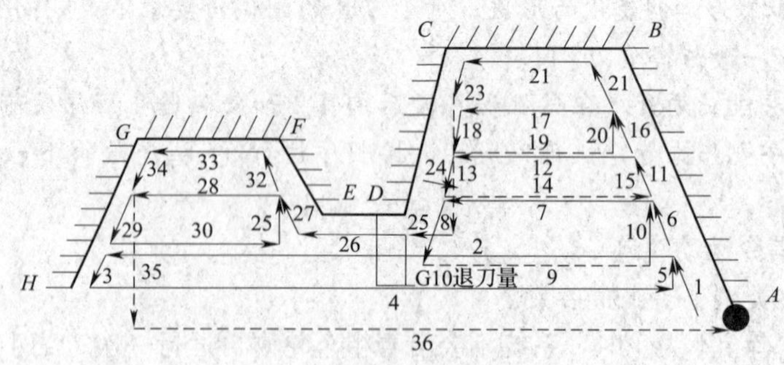

图 8—6　粗车轨迹 $A \rightarrow H$

知识点拨

1. *ns* 程序只能用 G00、G01 代码，如果是类型Ⅱ，必须指定 X（U）和 Z（W）两个轴，当 *Z* 轴不移动时也必须指定。

2. 对于类型Ⅱ，精车余量只能指定 *X* 向，如果指定了 *Z* 向上的精车余量，则会使整个加工轨迹产生偏移，如果指定最好为 0。

3. 对于类型Ⅱ，当前槽切削完要切削下个槽时，留下退刀量的距离让刀以 G01 的速度靠向工件（图 8—6 中的 25 和 26），如果退刀量为 0 或者剩余距离小于退刀量，系统以 G01 靠向工件。

4. 对于没有注明是类型Ⅰ还是类型Ⅱ的部分为两者共用。

5. 精车轨迹（*ns*～*nf* 程序段），*Z* 轴尺寸必须是单调变化（一直增大或一直减小），类型Ⅰ中 *X* 轴尺寸也必须是单调变化，类型Ⅱ则不需要。

二、刀具定位点的确定

刀具定位点是执行 G71 循环指令之前刀位点所在的位置，该点既是程序循环的起点，又是程序循环的终点。对于该点，考虑到快速进刀的安全性，Z 向应离开加工部位 1～2 mm。在加工外圆表面时，X 向等于或略大于毛坯外圆直径；加工内孔时，X 向等于或略小于底孔直径。

三、实例讲解

1. 如图 8—7 所示为编程实例，毛坯直径为 50 mm，用 G71 指令对零件进行粗加工。

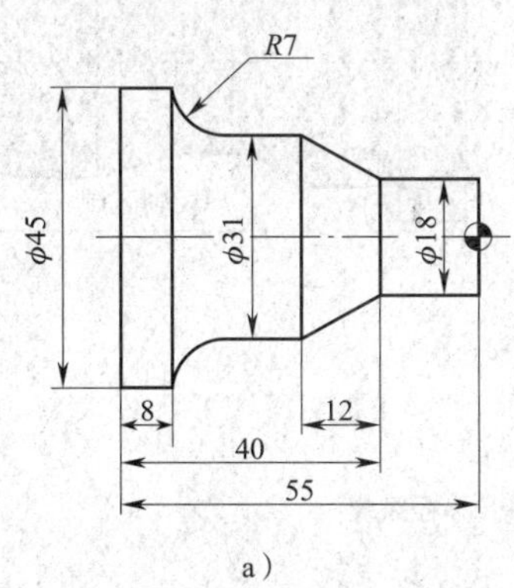

a）

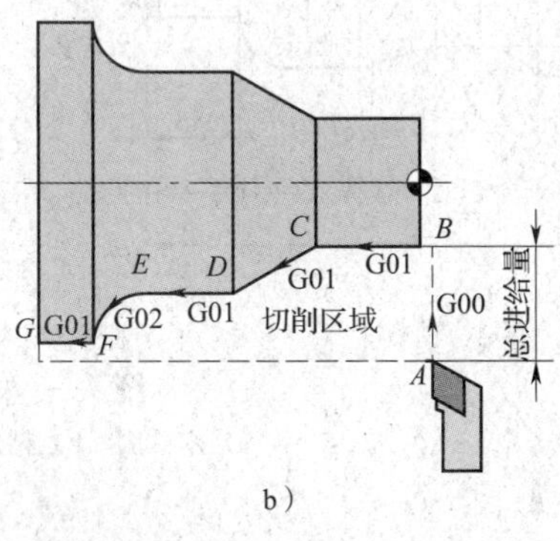

b）

图 8—7　编程实例 1

a）零件图　b）精加工程序群编程路线

参考程序如下：

程序	注释
O0005；	程序名
G00 X80 Z80；	快速定位至安全换刀点（刀具起点）
M03 S800 T0100；	主轴正转，转速 800 r/min，使用 1 号基准刀
G00 X50 Z2；	快速定位到 A 点
G71 U1. 5 R0. 5；	X 向每次进刀 3 mm（直径），退刀量 0. 5 mm
G71 P1 Q2 U0. 3 W0. 1 F80；	X 向留 0. 3 mm 的余量，Z 向留 0. 1 mm 的余量
N1 G00 X18；	
G01 Z－15 F60；	
X31 W－12；	
Z－40；	N1～N2 精加工程序群，编程路线如图 8—7b 所示
G02 X45 W－7 R7；	
N2 G01 Z－55；	
G00 X80 Z80；	快速返回刀具起点
M05；	主轴停止
M30；	程序结束

小提示

此零件图是单调变化的轮廓，故采用指令中类型Ⅰ的编写方法。G71 循环指令前一段的刀具定位点（循环起点）的位置直接影响到 X 轴总进给量，为了节省加工时间，一般定在与毛坯直径相同的位置。

2. 如图 8—8 所示为编程实例，毛坯直径为 30 mm，用 G71 指令对零件进行粗加工。

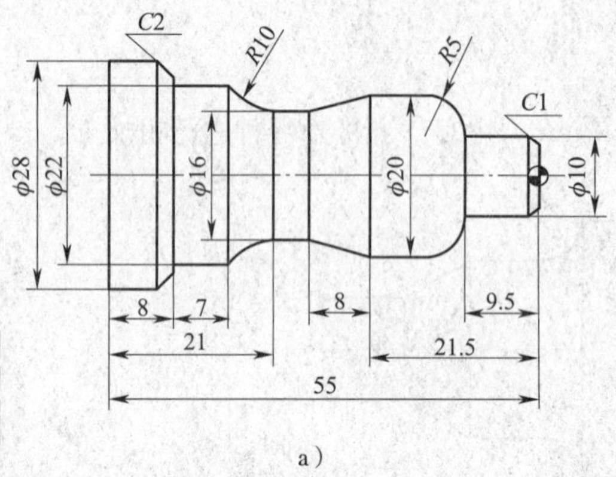

a）

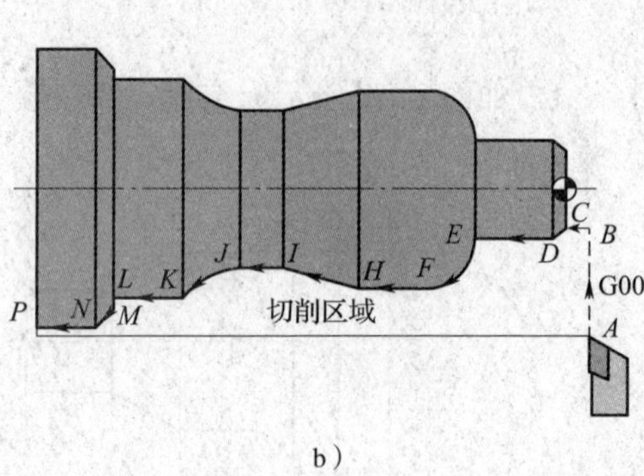

b）

图 8—8　编程实例 2

a）零件图　b）精加工程序群编程路线

参考程序如下：

程序	注释
O0005；	程序名
G00 X80 Z80；	快速定位至安全换刀点（刀具起点）
M03 S800 T0100；	使用 1 号基准刀，主轴正转，转速 800 mm/min
G00 X30 Z2；	快速定位到 A 点
G71 U1.5 R0.5；	X 向每次进刀 3 mm（直径），退刀量 0.5 mm
G71 P1 Q2 U0.3 W0 F80；	X 向留 0.3 mm 的余量，Z 向不留余量
N1 G00 X8 Z2；	
G01 Z0 F60；	
X10 Z−1；	
Z−9.5；	
G03 X20 W−5 R5；	
G01 Z−21.5；	
X16 W−8；	N1～N2 为精加工程序群，编程路线如图 8—8b 所示
Z−34；	
G02 X22 Z−40 R10；	
G01 Z−47；	
X24；	
X28 W−2；	
N2 G01 Z−55；	
G00 X80 Z80；	快速返回刀具起点
M05；	主轴停止
M30；	程序结束

小提示

1. 类型Ⅱ加工时，刀具的选择应考虑刀具是否与加工轮廓有干涉；由于加工刀具的限制，G71 中 X 向每次进给量选择不宜过大。

2. 如果让系统沿着粗车轮廓再运动一次，则在 G71 指令第 2 部分处加上参数 J（值为 1）。

例：G71 P1 Q2 U0.3 W0 J1 F80；

§8.2　径向粗车循环（G72）

一、G72 指令格式及参数含义

指令格式：

G72 W（Δd）R（e）；　①

G72 P（ns）Q（nf）U（Δu）W（Δw）F＿S＿T＿；　②

N（ns）G00/G01 Z（W）；
…
…F；
…S；
…
N（nf）…　③

G72 代码分为三个部分：

①——给定粗车时 Z 轴每次进给量、退刀量的程序段。

②——定义精车轨迹的程序段区间、精车余量和切削速度、主轴转速、刀具功能的程序段。

③——定义精车轨迹的若干连续的程序段，执行 G72 指令时，这些程序段仅用于计算粗车的轨迹，实际并未被执行。系统根据精车轨迹、精车余量、进刀量、退刀量等数据自动计算粗加工路线，沿与 X 轴平行的方向切削，通过多次“进刀→切削→退刀”的切削循环完成工件的粗加工，G72 的起点和终点相同。本代码适用于非成形毛坯（棒料）的成形粗车。

参数定义：

Δd——粗车时 Z 轴每次进给量（无正负符号），进刀方向由 ns 程序段的移动方向决定。

e——粗车时 Z 轴的退刀量（无正负符号），退刀方向与进刀方向相反。

ns——精车轨迹的第一个程序段的程序段号。

nf——精车轨迹的最后一个程序段的程序段号。

Δu——粗车时 X 轴留出的精加工余量（直径值，有正负符号）。

Δw——粗车时 Z 轴留出的精加工余量（有正负符号）。

F——切削进给速度。

S——主轴转速。

T——刀具号，刀具偏置号。

F、S、T：可以在第一个 G72 代码或第二个 G72 代码中指定。

二、指令运动轨迹

G72 指令径向粗车循环运动轨迹如图 8—9 所示。

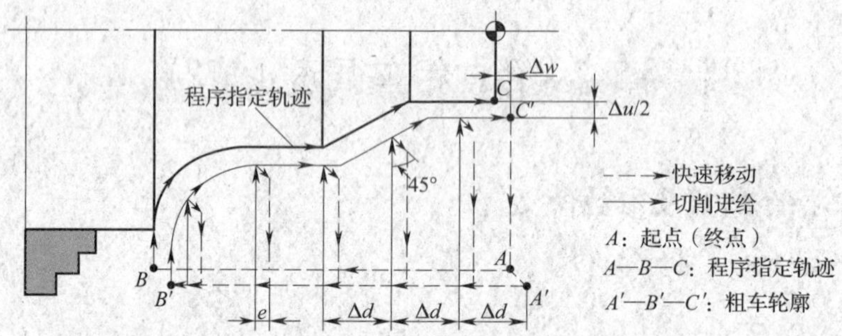

图 8—9 G72 指令径向粗车循环运动轨迹

1. 从起点 A 点快速移动到 A' 点（X 轴移动 Δu，Z 轴移动 Δw）。

2. 从 A' 点沿 Z 轴移动 Δd（进刀），*ns* 程序段是 G00 时，按快速移动速度进刀；如果 *ns* 程序段是 G01 时，按 G72 的切削进给速度进刀，进刀方向与 A 点→B 点的方向一致。

3. X 轴切削进行轮廓粗车，切削方向与 B 点→C 点 X 轴坐标变化一致。

4. X 轴、Z 轴按切削进给速度退刀 e（45°直线），退刀方向与各轴进刀方向相反。

5. X 轴以快速移动速度退回到与 A' 点 X 轴绝对坐标相同的位置。

6. 如果 Z 轴再次进刀（$\Delta d+e$）后，移动的终点仍在 A' 点→B' 点的连线中间（未到达 B' 点），Z 轴再次进刀（$\Delta d+e$），然后执行第 3 步；如果 Z 轴再次进刀（$\Delta d+e$）后，移动的终点到达 B' 点或超出了 A' 点→B' 点的连线，Z 轴进刀至 B' 点，然后执行第 7 步。

7. 沿粗车轮廓从 B' 点切削进给至 C' 点；从 C' 点快速移动到 A 点，G72 循环执行结束，程序跳转到 *nf* 程序段的下一个程序段执行。

知识点拨

1. G72 指令切削方式：Z 轴进刀，X 轴切削。

2. *ns* 程序段只能是不含 X（U）代码字的 G00、G01 代码，否则报警。

3. 执行 G72 指令时，*ns*～*nf* 程序段仅用于计算粗车轮廓，程序段并未被执行；*ns*～*nf* 程序段中的 F、S 代码在执行 G72 循环时无效。执行 G70 精加工循环时，*ns*～*nf* 程序段中的 F、S 代码有效；精车轨迹（*ns*～*nf* 程序段），X 轴、Z 轴的尺寸都必须是单调变化（一直增大或一直减小）。

4. 循环加工中 Z 轴总进给量是由刀具定位点的 Z 值与 *ns* 程序段中的 Z 值来确定的。

5. 根据刀具的切削方向选择正确的刀具，由于 G72 指令的切削方向为 X 向，一般选择车槽刀。

6. *ns*～*nf* 程序段必须紧跟在 G72 程序后编写。如果在 G72 程序段前编写，系统自动搜索到 *ns*～*nf* 程序段并执行，执行完成后，按顺序执行 *nf* 程序段的下一程序，因此，会引起重复执行 *ns*～*nf* 程序段。

三、实例讲解

1. 如图 8—10 所示为编程实例，用 G72 指令对如下工件进行粗加工，毛坯为 ϕ62 mm 圆棒料。

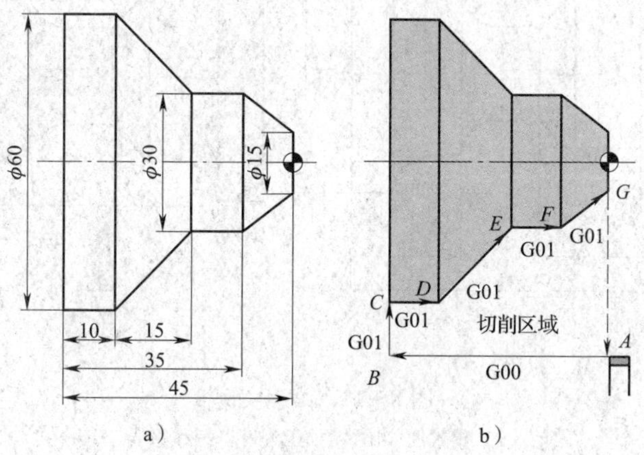

图 8—10 编程实例 1

a）零件图 b）精加工程序群编程路线

参考程序如下：

程序	注释
O0001；	程序名
G00 X80 Z80；	快速定位至安全换刀点（刀具起点）
M03 S500 T0202；	使用 2 号车槽刀，刀宽为 3 mm，以左刀位点为基准点，主轴正转，转速 500 r/min
G00 X65 Z0；	快速定位到 *A* 点
G72 W2 R0.3；	*Z* 向每次进刀 2 mm，退刀量为 0.3 mm
G72 P1 Q2 U0.3 W0.1 F80；	*X* 向留 0.3 mm 余量，*Z* 向留 0.1 mm 余量
N1 G00 Z−45；	G72 指令的精加工程序群
G01 X60 F60；	编程路线：*A*→*B*→*C*→*D*→*E*→*F*→*G*
W10；	
X30 W15；	
W10；	
N2 X15 Z0；	
G00 X80 Z80；	快速返回刀具起点
M05 T0100；	主轴停止，换回基准刀
M30；	程序结束

小提示

G72 指令的 Z 向每次进刀量不能大于刀宽；G72 加工起点要考虑到快速进刀的安全性，X 向应离开加工部位 2～3 mm。

2. 如图 8—11 所示为编程实例，直径 45 mm 外圆已加工完毕，要求用 G72 指令对零件其他轮廓进行粗加工。

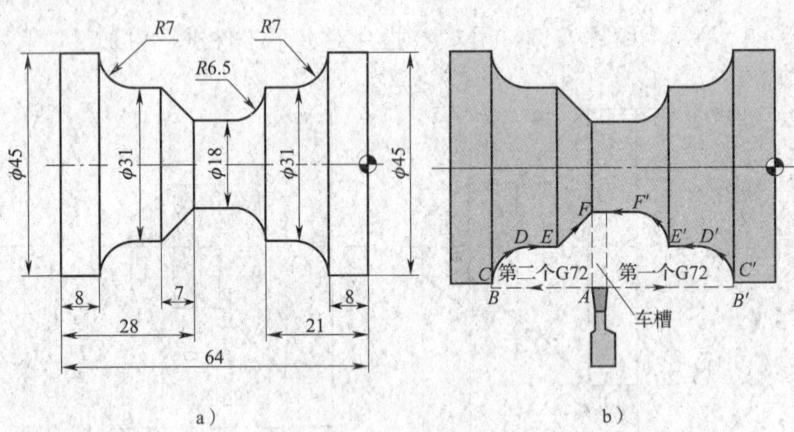

图 8—11 编程实例 2

a）零件图 b）精加工程序群编程路线

参考程序如下：

程序	注释
O0001；	程序名
G00 X80 Z80；	快速定位至安全换刀点（刀具起点）
M03 S500 T0202；	使用 2 号车槽刀，刀宽为 3 mm，以左刀位点为基准点，主轴正转，转速 500 r/min
G00 X47 Z−36；	快速定位到 A 点
G94 X18 F60；	车槽，刀具返回 A 点
G72 W2 R0.3；	Z 向每次进刀 2 mm，退刀量为 0.3 mm
G72 P1 Q2 U0.3 W0 F80；	X 向留 0.3 mm 余量
N1 G00 Z−11；	第一个 G72 指令的精加工程序群
G01 X45 F60；	编程路线：$A\to B'\to C'\to D'\to E'\to F'\to F$
G02 X31 W−7 R7；	车槽刀是以左刀位点为基准点，B'、C'、D'、E'、F' 点，必须考虑刀宽对形状的影响
G01 Z−24；	
G02 X18 W−6.5 R6.5；	
N2 G01 Z−36；	
G72 W2 R0.3；	Z 向每次进刀 2 mm，退刀量为 0.3 mm
G72 P3 Q4 U0.3 W0.1 F80；	X 向留 0.3 mm 余量，Z 向留 0.1 mm 余量

续表

程序	注释
N3 G00 Z－56；	第二个 G72 指令的精加工程序群
G01 X45 F60；	编程路线：$A\to B\to C\to D\to E\to F$
G03 X31 W7 R7；	
G01 Z－43；	
N4 G01 X18 Z－36；	
G00 X80 Z80；	快速返回刀具起点
M05 T0100；	主轴停止，换回基准刀
M30；	程序结束

 小提示

由于 G72 指令的精加工程序 X 轴、Z 轴的尺寸都必须是单调变化（一直增大或一直减小）；所以本实例分两个 G72 指令加工，第一个 G72 指令中 Z 向不能留有余量，否则坐标点会产生位移，影响加工零件的形状。

§8.3 封闭切削循环（G73）

一、G73 指令格式及参数含义

指令格式：

G73 U（Δi）W（Δk）R（d）； ①

G73 P（ns）Q（nf）U（Δu）W（Δw）F＿S＿T＿； ②

N（ns）G00/G01…
…
…F；
…S；
…
N（nf）… ③

G73 指令分为三个部分：

①——给定退刀量、切削次数的程序段。

②——定义精车轨迹的程序段区间、精车余量的程序段。

③——定义精车轨迹的若干连续的程序段，执行 G73 指令时，这些程序段仅用于计算粗车的轨迹，实际并未被执行。系统根据精车余量、退刀量、切削次数等数据自动计算粗车偏移量、粗车的单次进刀量和粗车轨迹，每次切削的轨迹都是精车轨迹的偏移，切削轨迹逐步靠近精车轨迹，最后一次切削轨迹为按精车余量偏移的精车轨迹。G73 指令

的起点和终点相同，本代码适用于成形毛坯的粗车。G73 代码为非模态代码，其指令运动轨迹如图 8—12 所示。

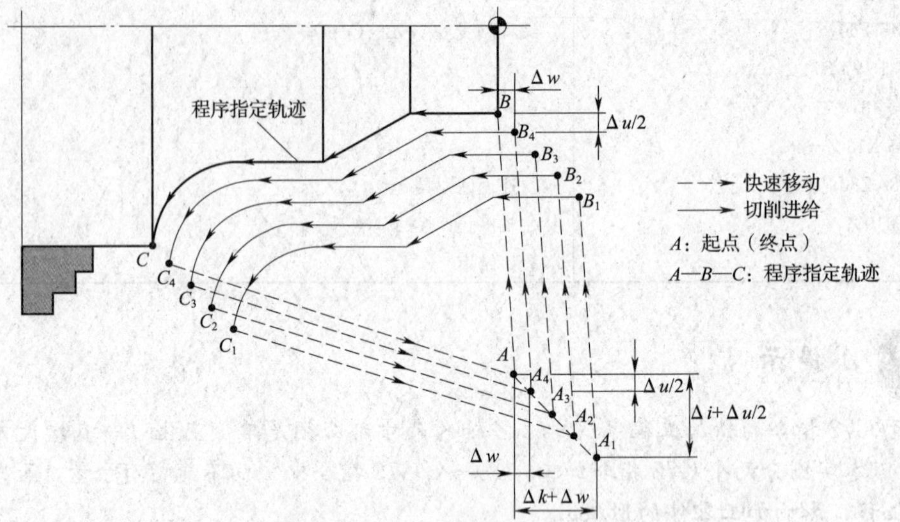

图 8—12　G73 指令运动轨迹

参数含义：

Δi——X 轴粗车退刀量（半径值，有正负符号）。

Δk——Z 轴粗车退刀量（有正负符号）。

d——切削的次数，R5 表示 5 次切削完成封闭切削循环。

ns——精车轨迹的第一个程序段的程序段号。

nf——精车轨迹的最后一个程序段的程序段号。

Δu——X 轴的精加工余量（直径值，有正负符号）。

Δw——Z 轴的精加工余量（有正负符号）。

F——切削进给速度。

S——主轴转速。

T——刀具号，刀具偏置号。

F、S、T：可以在第一个 G73 代码或第二个 G73 代码中指定。

二、指令运动轨迹

G73 指令运动轨迹如图 8—12 所示。刀具从循环起点 A 点开始，快速退刀至 A_1 点（X 向退刀量为 $\Delta i+\Delta u/2$，Z 向退刀量为 $\Delta w+\Delta k$），快速进刀至 B_1 点（B_1 点坐标值由 B 点坐标、精加工余量、退刀量 Δi 和 Δk 来确定），沿轮廓偏移一定值后切削至 C_1 点，快速返回 A_2 点，完成第一层切削，准备第二层循环切削；以此类推分层（分层次数由循环程序中的参数 d 确定）切削至循环结束后，快速返回循环起点 A 点。

知识点拨

1. G73 程序段中 *ns* 程序段只能是 G00、G01 代码；所指程序段可以向 *X* 轴或 *Z* 轴的任意方向进刀。

2. G73 循环加工的轮廓形状，没有单调递增或单调递减形式的限制。

3. *ns*～*nf* 程序段必须紧跟在 G73 程序段后编写。*ns*～*nf* 程序段如果在 G73 程序段前编写系统能自动搜索到 *ns*～*nf* 程序段并执行，执行完成后，按顺序执行 *nf* 程序段的下一程序，因此，会引起重复执行 *ns*～*nf* 程序段。

4. 执行 G73 指令时，*ns*～*nf* 程序段仅用于计算粗车轮廓，程序段并未被执行。*ns*～*nf* 程序段中的 F 代码在执行 G73 时无效。执行 G70 精加工循环时，*ns*～*nf* 程序段中的 F 代码有效。

5. 退刀点要尽量高或低，避免退刀碰到工件。

三、实例讲解

1. 如图 8—13 所示为编程实例，用 G73 指令对铸件余量为 6 mm（指 *X* 方向的半径）的毛坯进行粗加工。

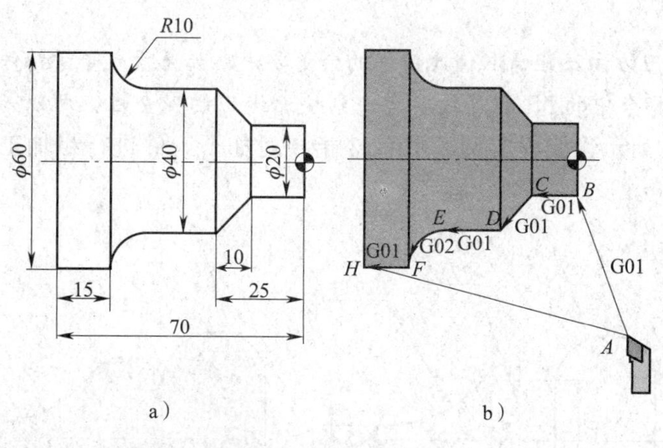

图 8—13 编程实例 1

a）零件图 b）精加工程序群编程路线

参考程序如下：

程序	注释
O0001；	程序名
G00 X80 Z80；	快速定位至安全换刀点（刀具起点）
M03 S800 T0100；	使用 1 号基准刀，主轴正转，转速 800 r/min

续表

程序	注释
G00 X68 Z3；	快速定位到 A 点
G73 U5.5 W5.5 R3；	X、Z 退刀方向及距离为 5.5 mm，分 3 层加工
G73 P1 Q2 U0.5 W0.5 F80；	X、Z 向留 0.5 mm 余量
N1 G01 X20 Z2 F60；	G73 指令的精加工程序群
Z−15；	编程路线：A→B→C→D→E→F→H
X40 W−10；	
Z−45；	
G02 X60 W−10 R10；	
N2 G01 Z−70；	
G00 X80 Z80；	快速返回刀具起点
M05；	主轴停止
M30；	程序结束

小提示

G73 指令中退刀方向及距离取值比铸件的余量要小；如大于或等于铸件的余量，第一层加工为空进给。G73 指令中的 N1 程序段要考虑到快速进刀的安全性，所以采用 G01 指令进刀。

2. 如图 8—14 所示为编程实例，用 G73 指令对如下工件进行粗加工，毛坯为 ϕ35 mm 圆棒料。

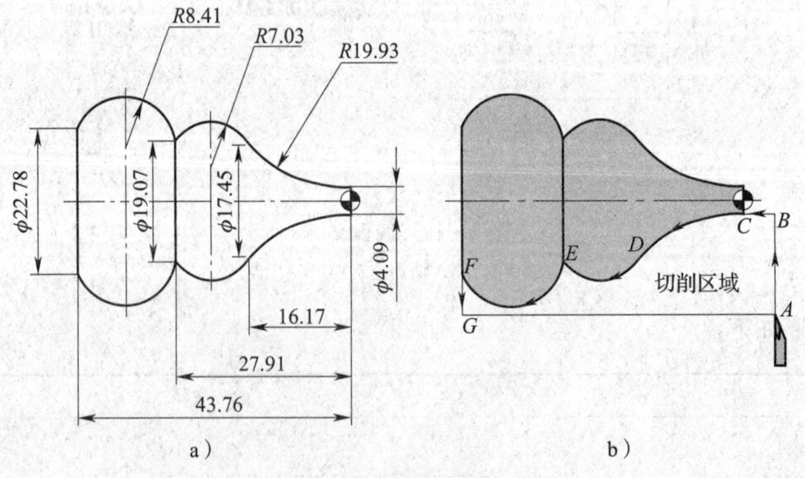

图 8—14　编程实例 2

a）零件图　b）精加工程序群编程路线

参考程序如下：

程序	注释
O0001；	程序名
G00 X80 Z80；	快速定位至安全换刀点（刀具起点）
M03 S600 T0202；	使用 2 号菱形车刀，主轴正转，转速 600 r/min
G00 X38 Z2；	快速定位到 A 点
G73 U15 R15；	X 退刀方向及距离 15 mm，分 15 层加工
G73 P1 Q2 U0.3 W0.1 F80；	X 向留 0.3 mm 余量，Z 向留 0.1 mm 余量
N1 G00 X4.09；	G73 指令的精加工程序群
G01 Z0 F60；	编程路线：$A \to B \to C \to D \to E \to F \to G$
G02 X17.45 Z－16.17 R19.93；	
G03 X19.07 Z－27.91 R7.03；	
G03 X22.78 Z－43.76 R8.41；	
N2 G01 X38；	为了避免退刀碰撞，必须 X 轴先退出安全位置
G00 X80 Z80；	快速返回刀具起点
M05 T0100；	主轴停止，换回基准刀
M30；	程序结束

小提示

对于不是铸件的零件加工，X 向退刀距离的取值一般小于毛坯直径与加工轮廓最小直径之间的半径值：$U<\frac{35_{毛坯直径}-4.09_{轮廓最小直径}}{2}$。如果取值小于 2 mm，那么第一层接触到工件 2 mm。本实例采用垂直进给的方式加工，故 Z 向退刀方向及距离可以不写。由于 G73 指令的加工轨迹是沿着零件的轮廓来运动，所以选用的刀具应根据零件的轮廓来决定。

§8.4 精加工循环（G70）

一、G70 指令格式及参数含义

指令格式：G70 P（ns）Q（nf）；

参数含义：

ns——精车轨迹的第一个程序段的程序段号。

nf——精车轨迹的最后一个程序段的程序段号。

指令功能：刀具从起点位置沿着 ns～nf 程序段给出的工件精加工轨迹进行精加工。在 G71、G72 或 G73 进行粗加工后，用 G70 代码进行精车，单次完成精加工余量的切削。G70 循环结束时，刀具返回到起点并执行 G70 程序段后的下一个程序段。

二、指令运动轨迹

G70 指令运动轨迹（见图 8—15）由 *ns*～*nf* 之间程序段的编程轨迹决定。*ns*、*nf* 在 G70～G73 程序段中的相对位置关系如下：

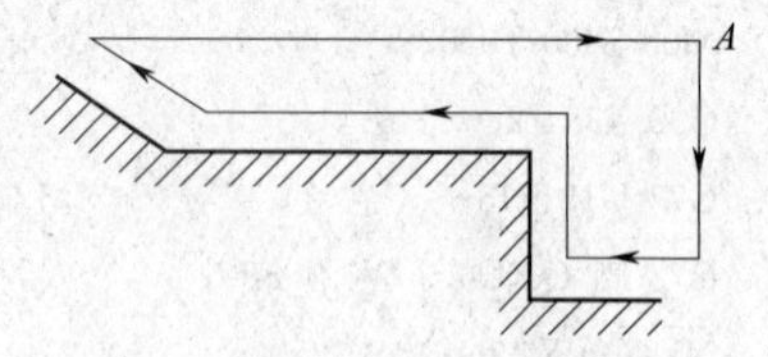

图 8—15　G70 指令运动轨迹

…

G71/G72/G73…

N（*ns*）…

…

…F；

…　　精加工路线程序段群

…

N（*nf*）…

…

G70 P（*ns*）Q（*nf*）；

…

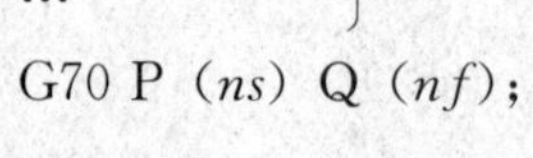

知识点拨

1. G70 指令用在 G71、G72、G73 指令的程序内容之后，不能单独使用。

2. 执行 G70 精加工循环时，*ns*～*nf* 程序段中的 F、S、T 代码有效。

3. 在 G70 代码执行过程中，可以停止自动运行并手动移动，但要再次执行 G70 循环时，必须返回手动移动前的位置。如果不返回就继续执行，后面的运动轨迹将错位。

4. 执行单程序段的操作，在运行完当前轨迹的终点后程序暂停。

5. 在录入方式中不能执行 G70 代码，否则产生报警。

6. 在同一程序中需要多次使用复合循环代码时，*ns*～*nf* 不允许有相同的程序段号。

7. 注意循环起点（G70 程序段之前与程序段结束后的刀具位置）要尽量高或低，避免退刀碰到工件。

§8.5　轴向车槽多重循环（G74）

一、G74 指令格式及参数含义

指令格式：

G74 R（*e*）；

G74 X（U）Z（W）P（Δ*i*）Q（Δ*k*）R（Δ*d*）F__；

参数含义：

R（e）——每次轴向（Z 轴）进给 Δk 后的轴向退刀量（无正负符号），取值范围 0～99.999，单位为 mm。

X——切削终点的 X 轴绝对坐标值。

U——切削终点与起点的 X 轴绝对坐标的差值。

Z——切削终点的 Z 轴绝对坐标值。

W——切削终点与起点的 Z 轴绝对坐标的差值。

P（Δi）——刀具每完成一层轴向（Z 轴）切削后，在径向（X 轴）偏移的进刀量（直径值，无正负符号），单位为 0. 001 mm。

Q（Δk）——轴向（Z 轴）切削时，Z 轴每次切削进给长度（无正负符号），单位为 0.001 mm。

R（Δd）——每次切削至轴向（Z 轴）切削终点后，径向（X 轴）的退刀量（直径值，无正负符号），省略 R（Δd）时，系统默认轴向切削终点后，径向（X 轴）的退刀量为 0。

G74 的径向进刀和轴向切削方向由切削终点 X（U）、Z（W）与起点的相对位置决定。该指令用于在工件端面加工环形槽或中心深孔，轴向断续切削起到及时断屑、排屑的作用。

二、指令运动轨迹

G74 指令运动轨迹如图 8—16 所示。从起点 A 点的轴向（Z 轴）进给 Δk、回退 e、再进给 Δk……直至切削到与切削终点 Z 轴坐标相同的位置，然后径向退刀 Δd、轴向回退至与起点 A 点的 Z 轴坐标相同的位置，完成一次轴向切削循环；然后径向进刀 Δi，进行下一次轴向切削循环；轴向切削循环后，再一次径向进刀 Δi……直至切削到切削终点后，返回起点 A 点（G74 的起点和终点相同），轴向车槽复合循环完成。

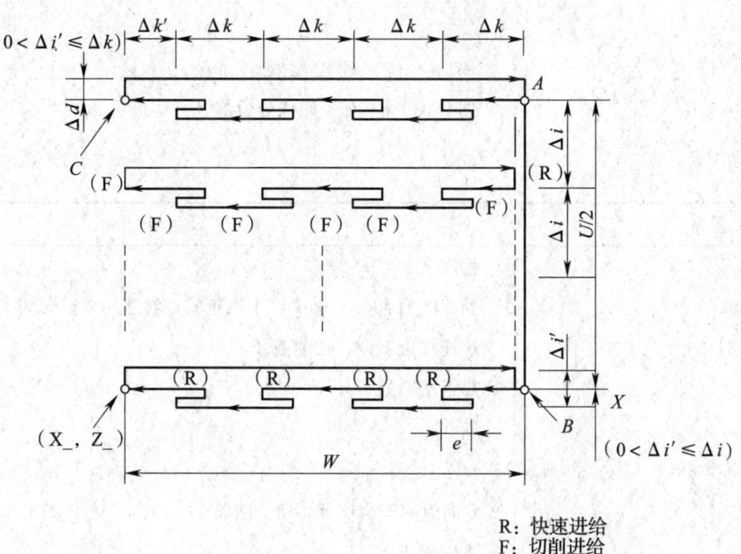

图 8—16　G74 指令运动轨迹

知识点拨

1. G74 指令的切削方式是 X 向进刀，Z 向切削；循环动作是由含 Z（W）和 Q（Δk）的 G74 程序段进行的，如果仅执行“G74 R（e）；”程序段，循环动作不进行。

2. Δd 和 e 均用同一地址 R 指定，其区别是根据程序段中有无 Z（W）和 Q（Δk）代码字。

3. 在 G74 代码执行过程中，可以停止自动运行并手动移动，但要再次执行 G74 循环时，必须返回到手动移动前的位置。如果不返回就继续执行，后面的运动轨迹将错位。

4. 执行单程序段的操作，在运行完当前轨迹的终点后程序暂停。

5. 进行不通孔切削时，必须省略 R（Δd）代码字，因在切削至轴向切削终点后无退刀距离。

6. G74 指令一般应用在钻孔、扩孔和端面槽的加工。

三、实例讲解

1. 如图 8—17 所示为编程实例，要在工件上钻长 50 mm 的 ϕ8 mm 孔，使用G74 指令进行钻孔。

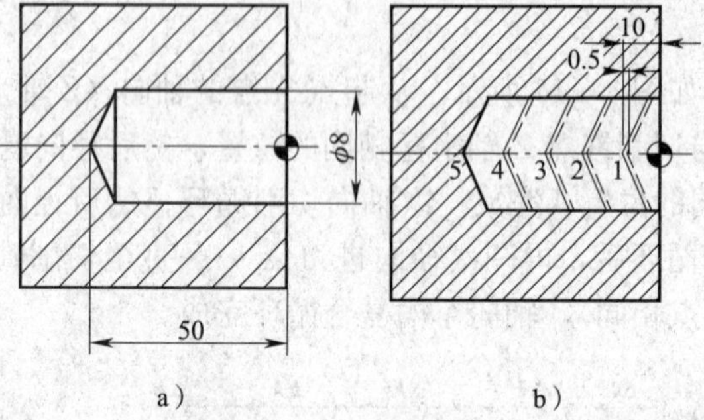

图 8—17　编程实例 1

a）零件图　b）加工路线分析图

参考程序如下：

程序	注释
O0001；	程序名
M03 S400 T0202；	T0202 为 ϕ8 mm 钻头，主轴正转，转速 400 r/min
G00 X0 Z5 M08；	快速接近工件，切削液开
G01 Z0 F50；	靠近端面处
G74 R0.5；	钻孔
G74 Z—50 Q10000 F30；	
G00 Z150 M09；	Z 向返回安全位置，切削液关
M05；	主轴停止
M30；	程序结束

小提示

G74 指令缺省 X、P、R（Δd）值为深孔钻循环，Q10000 实际等于 10 mm，一共分 5 次钻削加工。

2. 如图 8—18 所示为编程实例，已知工件已钻好 ϕ10 mm 的内孔，要求用 G74 指令进行扩孔。

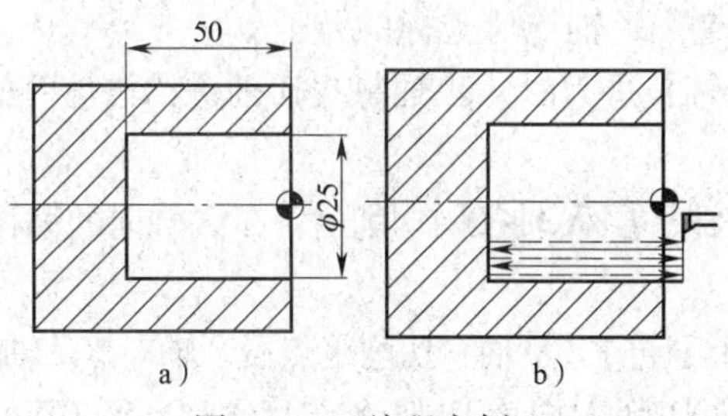

图 8—18　编程实例 2

a）零件图　b）加工路线分析图

参考程序如下：

程序	注释
O0001；	程序名
M03 S600 T0202；	T0202 为内孔刀，主轴正转，转速 600 r/min
G00 X10 Z5 M08；	快速接近工件，切削液开
G74 R0；	扩孔
G74 X25 Z−50 P5000 Q50000 R2 F30；	
G00 Z150 M09；	Z 向返回安全位置，切削液关
M05；	主轴停止
M30；	程序结束

小提示

G74 用于扩孔就等于用数个 G90 指令组成循环加工，R0、Q50000 为了加工过程中 Z 方向不用分段加工和退刀节省加工时间。

§8.6　径向车槽多重循环（G75）

一、G75 指令格式及参数含义

指令格式：

G75 R（e）；

G75 X（U）Z（W）P（Δi）Q（Δk）R（Δd）F；

参数含义：

R（e）——每次径向（X 轴）进给 Δi 后的径向退刀量（半径值，无正负符号），单位为 mm。

X——切削终点的 X 轴绝对坐标值。

U——切削终点与起点的 X 轴绝对坐标的差值。

Z——切削终点的 Z 轴绝对坐标值。

W——切削终点与起点的 Z 轴绝对坐标的差值。

P（Δi）——径向（X 轴）进刀时，X 轴每次切削进给深度（直径值，单位为 0.001 mm，无正负符号）。

Q（Δk）——刀具每完成一层 X 轴径向切削后，在 Z 轴向的偏移进刀量（单位为 0.001 mm，无正负符号）。

R（Δd）——每次切削至径向（X 轴）切削终点后，轴向（Z 轴）的退刀量（无正负符号）。

G75 的轴向进刀和径向切削方向由切削终点 X（U）Z（W）与起点的相对位置决定。该指令用于加工径向环形槽或圆柱面，径向断续切削起到及时断屑、排屑的作用。

二、指令运动轨迹

G75 指令运动轨迹如图 8—19 所示。从起点 A 点的径向（X 轴）进给 Δi、回退 e、再进给 Δi……直至切削到与切削终点 X 轴坐标相同的位置，然后轴向退刀 Δd、径向回退至与起点 A 点的 X 轴坐标相同的位置，完成一次径向切削循环；然后轴向进刀 Δk，进行下一次径向切削循环；径向切削循环后，再一次轴向进刀 Δk……直至切削到切削终点后，返回起点 A 点（G75 的起点和终点相同），径向车槽复合循环完成。

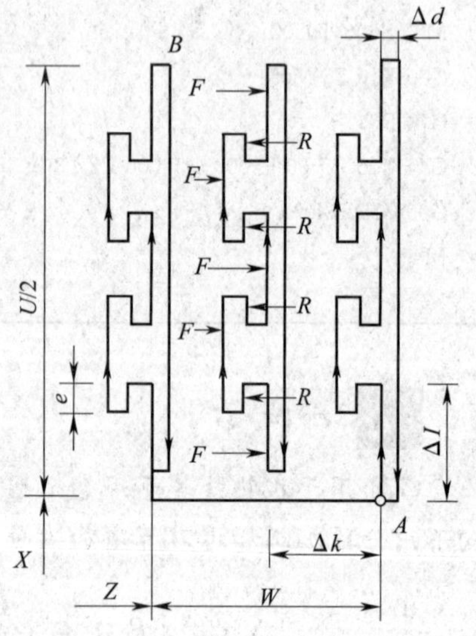

图 8—19　G75 指令运动轨迹

知识点拨

1. G75 指令的切削方式是 Z 向进刀，X 向切削，循环动作是由含 X（U）和 P（Δi）的 G75 程序段进行的，如果仅执行“G75 R（e）;”程序段，循环动作不进行。

2. Δd 和 e 均用同一地址 R 指定，其区别是根据程序段中有无 X（U）和 P（Δi）代码字。

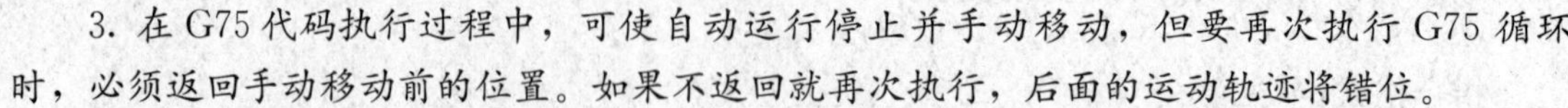

3. 在 G75 代码执行过程中，可使自动运行停止并手动移动，但要再次执行 G75 循环时，必须返回手动移动前的位置。如果不返回就再次执行，后面的运动轨迹将错位。

4. 执行单程序段的操作，在运行完当前轨迹的终点后程序暂停。

5. 进行车槽循环时，必须省略 R（Δd）代码字，切削至径向切削终点后无退刀距离。

6. G75 指令一般应用于多槽、切断加工。

三、实例讲解

1. 如图 8—20 所示为编程实例，使用 G75 指令进行多槽加工。

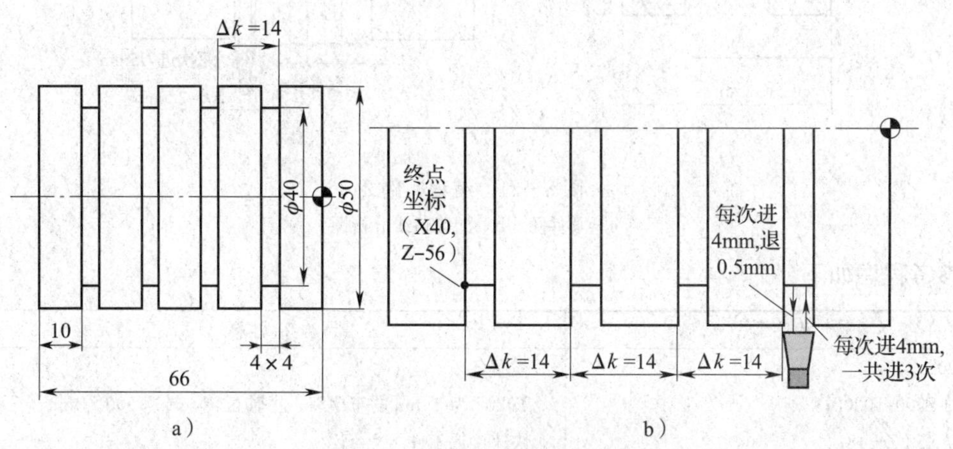

图 8—20　编程实例 1

a）零件图　b）加工路线分析图

参考程序如下：

程序	注释
O0001；	程序名
M03 S500 T0202；	T0202 为 4 mm 的车槽刀，主轴正转，转速 500 r/min
G00 X52 Z−14；	快速接近第一条槽位置
G75 R0.25；	R0.25 为半径值
G75 X40 Z−56 P4000 Q14000 F40；	多槽加工
G00 X80 Z80；	返回安全位置
M05；	主轴停止
M30；	程序结束

小提示

G75 指令中的 Q14000 表示每次切完一条槽 Z 向所移动的距离。

G75 指令中缺省 R（Δd）是避免切削到 X 终点时 Z 向退刀碰撞工件（在 Z 向没有足够退刀量的情况下）。

2. 如图 8—21 所示为编程实例，使用 G75 指令进行宽槽加工。

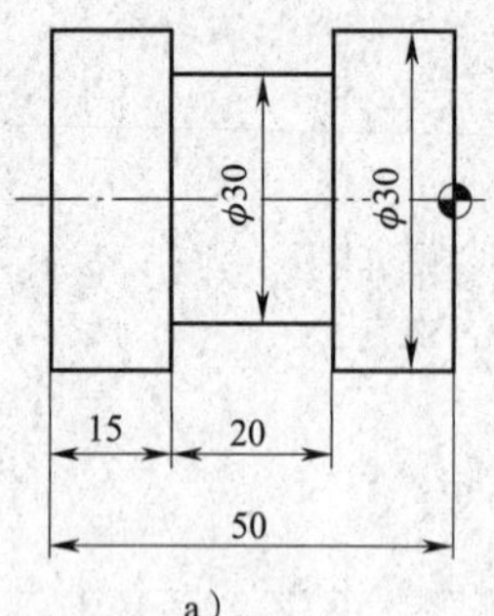

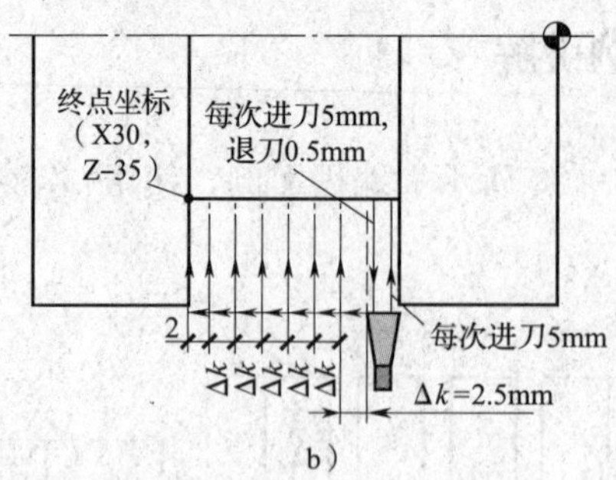

图 8—21　编程实例 2

a）零件图　b）加工路线分析图

参考程序如下：

程序	注释
O0002；	程序名
M03 S500 T0202；	T0202 为 3 mm 的车槽刀，主轴正转，转速 500 r/min
G00 X52 Z—18；	快速接近工件
G75 R0. 25；	R0. 25 为半径值
G75 X30 Z—35 P5000 Q2500 F40；	宽槽加工
G00 X80 Z80；	返回安全位置
M05；	主轴停止
M30；	程序结束

小提示

G75 用于切槽就等于用数个 G94 指令组成循环加工，Q2500 不能大于刀宽。

3. 如图 8—22 所示为编程实例，使用 G75 指令对工件进行切断。

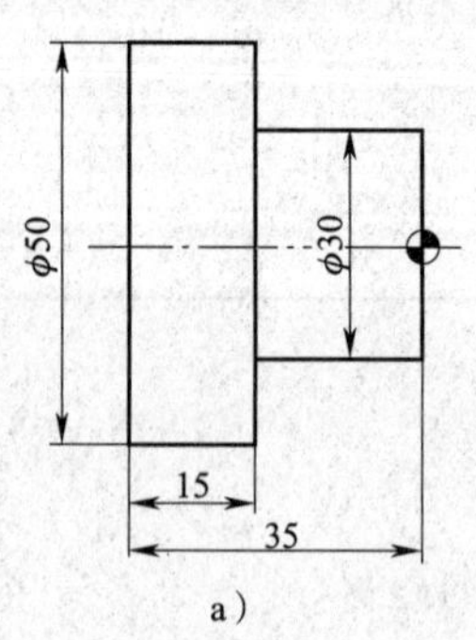

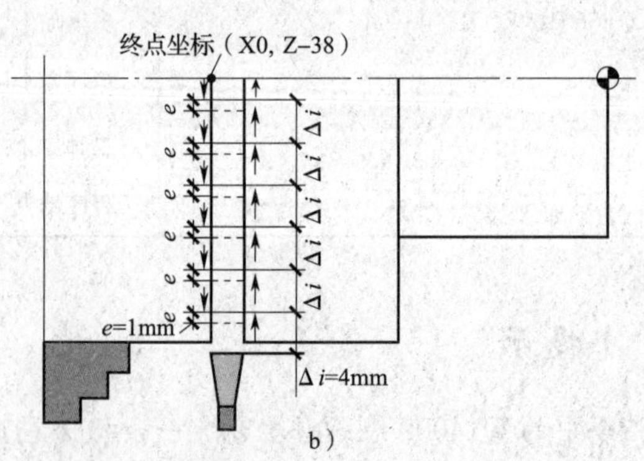

图 8—22　编程实例 3

a）零件图　b）加工路线分析图

参考程序如下：

程序	注释
O0003；	程序名
M03 S500 T0202；	T0202 为 3 mm 的车槽刀，主轴正转，转速 500 r/min
G00 X52 Z−38 M08；	快速接近切断位置，切削液开
G75 R1；	切断（X 向每次进刀 8 mm，退刀 2 mm）
G75 X0 P8000 F40；	
G00 X80 Z80 M09；	Z 向返回安全位置，切削液关
M05；	主轴停止
M30；	程序结束

小提示

G75 指令中缺省 Z、Q、R（Δd）为直接车槽（即 Z 向不移动）。

课题九

螺纹切削指令（G32、G92、G76）

学习目标

- 能认识螺纹基本切削指令（G32）的格式和功能。
- 能分析普通公制螺纹切削循环，说出其基本加工的方法。
- 能认识螺纹单一、复合型固定循环（G92、G76）的格式和功能。
- 能分析螺纹单一、复合型固定循环的加工轨迹，合理选择循环参数。
- 能合理选择加工工艺路线。

§9.1 螺纹基本切削指令（G32）

一、G32 指令格式及参数含义

指令格式：G32 X（U）__ Z（W）__ F __；

参数含义：

X、Z——螺纹终点坐标（绝对值）。

U、W——螺纹终点坐标（相对值）。

F——螺纹导程（导程=线数×螺距）。

二、指令运动轨迹

G32 指令运动轨迹如图 9—1 所示。G32 指令近似于 G01 指令，刀具从 B 点以每转进给一个导程（或螺距）的速度切削至 C 点。其切削前的进刀和切削后的退刀都要通过其他程序段来实现，如图 9—1 所示的 AB、CD、DA 程序段。

三、实例讲解

如图 9—2 所示为编程实例，螺纹外径已车削至 29.8 mm，4 mm×2 mm 的退刀槽已加工完成，要求此螺纹加工至小径 d 为 27.4 mm（30−1.3×2=27.4），试用 G32 指令编程。

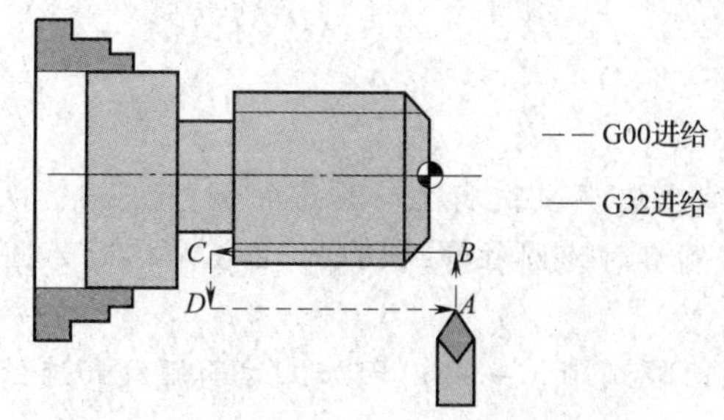

图 9—1　G32 指令运动轨迹

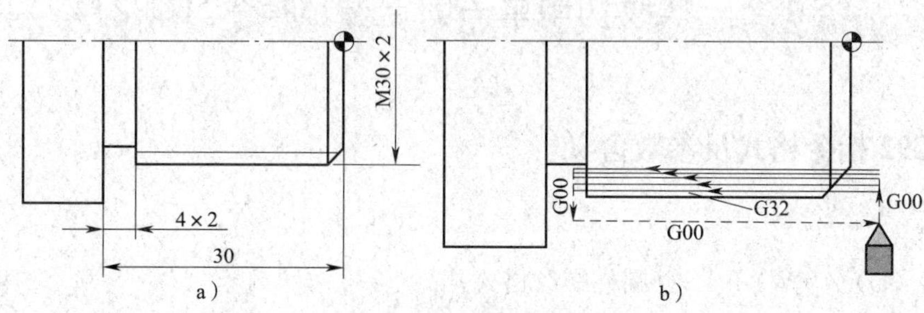

图 9—2　编程实例

a）零件图　b）编程路线分析

参考程序如下：

程序	注释
…	
G00 X29.1 Z2；	第一次进给 0.9 mm
G32 Z−28 F2；	螺纹加工
G00 X32；	刀具退出
Z2；	刀具返回
G00 X28.5 Z2；	第二次进给 0.6 mm
G32 Z−28 F2；	螺纹加工
G00 X32；	刀具退出
Z2；	刀具返回
G00 X27.9 Z2；	第三次进给 0.6 mm
G32 Z−28 F2；	螺纹加工
G00 X32；	刀具退出
Z2；	刀具返回
G00 X27.5 Z2；	第四次进给 0.4 mm
G32 Z−28 F2；	螺纹加工
G00 X32；	刀具退出
Z2；	刀具返回
G00 X27.4 Z2；	第五次进给 0.1 mm
G32 Z−28 F2；	螺纹加工
G00 X32；	刀具退出
Z2；	刀具返回
…	

小提示

1. 螺纹加工指令执行期间，不要进行主轴转速的调整。

2. G32 指令中当 X 值省略时为圆柱螺纹切削，Z 值省略时为圆端面螺纹切削，X、Z 值均不省略时为锥螺纹切削。

3. 由于 G32 指令编程比较烦琐，一般用于加工端面螺纹和连续螺纹。

§9.2　螺纹切削单一固定循环指令（G92）

一、G92 指令格式及参数含义

指令格式：

G92 X（U）Z（W）F L；（圆柱螺纹格式）

G92 X（U）Z（W）R F L；（圆锥螺纹格式）

参数含义：

X（U）、Z（W）——螺纹的终点绝对/增量坐标值。

F——螺纹的导程。

R——圆锥螺纹切削起点相对于螺纹切削终点的半径差（有正负符号）。

L——螺纹线数。

二、指令运动轨迹

1. G92 圆柱螺纹切削循环（即矩形循环）指令运动轨迹如图 9—3a 所示。与 G90 指令相似，刀具从循环起点 A 开始以 G00 方式径向移动至指令中的 X 坐标处（图中 B 点），再

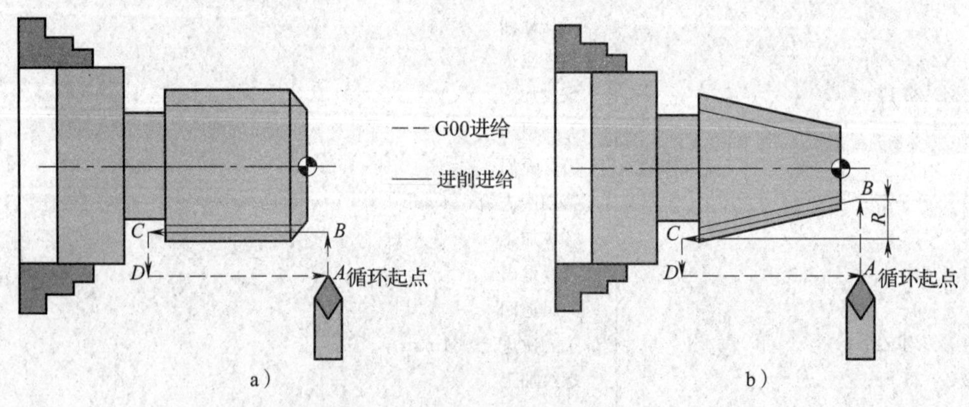

图 9—3　G92 指令运动轨迹

a）圆柱螺纹切削　b）圆锥螺纹切削

以螺纹切削的方式至终点坐标处（图中 C 点），然后以 G00 方式沿径向退至循环起点的 X 坐标处（图中 D 点），最后以 G00 方式快速返回循环起点 A 点，准备下一个动作。

2. G92 圆锥螺纹切削循环指令运动轨迹如图 9—3b 所示，该轨迹与 G92 圆柱螺纹切削循环轨迹相似（即原水平直线 BC 改为倾斜直线）。

三、循环起点的确定

循环起点是执行循环指令之前刀位点所在的位置，该点既是程序循环的起点，又是程序循环的终点。对于该点，考虑到快速进刀的安全性，Z 向应离开加工部位 1～2 mm。在加工外圆表面时，X 向略大于毛坯外圆直径 2～3 mm；加工内孔时，X 向略小于底孔直径 2～3 mm。

知识点拨

1. G92 指令是模态 G 代码，R 值正负的规定及计算方法与 G90 指令相同。

2. 单一固定循环是用一个循环指令按预先给定的一系列连续动作，控制机床位移完成加工，基本包括以下 4 个动作：1（X 向切入）→2（Z 向螺纹切削）→3（X 向退出）→（Z 向返回）。

3. G92 指令可以分多次进刀完成一个螺纹的加工，但不能实现两个连续螺纹的加工，也不能加工端面螺纹。

4. 加工多线螺纹时，使用 G92 指令中的 L（线数）、F（导程）来确定尺寸，也可以用偏移螺距的方法改变循环起点的距离进行加工。

四、实例讲解

1. 如图 9—4 所示为编程实例，螺纹外径已车削至 19.85 mm，4 mm×2 mm 的退刀槽已加工完成，要求此螺纹加工至小径 d 为 18.05 mm（20−1.3×1.5=18.05），试用 G92 指令编程。

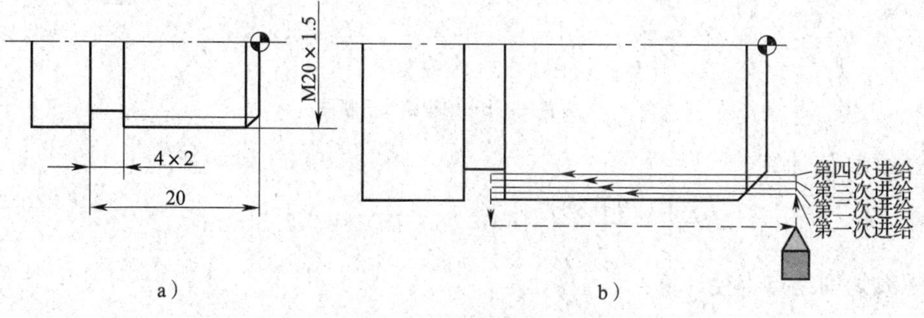

图 9—4 编程实例 1

a）零件图 b）编程路线分析图

参考程序如下：

程序	注释
…	
G00 X22　Z4；	循环起点的定位
G92 X19.2 Z−18 F1.5；	第一次进给 0.8 mm 加工螺纹
X18.6；	第二次进给 0.6 mm 加工螺纹
X18.2；	第三次进给 0.4 mm 加工螺纹
X18.05；	第四次进给 0.15 mm 加工螺纹
G00 X80 Z80；	退刀，取消循环
…	

小提示

1. G92 指令切削螺纹主要是通过改变 G92 指令中的 X 值来实现分层加工的，分层的大小应根据刀具、工件材料和主轴转速来确定。

2. 螺纹加工指令执行期间，不要进行主轴转速的调整。

2. 如图 9—5 所示为编程实例，用 G92 指令对锥螺纹切削编程。

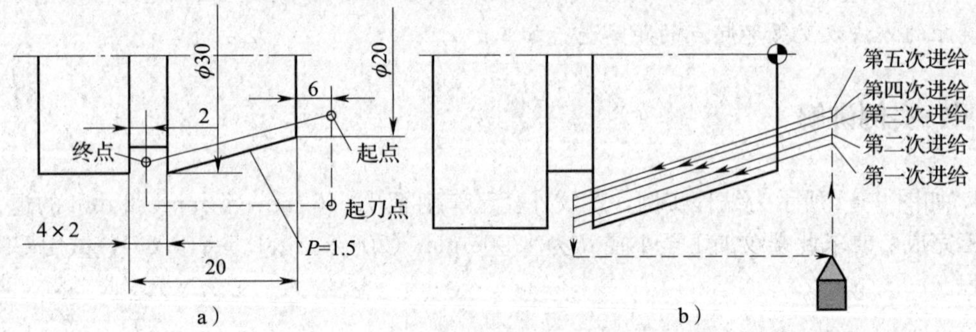

图 9—5　编程实例 2

a）零件图　b）编程路线分析图

锥螺纹 R 值计算：

$$R=\left[\frac{(20-30)}{2}/16\right]\times(6+18)=-7.5\ \text{mm}$$

锥螺纹切削终点直径计算：

$$d=30+2\times\frac{30-20}{16}-1.3\times1.5=29.3\ \text{mm}$$

参考程序如下：

程序	注释
…	
G00 X32 Z4；	循环起点的定位
G92 X30.6 Z−18 R−7.5 F1.5；	螺纹加工第一次循环
X30；	螺纹加工第二次循环
X29.5；	螺纹加工第三次循环
X29.4；	螺纹加工第四次循环
X29.3；	螺纹加工第五次循环
G00 X80 Z80；	退刀，取消循环
…	

小提示

计算R值时，起点与终点不是螺纹的起点与终点，而是导入的起点与导出的终点，否则锥度将出现错误。计算方法与G90中R值的计算相同。

§9.3　复合型螺纹切削循环指令（G76）

一、G76指令格式及参数含义

指令格式：

G76 P（m）（r）（α）Q（Δd_{min}）R（d）；

G76 X（U）Z（W）R（i）P（k）Q（Δd）F（I）；

参数含义：

m——最后精加工的重复次数（00～99），单位为次。

r——螺纹退尾长度（00～99），单位为0.1 L（L为螺纹螺距）。

α——相邻两牙螺纹的夹角，取值范围为00～99，单位为度（°）。

上述参数m、r、α均用地址P一次指定，例如：$m=2$、$r=1.2\ L$、$\alpha=60°$，表示为P021260。

Δd_{min}——螺纹粗车时的最小切削量（半径值，无正负符号），取值范围为0～999 999，单位为0.001 mm。

d——螺纹精车余量（半径值，无正负符号），取值范围为0～99.999，单位为mm。

i——螺纹锥度，螺纹起点与螺纹终点X轴绝对坐标的差值（半径值），取值范围为−99 999 999～99 999 999，单位为 mm。未输入 R（i）时，系统按 R（i）为 0（直螺纹）处理，i=0，为切削直螺纹。

k——螺纹牙高，螺纹总切削深度，取值范围为 1～99 999 999（半径值，无正负号），单位为 0.001 mm。

Δd——第一次螺纹切削深度（半径值，无正负号），取值范围为 1～99 999 999，单位为 0.001 mm。

F——螺纹导程。

I——每英寸的螺纹牙数。

G76 指令可加工带螺纹退尾的直螺纹和锥螺纹，可实现单侧切削刃螺纹切削，背吃刀量逐渐减少，有利于保护刀具、提高螺纹精度。但是该指令不能加工端面螺纹。

二、指令运动轨迹

复合型螺纹切削循环是通过多次螺纹粗车、螺纹精车完成规定牙高（总切削深度）的螺纹加工。G76 指令运动轨迹如图 9—6 所示。刀具从循环起点 A 点快速移动至 B_1 点，螺纹切深为 Δd→沿平行于 CD 的方向螺纹切削至距 Z 向终点距离为 r 处→倒角退刀至与 DE 相交处→沿 X 向快速退刀至 E 点→快速返回 A 点。此时，完成第一次切削，准备第二次切削循环。如此循环，直至循环结束。如果定义的螺纹角度不为 0°，螺纹粗车的切入点由螺纹牙顶逐步移至螺纹牙底，使得相邻两牙螺纹的夹角为规定的螺纹角度。

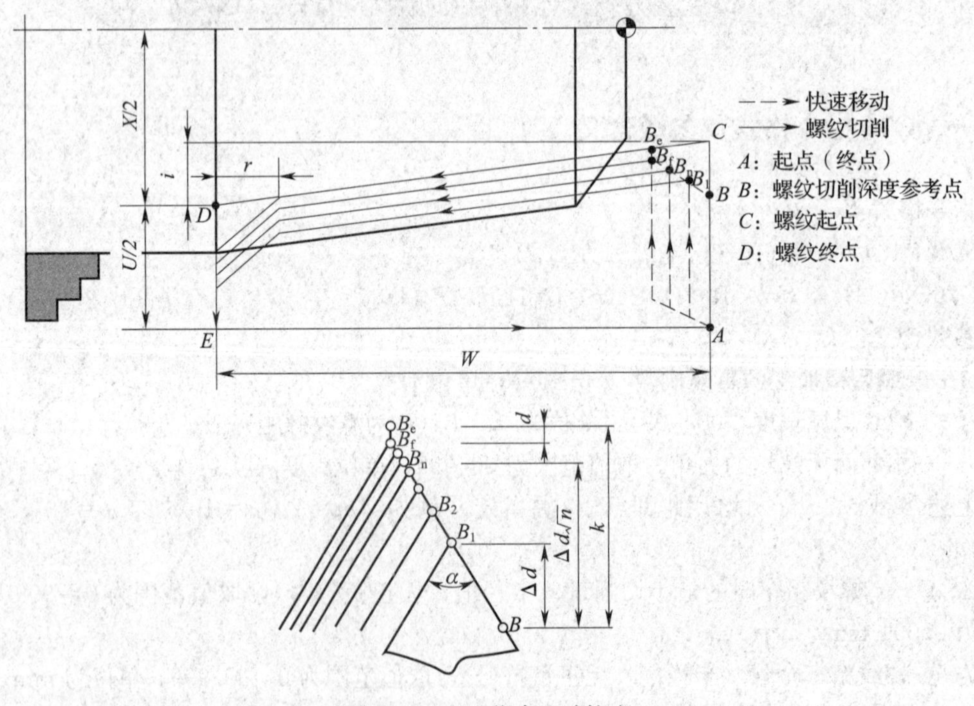

图 9—6　G76 指令运动轨迹

知识点拨

1. 循环起点（终点）A 点：程序段运行前和运行结束后的位置。

2. 螺纹起点 C 点：Z 轴绝对坐标与 A 点相同、X 轴绝对坐标与 D 点 X 轴绝对坐标的差值为 i（螺纹锥度、半径值）。

3. 螺纹终点 D 点：由 X（U）、Z（W）定义的螺纹切削终点。如果有螺纹退尾，切削终点长轴方向为螺纹切削终点，短轴方向为退尾后的位置。

4. 螺纹切深参考点 B 点：B 点的螺纹深度为 0，该点的 X 坐标值＝小径＋$2k$，是系统计算每一次螺纹切削深度的参考点。

三、实例讲解

如图 9—7 所示为编程实例，加工 M60×4 螺纹，螺纹高度为 2.6 mm，螺距为 4 mm，螺纹倒角为 1.1 L。刀尖角为 60°，第一次切削深度 1.2 mm，最小切削深度 0.1 mm，精车余量 0.2 mm，精车次数 1 次，车螺纹前先精车外圆柱面至尺寸。试用 G76 指令编程。

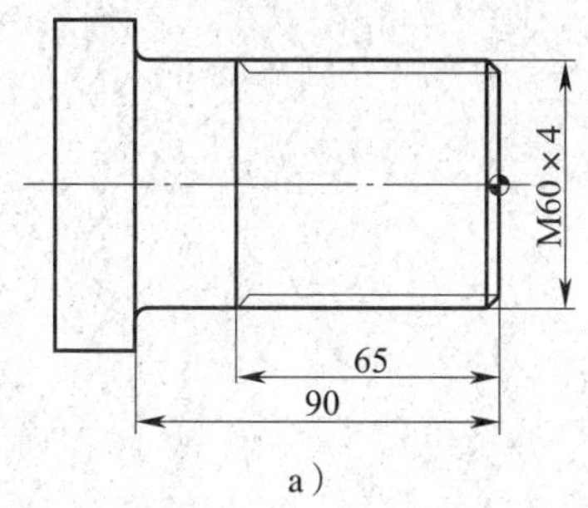

a）

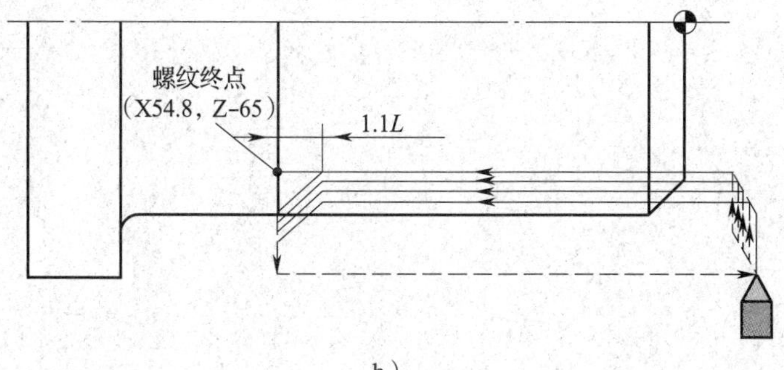

b）

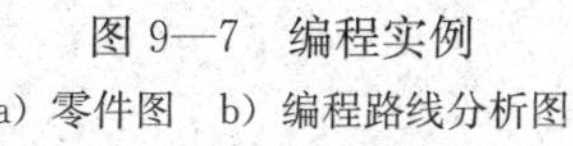

图 9—7　编程实例

a）零件图　b）编程路线分析图

参考程序如下：

程序	注释
…	
G00 X70 Z4；	螺纹起刀点
G76 P011160 Q100 R0.2；	
G76 X54.8 Z−65 P2600 Q600 F4；	螺纹复合循环加工
G00 X100 Z100；	退刀
…	

小提示

1. 以上程序的进刀方法为斜进法。如果把 G76 指令中的“P011160”改成“P011100”，则进刀方法为直进法。对于螺距较小的螺纹一般采用直进法加工。

2. 螺纹加工指令执行期间，不要进行主轴转速的调整。

课题十

调用子程序

学习目标

- 能叙述调用子程序的概念及编程格式。
- 能运用子程序调用编写不同零件的加工程序。

一、子程序的概念

1. 子程序的定义

机床的加工程序可分为主程序和子程序两种。主程序是一个完整的零件加工程序，或是零件加工程序的主体部分。它与被加工零件或加工要求一一对应，不同的零件或不同的加工要求都有唯一的主程序。

在编制加工程序中，有时会遇到一组程序段在一个程序中多次出现，或者在几个程序中都要使用它。这个典型的加工程序可以做成固定程序，并单独命名，这组程序段称为子程序。

子程序一般都不可以作为独立的加工程序使用，它只能通过主程序进行调用，实现加工中的局部动作。子程序执行结束后，能自动返回到调用它的主程序。

2. 子程序的嵌套

为了进一步简化加工程序，可以允许子程序再调用另一个子程序，这一功能称为子程序的嵌套，如图 10—1 所示。GSK980TDc 系统最多只允许四级子程序嵌套。

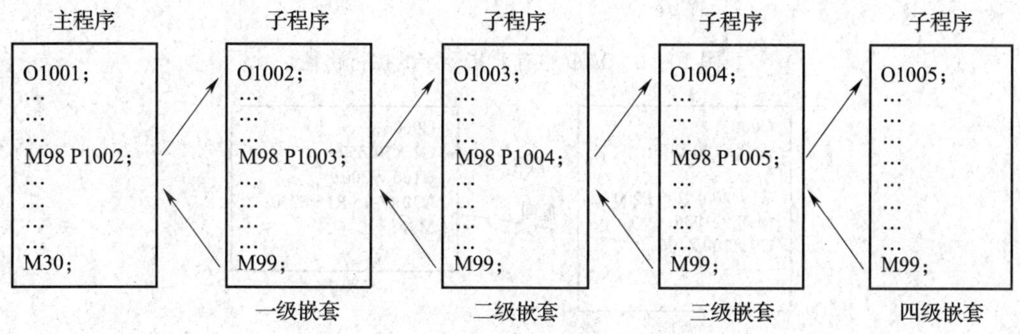

图 10—1　子程序的嵌套

二、子程序调用、返回指令（M98、M99）

1. 子程序调用指令 M98

指令格式：M98 P○○○○□□□□；

参数含义：

○○○○——调用次数（1～9 999），调用 1 次时，可不输入。

□□□□——被调用的子程序号（0 000～9 999）。当调用次数未输入时，子程序号的前导 0 可省略；当输入调用次数时，子程序号必须为 4 位数。

在自动方式下，执行 M98 代码时，当前程序段的其他代码执行完成后，CNC 去调用执行 P 指定的子程序，子程序最多可执行 9 999 次。M98 代码在 MDI 下运行无效。

2. 子程序返回指令 M99

指令格式：M99 P○○○○；

参数含义：

○○○○——返回主程序时将被执行的程序段号（0 000～9 999），前导 0 可以省略。

子程序当前程序段的其他代码执行完成后，返回主程序由 P 指定的程序段继续执行。当未输入 P 时，返回主程序调用当前子程序的 M98 代码的后一程序段继续执行。如果 M99 用于主程序结束（即当前程序不是由其他程序调用执行），当前程序将反复执行。M99 代码在 MDI 下运行无效。

调用子程序时，图 10—2 表示 M99 中有 P 指令字的执行路径，图 10—3 表示 M99 中无 P 指令字的执行路径。

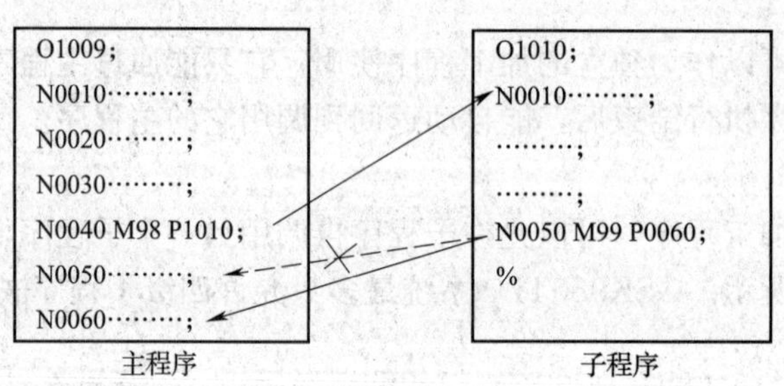

图 10—2　M99 中有 P 指令字的执行路径

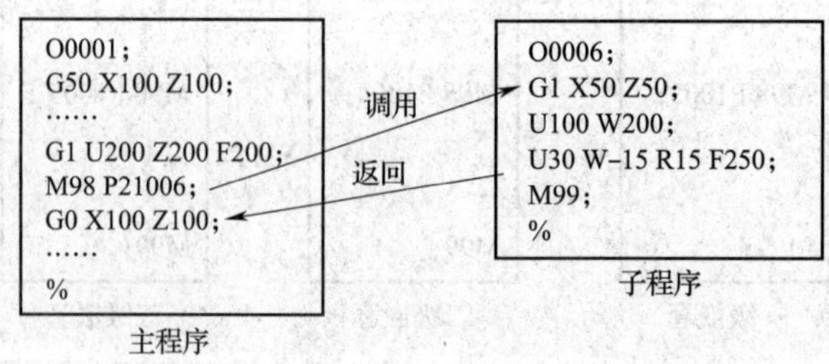

图 10—3　M99 中无 P 指令字的执行路径

三、实例讲解

1. 如图 10—4 所示为编程实例，运用子程序完成零件的车槽加工。

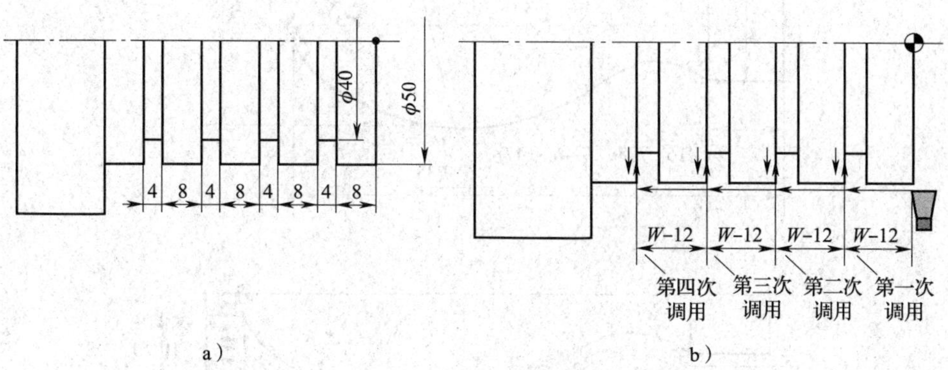

图 10—4 编程实例 1

a）零件图 b）编程路线分析图

参考程序如下：

程序	注释
O0122；	主程序名
…	
S500 M03 T0303；	T0303 为宽 4 mm 车槽刀
G00 X52 Z0；	
M98 P41234；	调用 O1234 子程序 4 次
G00 X150 Z200；	
M05；	
M30；	
…	
O1234；	子程序名
G01 W－12 F50；	
X40 F40；	单槽加工程序
X52 F100；	
M99；	子程序结束

小提示

子程序中的各坐标轴方向是不断变化的，一般用相对坐标编程；对于没有变化的坐标轴可以用绝对坐标或相对坐标编程。如上述子程序的 X 向可以用绝对坐标或相对坐标编程。

2. 如图 10—5 所示为编程实例，利用子程序完成零件的程序编制。

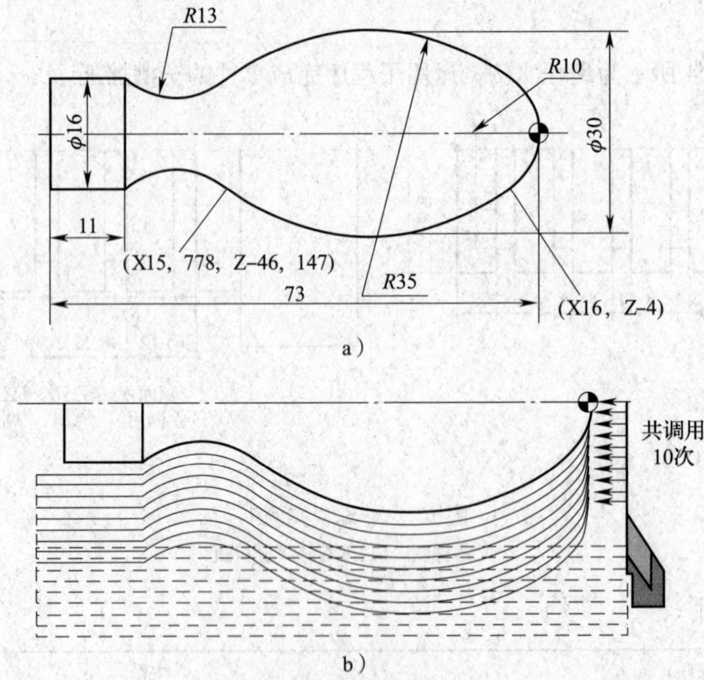

图 10—5　编程实例 2

a）零件图　b）编程路线分析图

参考程序如下：

程序	注释
O0022；	主程序名
…	
S600 M03 T0101；	T0101 为菱形车刀
G00 X30 Z5；	
M98 P101235；	调用 O1235 子程序 10 次
G00 X150 Z200；	
…	
M05；	
M30；	
O1235；	子程序名
G00 U−3；	
G01 W−5 F50；	
G03 U16 W−4 R10；	轮廓精加工程序
G03 U−0.222 W−42.147 R35；	

续表

程序	注释
G02 U0.222 W－15.853 R13；	
G01 W－15；	
G00 U20；	
W77；	
U－36；	
M99；	子程序结束

小提示

1. 本例加工中注意刀具副偏角的选择，避免与工件发生干涉。

2. 本例的子程序采用增量编程来实现分层加工，子程序中“G00 U－3”表示每层的进刀量。

课题十一

编 程 实 例

学习目标

- 能根据不同零件使用正确的编程方法。
- 能根据不同的加工轮廓合理选择加工指令。
- 能通过实例进一步巩固、提高综合编程的技能和技巧。

一、实例1

如图 11—1 所示为圆柱台阶轴零件，毛坯直径为 25 mm，试分别用 G90、G71 指令编写加工程序。

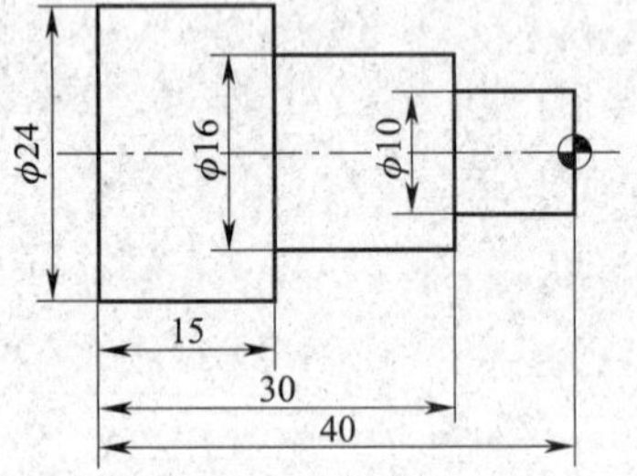

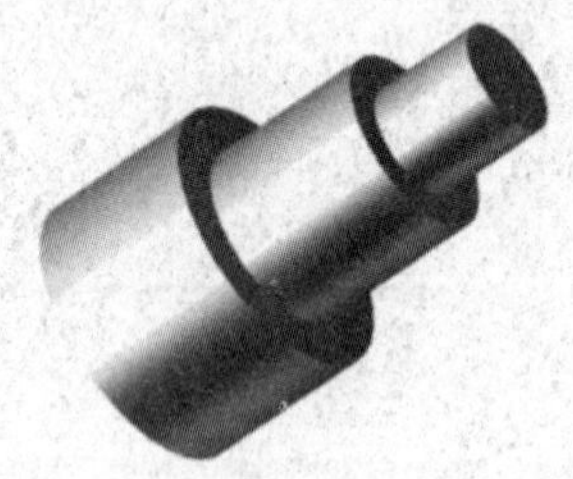

图 11—1　圆柱台阶轴零件

G90 指令加工参考程序如下：

程序	注释
O0001；	程序名
G00 X80 Z80；	快速定位至安全换刀点（刀具起点）
M03 S600 T0100；	使用 1 号外圆车刀，主轴正转，转速 600 r/min
G00 X25 Z2；	快速定位到工件处
G90 X24 Z−44 F80；	切削 φ24 mm 的外圆
X20 Z−25；	切削 φ16 mm 的外圆
X16；	

续表

程序	注释
G00 X18 Z2；	定位（减少 G90 指令进、退刀距离）
G90 X12 Z－10 F80；	切削 ϕ10 mm 的外圆
X10；	
G00 X80 Z80；	快速返回安全换刀点
T0202；	更换宽 3 mm 的车槽刀，左刀位点为基准点
G00 X26 Z－43；	定位到切断处：Z＝－(40＋刀宽)
G01 X0 F50；	切断
G00 X80；	X 向退出
Z80；	Z 向返回刀具起点
M05 T0100；	主轴停止，换回基准刀
M30；	程序结束

G71 指令加工参考程序如下：

程序	注释
O0001；	程序名
G00 X80 Z80；	快速定位至安全换刀点（刀具起点）
M03 S600 T0100；	使用 1 号外圆车刀，主轴正转，转速 600 r/min
G00 X25 Z2；	快速定位到工件处
G71 U2 R0.5；	X 向每次进刀量 4 mm（直径），退刀量 0.5 mm
G71 P1 Q2 U0.3 W0.1 F80；	X 向留 0.3 mm 的余量，Z 向留 0.1 mm 的余量
N1 G00 X10；	（类型Ⅰ：该程序段中不能有 Z 值）
G01 Z－10 F60；	N1～N2 程序编程路线：
X16；	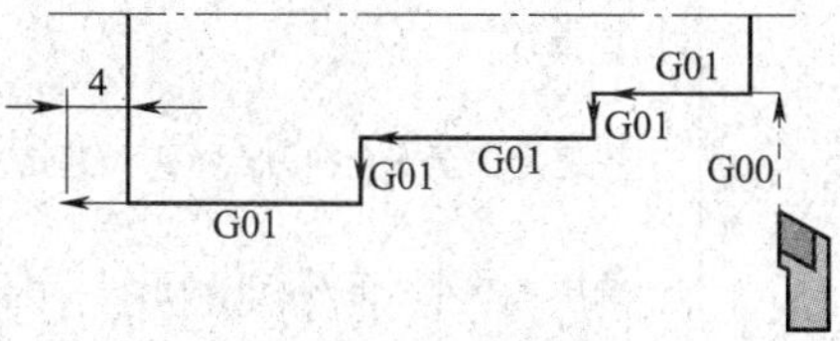
Z－25；	
X24；	
N2 Z－44；	
G70 P1 Q2；	精加工（P1～Q2 指定精加工的路线）
G00 X80 Z80；	快速返回安全换刀点
T0202；	换 3 mm 宽、左刀位点为基准点的车槽刀
G00 X26 Z－43；	定位到切断处：Z＝－（40＋刀宽）
G94 X0 F50；	切断
G00 X80 Z80；	返回刀具起点
M05 T0100；	主轴停止，换回基准刀
M30；	程序结束

小提示

在加工总长时延长 4 mm 是为了留有切断的位置，避免切断刀切削到毛坯直径而影响刀具的寿命。本例分别采用 G01、G94 指令两种切断方法，采用 G01 指令加工，注意切断工件时未能掉落的情况下，返回刀具起点会碰撞到工件，故一般将返回指令分成两步定位；而采用 G94 指令加工，加工完毕后刀具停在前一个定位点处，可避免碰撞工件。

二、实例 2

如图 11—2 所示为圆锥台阶轴零件，毛坯直径为 25 mm，试编写加工程序。

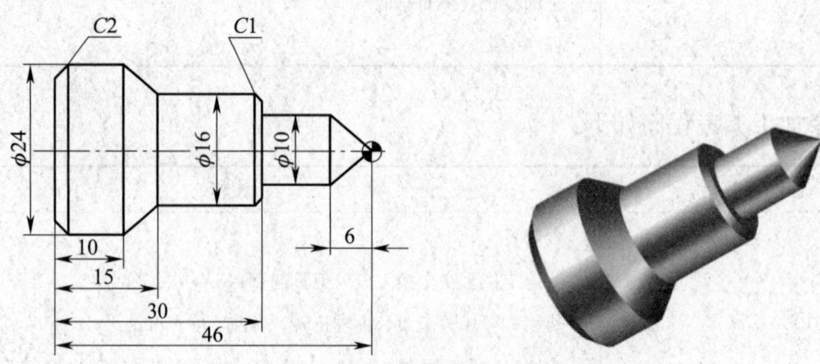

图 11—2　圆锥台阶轴零件

参考程序如下：

程序	注释
O0002；	程序名
G00 X80 Z80；	快速定位至安全换刀点（刀具起点）
M03 S600 T0100；	使用 1 号外圆车刀，主轴正转，转速 600 r/min
G00 X25 Z2；	快速定位到工件处
G71 U2 R0.5；	X 向每次进刀量 4 mm（直径），退刀量 0.5 mm
G71 P1 Q2 U0.3 W0.1 F80；	X 向留 0.3 mm 的余量，Z 向留 0.1 mm 的余量
N1 G00 X0；	（类型Ⅰ：该程序段不能有 Z 值）
G01 Z0 F60；	N1～N2 程序编程路线：

续表

程序	注释
X10 Z−6;	
Z−16;	
X14;	
X16 Z−17;	
Z−31;	
X24 Z−36;	
N2 Z−50;	
G70 P1 Q2;	精加工（P1～Q2 指定精加工的路线）
G00 X80 Z80;	快速返回安全换刀点
T0202;	换 3 mm 宽、左刀位点为基准点的车槽刀
G00 X26 Z−49.5;	定位
G94 X14 F50;	车槽
G94 X20 Z−49 R3;	加工 *C*2 mm 倒角
G01 Z−49;	定位到切断处：*Z*=−（46+刀宽）
G94 X0;	切断
G00 X80 Z80;	返回刀具起点
M05 T0100;	主轴停止，换回基准刀
M30;	程序结束

小提示

本例由于外形轮廓切削量较大，所以采用 G71 指令加工。这种情况若用 G90 指令编程会使程序较为烦琐。G94 指令加工切断处倒角时，是采用倒角的延长线切入，而不是直接由倒角处扬入，这样可避免出现倒角处有毛刺的情况。

三、实例 3

如图 11—3 所示为圆弧端面台阶轴零件，毛坯直径为 22 mm，试编写加工程序。

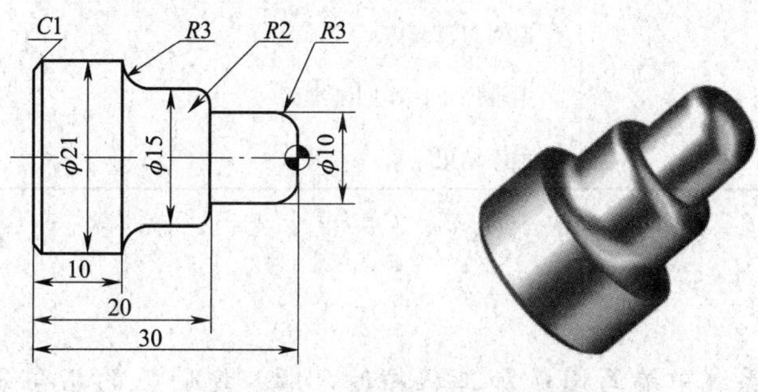

图 11—3　圆弧端面台阶轴零件

参考程序如下：

程序	注释
O0003；	程序名
G00 X80 Z80；	快速定位至安全换刀点（刀具起点）
M03 S600 T0100；	使用 1 号外圆车刀，主轴正转，转速 600 r/min
G00 X22 Z2；	快速定位到工件处
G71 U1.5 R0.5；	*X* 向每次进刀量 3 mm（直径），退刀量 0.5 mm
G71 P1 Q2 U0.3 W0.1 F80；	*X* 向留 0.3 mm 的余量，*Z* 向留 0.1 mm 的余量
N1 G00 X4；	（类型Ⅰ：该程序段不能有 *Z* 值）
G01 Z0 F60；	N1～N2 程序编程路线：
G03 X10 Z−3 R3；	
G01 Z−10；	
X11；	
G03 X15 Z−12 R2；	
G01 Z−17；	
G02 X21 Z−20 R3；	
N2 G01 Z−34；	
G70 P1 Q2；	精加工（P1～Q2 指定精加工的路线）
G00 X80 Z80；	快速返回安全换刀点
T0202；	换宽 3 mm、左刀位点为基准点的车槽刀
G00 X23 Z−33.5；	定位
G94 X12 F50；	车槽
G94 X19 Z−33 R2；	加工 *C*1 mm 的倒角
G01 Z−33；	定位到切断处：*Z*=−（30+刀宽）
G94 X0；	切断
G00 X80 Z80；	返回刀具起点
M05 T0100；	主轴停止，换回基准刀
M30；	程序结束

小提示

在 GSK980TDc 系统中编写圆弧加工程序时，顺、逆圆弧的指令分别是 G03、G02 代码；编程时漏 R 值，系统会产生报警信息。

四、实例 4

如图 11—4 所示为非圆曲线轴零件，毛坯直径为 30 mm，试编写加工程序。

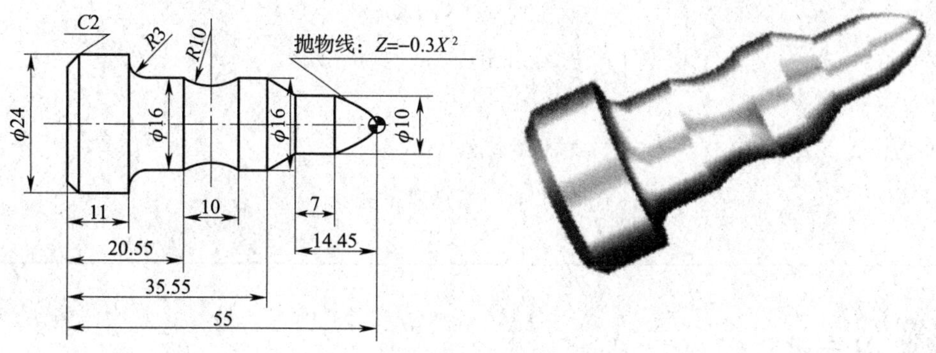

图 11—4　非圆曲线轴零件

参考程序如下：

程序	注释
O0004；	程序名
G00 X80 Z80；	快速定位至安全换刀点（刀具起点）
M03 S600 T0100；	使用 1 号外圆车刀，主轴正转，转速 600 r/min
G00 X30 Z2；	快速定位到工件处
G71 U2 R0.5；	*X* 向每次进刀 4 mm（直径），退刀量 0.5 mm
G71 P1 Q2 U0.3 W0.1 F80；	*X* 向留 0.3 mm 的余量，*Z* 向留 0.1 mm 的余量
N1 G00 X0 Z2；	
G01 Z0 F60；	N1～N2 程序编程路线：
G7.3 X10 Z−7.45 P1667；	
G01 Z−14.45；	
X16 Z−19.45；	
W−5；	4
G02 X16 W−10 R10；	
G01 Z−41；	
G02 X24 W−3 R3；	
N2 G01 Z−59；	
G70 P1 Q2；	精加工（P1～Q2 指定精加工的路线）
G00 X80 Z80；	返回安全换刀点
T0202；	换 2 号车槽刀

续表

程序	注释
G00 X26 Z−58.5；	定位
G94 X18 F50；	车槽
G94 X20 Z−58 R3；	加工切断处 C1 mm 倒角
G01 Z−58；	定位到切断处：Z=−（55+刀宽）
G94 X0F50；	切断
G00 X80 Z80；	返回刀具起点
M05 T0100；	主轴停止，换回基准刀
M30；	程序结束

小提示

本例采用 G71 指令中类型Ⅱ方法加工，刀具选择要考虑与加工凹圆弧是否干涉；抛物线程序中 P 值根据 $Y^2=2PX$ 推导公式计算出来，$P=1.667$。

五、实例 5

如图 11—5 所示为子弹模型零件，毛坯直径为 22 mm，通过 CAD 找出 A（X1.89，Z−0.68）、B（X9，Z−24.19）、C（X9.29，Z−24.93）、D（X11.13，Z−27.24）、E（X11.41，Z−27.94），试编写加工程序。

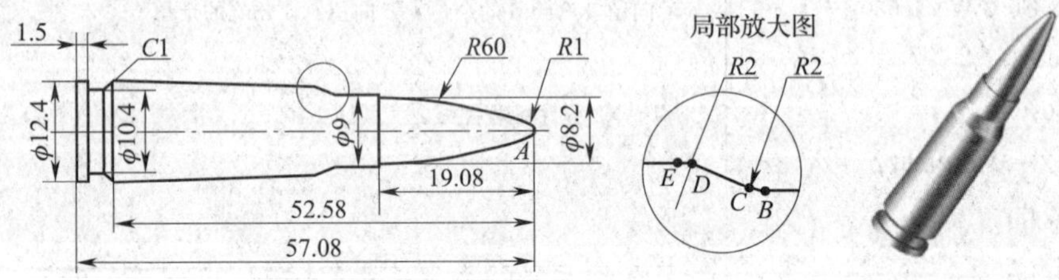

图 11—5　子弹模型零件

参考程序如下：

程序	注释
O0005；	程序名
G00 X80 Z80；	快速定位至安全换刀点（刀具起点）
M03 S600 T0100；	使用 1 号外圆车刀，主轴正转，转速 600 r/min
G00 X22 Z2；	快速定位到工件处
G71 U1 R0.5；	X 向每次进刀 2 mm（直径），退刀量 0.5 mm

续表

程序	注释
G71 P1 Q2 U0.3 W0.1 F80；	X 向留 0.3 mm 的余量，Z 向留 0.1 mm 的余量
N1 G00 X0；	（类型Ⅰ：该程序段不能有 Z 值）
G01 Z0 F60；	N1～N2 精加工程序群编程路线：
G03 X1.89 Z−0.68 R1；	2.92
G03 X8.2 Z−19.08 R60；	
G01 X9；	
Z−24.19；	
G02 X9.29 Z−24.93 R2；	
G01 X11.13 Z−27.24；	
G03 X11.41 Z−27.94 R2；	
G01 X12.4 Z−52.58；	
N2 Z−60；	
G70 P1 Q2；	精加工（P1～Q2 指定精加工的路线）
G00 X80 Z80；	快速返回安全换刀点
T0202；	换宽 2 mm、右刀位点为基准点的车槽刀
G00 X14.4 Z−53.58；	定位车槽位置
G94 X10.4 F50；	车 ϕ10.4 mm 的槽
G94 X10.4 Z−53.58 R2；	加工 C1 mm 的倒角
G00 Z−57.08；	定位切断处
G94 X0 F50；	切断
G00 X80 Z80；	返回刀具起点
M05 T0100；	主轴停止，换回基准刀
M30；	程序结束

小提示

本例为了在定位时不用计算车槽刀的刀宽，将右刀位点作为对刀的基准点。

六、实例 6

如图 11—6 所示为直槽轴零件，毛坯直径为 25 mm，试编写加工程序。

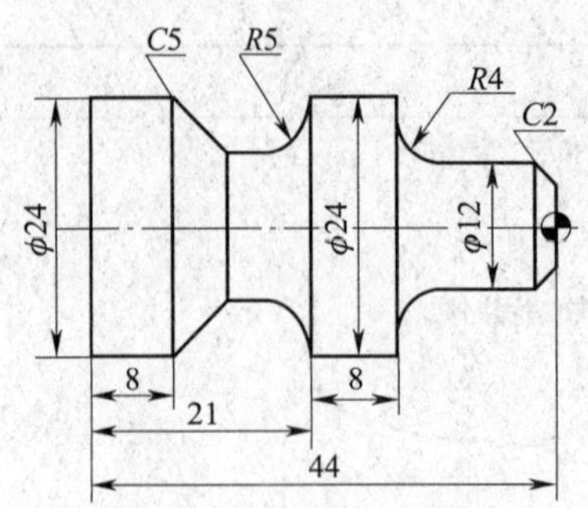

图 11—6　直槽轴零件

参考程序如下：

程序	注释
O0006；	程序名
G00 X80 Z80；	快速定位至安全换刀点（刀具起点）
M03 S600 T0100；	使用 1 号外圆车刀，主轴正转，转速 600 r/min
G00 X25 Z2；	快速定位到工件处
G71 U1.5 R0.5；	X 向每次进刀 3 mm（直径），退刀量 0.5 mm
G71 P1 Q2 U0.3 W0.1 F80；	X 向留 0.3 mm 的余量，Z 向留 0.1 mm 的余量
N1 G00 X8；	（类型Ⅰ：该程序段不能有 Z 值）
G01 Z0 F60；	精加工程序群编程路线：
X12 Z−2；	4
Z−11；	
G02 X20 Z−15 R4；	
G01 X24；	
N2 Z−48；	
G70 P1 Q2；	精加工（P1～Q2 指定精加工的路线）
G00 X80 Z80；	快速返回安全换刀点
T0202；	换宽 3 mm、左刀位点为基准点的车槽刀
G00 X26 Z−31；	定位车槽位置
G94 X14 F50；	切 ϕ14 mm 的槽
G94 X14 Z−31 R3；	粗车 R5 mm 的圆弧
R6；	
G01 X24 Z−26；	定位到 R5 mm 圆弧处

续表

程序	注释
G02 X14 Z−31 R5；	精车 $R5$ mm 的圆弧
G00 X26 Z−31；	定位到车槽位置
G94 X14 Z−31 R−3；	加工 $C5$ mm 的倒角
R−6；	
G00 Z−47；	定位到切断处：$Z=-$（44＋刀宽）
G94 X0 F50；	切断
G00 X80 Z80；	返回刀具起点
M05 T0100；	主轴停止，换回基准刀
M30；	程序结束

小提示

本例 $R5$ mm 的圆弧采用车锥法进行粗加工，由于 $R5$ mm 圆弧加工余量不多，故不采用 G72 指令加工；$C5$ mm 的倒角同样可以采用 G94 指令加工。

七、实例 7

如图 11—7 所示为锥面直槽轴零件，毛坯直径为 30 mm，试编写加工程序。

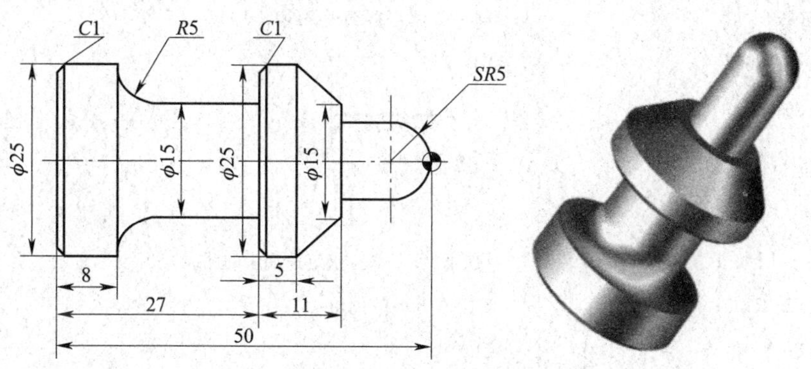

图 11—7　锥面直槽轴零件

参考程序如下：

程序	注释
O0007；	程序名
G00 X80 Z80；	快速定位至安全换刀点（刀具起点）
M03 S600 T0100；	使用 1 号外圆车刀，主轴正转，转速 600 r/min

续表

程序	注释
G00 X30 Z2；	快速定位到工件处
G71 U2 R0.5；	X 向每次进刀 4 mm（直径），退刀量 0.5 mm
G71 P1 Q2 U0.3 W0.1 F80；	X 向留 0.3 mm 的余量，Z 向留 0.1 mm 的余量
N1 G00 X0；	（类型Ⅰ：该程序段不能有 Z 值）
G01 Z0 F60；	N1～N2 程序编程路线：
G03 X10 Z−5 R5；	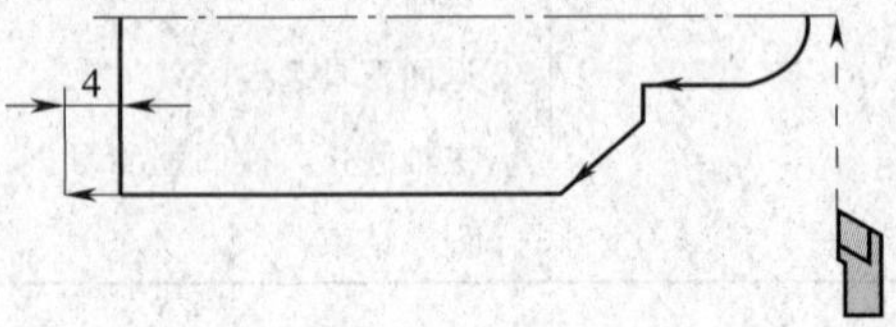 4
G01 Z−12；	
X15；	
X25 Z−18；	
N2 Z−54；	
G70 P1 Q2；	精加工（P1～Q2 指定精加工的路线）
G00 X80 Z80；	快速返回安全换刀点
T0202；	换宽 3 mm、左刀位点为基准点的车槽刀
G00 X26 Z−26；	定位车槽位置
G94 X15.3 F50；	车 ϕ15 mm 的槽
G72 W2.5 R0.1；	Z 向每次进刀量 2.5 mm，退刀量为 0.1 mm
G72 P3 Q4 U0.3 W0 F70；	X 向留 0.3 mm 余量
N3 G00 Z−42；	（该程序段不能有 X 值）
G01 X25 F50；	N3～N4 程序群编程路线：
G03 X15 Z−37 R5；	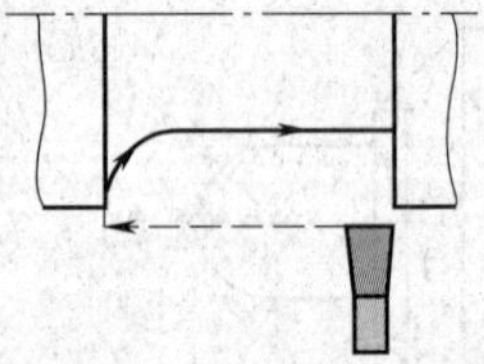
N4 G01 Z−26；	
G70 P3 Q4；	精加工（P3～Q4 指定精加工的路线）
G94 X23 Z−26 R1.5；	加工 C1 mm 的倒角
G00 Z−53.5；	定位
G94 X14 F50；	车槽
G94 X23 Z−53 R1.5；	加工切断处 C1 mm 倒角
G01 Z−53；	定位到切断处：Z=−（50+刀宽）
G94 X0；	切断
G00 X80 Z80；	返回刀具起点
M05 T0100；	主轴停止，换回基准刀
M30；	程序结束

小提示

本例槽轮廓采用 G72 指令加工，由于 Z 向进刀距离较大，故不采用 G94 指令加工。

八、实例 8

如图 11—8 所示为锥面-圆弧面直槽轴零件，毛坯直径为 22 mm，试编写加工程序。

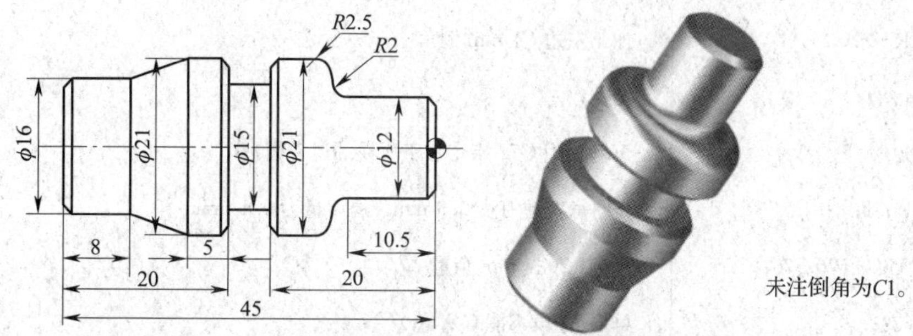

图 11—8 锥面一圆弧面直槽轴零件

参考程序如下：

程序	注释
O0008;	程序名
G00 X80 Z80;	快速定位至安全换刀点（刀具起点）
M03 S600 T0100;	使用 1 号外圆车刀，主轴正转，转速 600 r/min
G00 X22 Z2;	快速定位到工件处
G71 U1.5 R0.5;	X 向每次进刀量 3 mm（直径），退刀量 0.5 mm
G71 P1 Q2 U0.3 W0.1 F80;	X 向留 0.3 mm 的余量，Z 向留 0.1 mm 的余量
N1 G00 X10;	（类型Ⅰ：该程序段不能有 Z 值）
G01 Z0 F60;	N1～N2 程序编程路线：
X12 Z−1;	4
Z−10.5;	
G02 X16 W−2 R2;	
G03 X21 W−2.5 R2.5;	
N2 G01 Z−49;	
G70 P1 Q2;	精加工（P1～Q2 指定精加工的路线）
G00 X80 Z80;	快速返回安全换刀点

续表

程序	注释
T0202；	换宽 3 mm、左刀位点为基准点的车槽刀
G00 X23 Z−25；	定位车槽位置
G94 X15 F50；	车 ϕ15 mm 的槽
Z−23；	
X19 Z−23 R2；	加工右边 C1 mm 倒角
X19 Z−25 R−2；	加工左边 C1 mm 倒角
G00 Z−49；	定位
G94 X14 F50；	车槽（为 G72 指令加工所设的退刀槽）
G72 W2.5 R0.1；	Z 向每次进刀量 2.5 mm，退刀量为 0.1 mm
G72 P3 Q4 U0.3 W0 F70；	X 向留 0.3 mm 余量
N3 G00 Z−33；	（该程序段不能有 X 值）
G01 X21 F50；	N3～N4 程序编程路线：
X16 Z−40；	
Z−47；	
X14 W−1；	
N4 Z−49；	
G70 P3 Q4；	精加工（P3～Q4 指定精加工的路线）
G00 X18 Z−48；	定位（减少 G94 进刀切削的距离）在 Z=−（45+刀宽）
G94 X0 F50；	切断
G00 X80；	返回刀具起点
Z80；	
M05 T0100；	主轴停止，换回基准刀
M30；	程序结束

 小提示

如果切断时，由于对刀的误差，在工件无法切断的情况下，为了避免返回时刀具与工件碰撞，可以采用先 X 向退出，再 Z 向返回。

九、实例 9

如图 11—9 所示为陀螺零件，毛坯直径为 30 mm，通过 CAD 找出 *A*（X3.36，Z−1.16）、*B*（X15.07，Z−8.56）、*C*（X19，Z−11）、*D*（X24.52，Z−12.28）、*E*（X28，Z−15）、*F*（X24.52，Z−17.72）、*G*（X15.07，Z−21.44），试编写加工程序。

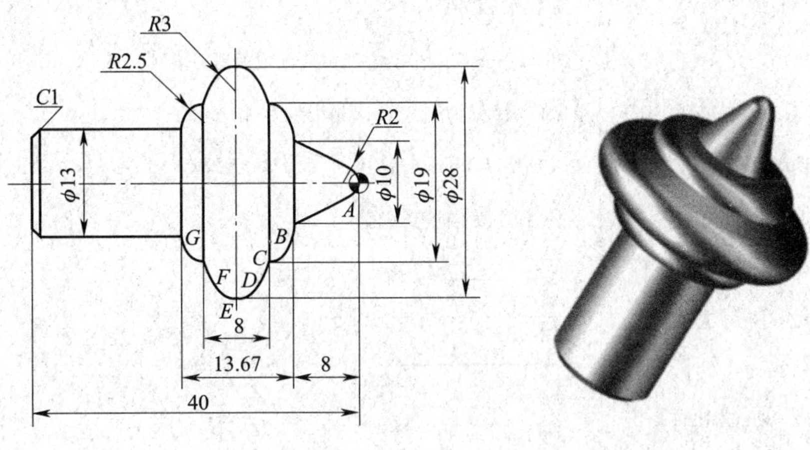

图 11—9　陀螺零件

参考程序如下：

程序	注释
O0009;	程序名
G00 X80 Z80;	快速定位至安全换刀点（刀具起点）
M03 S600 T0100;	使用 1 号外圆车刀，主轴正转，转速 600 r/min
G00 X30 Z2;	快速定位到工件处
G71 U1.5 R0.5;	*X* 向每次进刀量 3 mm（直径），退刀量 0.5 mm
G71 P1 Q2 U0.3 W0.1 F80;	*X* 向留 0.3 mm 的余量，*Z* 向留 0.1 mm 的余量
N1 G00 X0;	（类型Ⅰ：该程序段不能有 *Z* 值）
G01 Z0 F60;	N1～N2 程序编程路线：
G03 X3.36 Z−1.16 R2;	
G01 X10 Z−8;	4
X15.07 Z−8.56;	
G03 X19 Z−11 R2.5;	
G01 X24.52 Z−12.28;	
G03 X28 Z−15 R3;	
N2 G01 Z−44;	

续表

程序	注释
G70 P1 Q2；	精加工（P1～Q2 指定精加工的路线）
G00 X80 Z80 M05；	快速返回安全换刀点，主轴停止
T0202 S500 M03；	换宽 3 mm、右刀位点为基准点的车槽刀，主轴正转，转速 500 r/min
G00 X30 Z−41；	定位车槽位置
G94 X13.3 F50；	车 ϕ13 mm 的槽（为 G72 指令所设的退刀槽）
G72 W2 R0.1；	Z 向每次进刀量 2 mm，退刀量为 0.1 mm
G72 P3 Q4 U0.3 W0 F70；	X 向留 0.3 mm 余量
N3 G00 Z−15；	（该程序段不能有 X 值）
G01 X28 F50；	N3～N4 程序编程路线：
G03 X24.52 Z−17.72 R3；	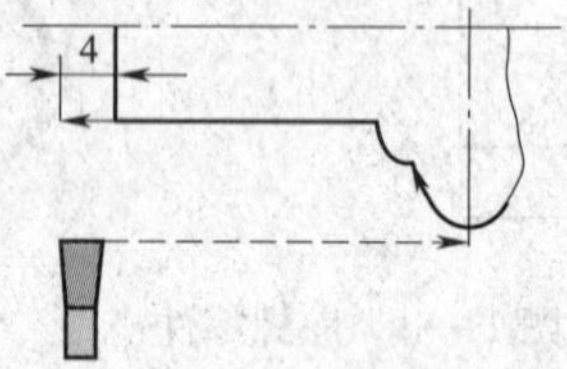
G01 X19 Z−19；	
G03 X15.07 Z−21.44 R2.5；	
G01 X13 Z−21.67；	
N4 Z−41；	
G70 P3 Q4；	精加工（P3～Q4 指定精加工的路线）
G01 X15 F200；	定位（减少 G94 指令进、退刀切削的距离）
G94 X10 F50；	车槽
G94 X11 Z−40 R2；	加工切断处 C1 mm 倒角
G01 Z−40；	定位到切断处
G94 X0 F50；	切断
G00 X80；	
Z80；	返回刀具起点
M05 T0100；	主轴停止，换回基准刀
M30；	程序结束

小提示

本例为了方便 G72 指令编写左边轮廓加工程序，车槽刀以右刀位点为基准点。要注意对刀时的准确性，否则 R3 mm 圆弧连接会有接痕。

十、实例 10

如图 11—10 所示为锥面一椭圆直槽轴零件，毛坯直径为 30 mm，试编写加工程序。

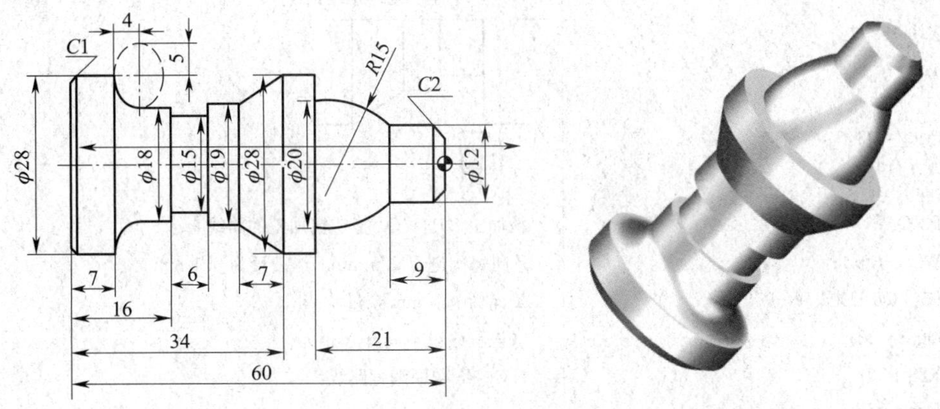

图 11—10　锥面一椭圆直槽轴零件

参考程序如下：

程序	注释
O0010;	程序名
G00 X80 Z80;	快速定位至安全换刀点（刀具起点）
M03 S600 T0100;	使用 1 号外圆车刀，主轴正转，转速 600 r/min
G00 X30 Z2;	快速定位到工件处
G71 U2 R0.5;	X 向每次进刀 4 mm（直径），退刀量 0.5 mm
G71 P1 Q2 U0.3 W0.1 F80;	X 向留 0.3 mm 的余量，Z 向留 0.1 mm 的余量
N1 G00 X8;	（类型Ⅰ：该程序段不能有 Z 值）
G01 Z0 F60;	N1～N2 程序编程路线：
X12 Z−2;	
Z−9;	
G03 X20 Z−21 R15;	
G01 X28;	
N2 Z−64;	
G70 P1 Q2;	精加工（P1～Q2 指定精加工的路线）
G00 X80 Z80;	快速返回安全换刀点
T0202;	换 3 mm 宽、左刀位点为基准点的切断刀
G00 X30 Z−44;	定位车槽位置
G94 X15.3 F50;	车 φ15 mm 的槽（为 G72 指令加工中所设的退刀槽）
G72 W2.5 R0.1;	Z 向每次进刀 2.5 mm，退刀量为 0.1 mm

续表

程序	注释
G72 P3 Q4 U0.3 W0 F70；	X 向留 0.3 mm 余量
N3 G00 Z－29；	（该程序段不能有 X 值）
G01 X28 F50；	N3～N4 程序编程路线：
G01 X19 W－7；	
Z－41；	
X15；	
N4 G01 Z－44；	
G70 P3 Q4；	精加工（P3～Q4 指定精加工的路线）
G72 W2.5 R0.1；	Z 向每次进刀 2.5 mm，退刀量为 0.1 mm
G72 P5　Q6 U0.3 W0 F70；	X 向留 0.3 mm 余量
N5 G00 Z－53；	（该程序段不能有 X 值）
G01 X28 F50；	N5～N6 程序编程路线：
G6.3 X18 W4 A5 B4 Q90000；	
N6 G01 Z－44；	
G70 P5 Q6；	
G00 Z－63.5；	定位
G94 X17 F50；	切槽
G94 X26 Z－63 R2；	加工切断处 C1 mm 倒角
G01 Z－63；	定位到切断处：Z＝－（50＋刀宽）
G94 X0 F50；	切断
G00 X80 Z80；	返回刀具起点
M05 T0100；	主轴停止，换回基准刀
M30；	程序结束

小提示

本例在编写椭圆加工程序时，长半轴为 5 mm，短半轴为 4 mm 并旋转 90°，故不能将其写成“A＝4、B＝5”。

十一、实例 11

如图 11—11 所示为球柄零件，毛坯直径为 30 mm，通过 CAD 找出 A（X15.87，Z－21）、B（X26.46，Z－35），试编写加工程序。

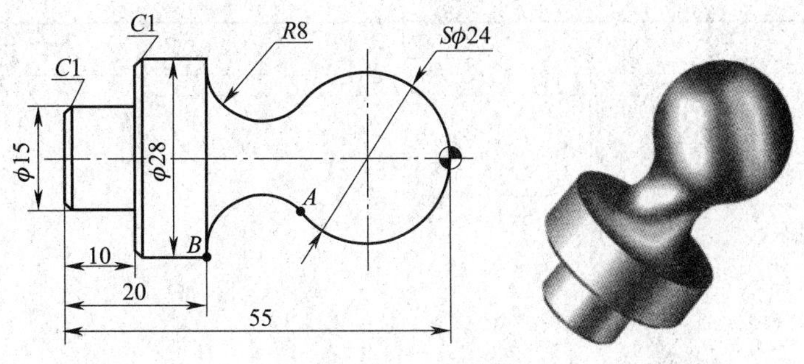

图 11—11　球柄零件

参考程序如下：

程序	注释
O0011；	程序名
G00 X80 Z80；	快速定位至安全换刀点（刀具起点）
M03 S600 T0404；	使用 4 号外圆车刀，主轴正转，转速 600 r/min
G00 X30 Z2；	快速定位到工件处
G71 U2 R0.5；	X 向每次进刀量 4 mm（直径），退刀量 0.5 mm
G71 P1 Q2 U0.3 W0.1 F80；	X 向留 0.3 mm 的余量，Z 向留 0.1 mm 的余量
N1 G00 X0；	（类型Ⅰ：该程序段不能有 Z 值）
G01 Z0 F60；	N1～N2 程序编程路线：
G03 X24 Z−12 R12；	4
G01 X26.46 Z−35；	
X28；	
N2 Z−59；	
G00 X80 Z80；	快速返回安全换刀点
T0202；	换菱形偏刀
G00 X30 Z−12；	定位
G73 U6.5 R7；	X 退刀方向及距离为 6.5 mm，分 7 层加工
G73 P3 Q4 U0.3 W0 F60；	X 向留 0.3 mm 余量
N3 G01 X24 F40；	N3～N4 程序编程路线：
G03 X15.87 Z−21 R12；	
G02 X26.46 Z−35 R8；	
N4 G01 X30；	
G00 X80 Z80；	快速返回安全换刀点
T0100；	换菱形精车偏刀
G00 Z2；	精车外形轮廓：

续表

程序	注释
X0；	
G01 Z0 F50；	
G03 X15.87 Z−21 R12；	
G02 X26.46 Z−35 R8；	
G01 X28；	
Z−59；	
G00 X80 Z80 M05；	快速返回安全换刀点，主轴停止
T0303 S500 M03；	换宽 3 mm、右刀位点为基准点的车槽刀，主轴正转，转速 500 r/min
G00 X30 Z−56；	定位（工件总长处）
G94 X15 F40；	加工 ϕ15 mm 的槽
W2.8；	
W5.5；	
W8.3；	
W11；	
G00 Z−46；	定位（缩短 G94 指令进、退刀距离）
G94 X26 Z−45 R2 F50；	加工 *C*1 mm 的倒角
G00 Z−56；	
G01 X17 F200；	定位（缩短 G94 指令进、退刀距离）
G94 X12 F40；	车槽
X13 Z−55 R2；	加工切断处 *C*1 mm 倒角
G01 Z−55；	定位在总长位置
G94 X0；	切断
G00 X80；	*X* 向退出
Z80；	*Z* 向返回到刀具安全换刀点
M05 T0100；	主轴停止，换回基准刀
M30；	程序结束

小提示

本例在选择菱形偏刀时，要注意车刀是否与圆弧面发生干涉；从保护刀具寿命的角度，不宜采用 G71 指令类型Ⅱ来加工整个外形轮廓；用 G73 指令加工时，注意选择退刀距离，避免空刀进给情况出现。

十二、实例 12

如图 11—12 所示为葫芦手柄零件，毛坯直径为 30 mm，通过 CAD 找出 *A*（X4，Z−

2.25)、*B*（X8.17，Z－6.31)、*C*（X12.2，Z－15.44)、*D*（X14.38，Z－21.67)、*E*（X15.23，Z－37.94)、*F*（X14，Z－39.38)，试编写加工程序。

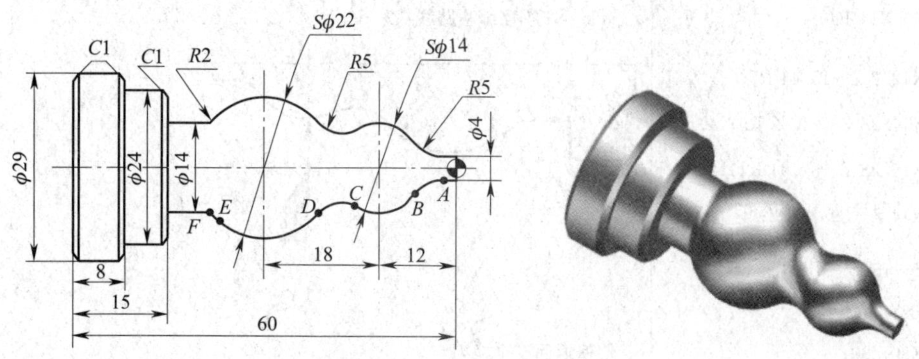

图 11—12　葫芦手柄零件

参考程序如下：

程序	注释
O0012；	程序名
G00 X80 Z80；	快速定位至安全换刀点（刀具起点）
M03 S600 T0404；	使用 4 号外圆车刀，主轴正转，转速 600 r/min
G00 X30 Z2；	快速定位到工件处
G71 U2 R0.5；	*X* 向每次进刀量 4 mm（直径），退刀量 0.5 mm
G71 P1 Q2 U0.3 W0.1 F80；	*X* 向留 0.3 mm 的余量，*Z* 向留 0.1 mm 的余量
N1 G00 X4；	（类型Ⅰ：该程序段不能有 *Z* 值）
G01 Z−2.25 F60；	N1～N2 程序编程路线：
G02 X8.17 Z−6.31 R5；	
G03 X14 Z−12 R7；	
G01 X22；	
Z−45；	
X24 Z−46；	
Z−52；	
X27；	
X29 Z−53；	
N2 Z−64；	
G00 X80 Z80；	快速返回安全换刀点
T0202；	换菱形粗车偏刀
G00 X25 Z−12；	定位（G73 指令循环起点）
G73 U3.5 R3；	*X* 退刀方向及距离为 3.5 mm，分 3 层加工
G73 P3 Q4 U0.3 W0 F60；	*X* 向留 0.3 mm 余量

续表

程序	注释
N3 G01 X14 F40;	N3～N4 程序编程路线：
G03 X12.2 Z−15.44 R7;	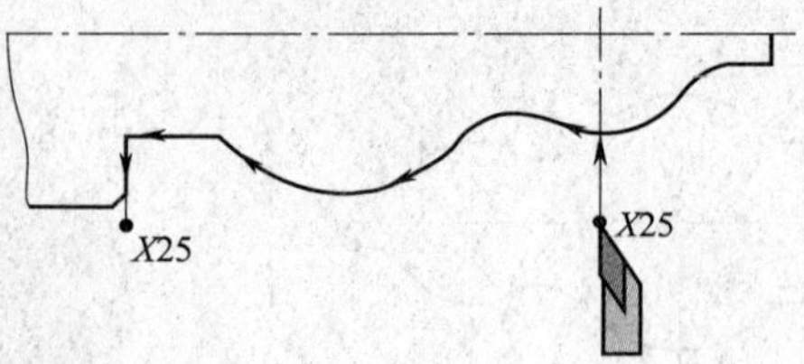
G02 X14.38 Z−21.67 R5;	
G03 X15.23 Z−37.94 R11;	X25 X25
G02 X14 Z−39.38 R2;	
G01 Z−45;	
N4 X25;	
G00 X80 Z80;	快速返回安全换刀点
T0100;	换菱形精车偏刀
G00 Z2;	精车外形轮廓：
X4;	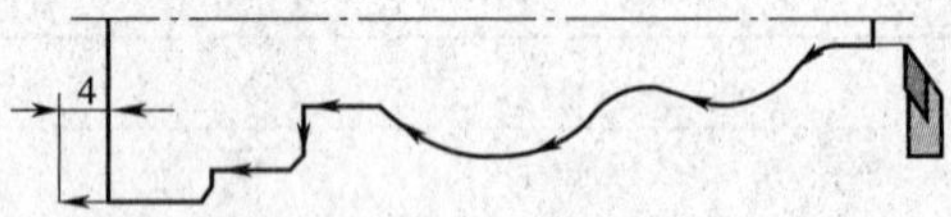
G01 Z−2.25 F50;	4
G02 X8.17 Z−6.31 R5;	
G03 X12.2 Z−15.44 R7;	
G02 X14.38 Z−21.67 R5;	
G03 X15.23 Z−37.94 R11;	
G02 X14 Z−39.38 R2;	
G01 Z−45;	
X22;	
X24 Z−46;	
Z−52;	
X27;	
X29 Z−53;	
Z−64;	
G00 X80 Z80 M05;	快速返回安全换刀点，主轴停止
T0303 S500 M03;	换宽 3 mm、右刀位点为基准点的车槽刀，主轴正转，转速 500 r/min
G00 X31 Z−60.5;	定位
G94 X15 F50;	车槽
G94 X27 Z−60 R2;	加工切断处 C1 mm 倒角
G01 Z−60;	定位到总长切断处
G94 X0;	切断
G00 X80 Z80;	返回刀具起点
M05 T0100;	主轴停止，换回基准刀
M30;	程序结束

小提示

本例为了控制加工时间和延长刀具寿命，在外形轮廓加工时采用两把车刀进行粗加工，之后为了保证圆弧间的光滑连接，只采用一把车刀对外形轮廓进行精加工。

十三、实例13

如图11—13所示为螺纹轴零件，毛坯直径为30 mm，试编写加工程序。

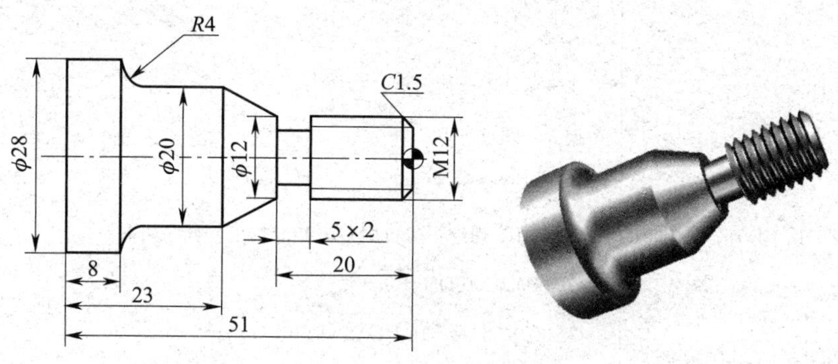

图11—13　螺纹轴零件

参考程序如下：

程序	注释
O0013;	程序名
G00 X80 Z80;	快速定位至安全换刀点（刀具起点）
M03 S600 T0100;	使用1号外圆车刀，主轴正转，转速600 r/min
G00 X30 Z2;	快速定位到工件处
G71 U2 R0.5;	*X*向每次进刀量4 mm（直径），退刀量0.5 mm
G71 P1 Q2 U0.3 W0.1 F80;	*X*向留0.3 mm的余量，*Z*向留0.1 mm的余量
N1 G00 X9;	（类型Ⅰ：该程序段不能有*Z*值）
G01 Z0 F60;	N1～N2程序编程路线：
X11.8 Z−1.5;	4
Z−20;	
X12;	
X20 Z−28;	
Z−39;	
G02 X28 W−4 R4;	

续表

程序	注释
N2 G01 Z－55；	
G70 P1 Q2；	精加工（P1～Q2 指定精加工的路线）
G00 X80 Z80 M05；	快速返回安全换刀点，主轴停止
T0202 S500 M03；	换宽 3 mm、左刀位点为基准点的车槽刀，主轴正转，转速 500 r/min
G00 X14 Z－20；	定位车槽位置
G94 X8 F50；	车 ϕ8 mm 的槽
W2；	
G00 X80 Z80；	快速返回安全换刀点
T0303；	换 3 号螺纹车刀
G00 X14 Z2；	定位（螺纹起点）
G92 X11.3 Z－16 F1.75；	加工 M12 螺纹，也可用 G76 指令加工，程序如下：
X10.7；	G76 P020000 Q50 R0.02；
X10.2；	G76 X9.725 Z－16 P1138 Q300 F1.75；
X9.8；	
X9.725；	
；	
；	
G00 X80 Z80；	快速返回安全换刀点
T0202；	换 2 号车槽刀
G00 X30 Z－54.5；	定位
G94 X15 F50；	车槽
G01 Z－54；	定位到切断处：Z＝－（51＋刀宽）
G94 X0；	切断
G00 X80 Z80；	返回刀具起点
M05 T0100；	主轴停止，换回基准刀
M30；	程序结束

小提示

本例 G76 指令是采用直进法加工，螺纹在加工之前的实际直径比公称直径要小，螺纹相关计算见课题十六。

十四、实例 14

如图 11—14 所示为螺纹球头柄轴零件，毛坯直径为 30 mm，试编写加工程序。

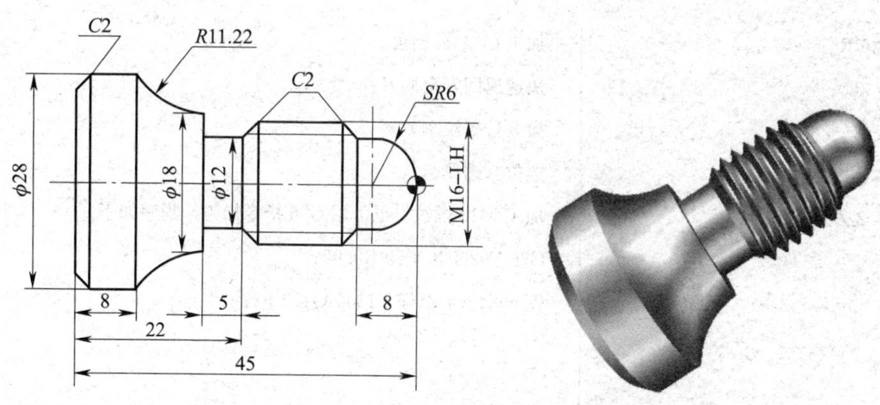

图 11—14　螺纹球头柄轴零件

参考程序如下：

程序	注释
O0014；	程序名
G00 X80 Z80；	快速定位至安全换刀点（刀具起点）
M03 S600 T0100；	使用 1 号外圆车刀，主轴正转，转速 600 r/min
G00 X30 Z2；	快速定位到工件处
G71 U2 R0.5；	X 向每次进刀量 4 mm（直径），退刀量 0.5 mm
G71 P1 Q2 U0.3 W0.1 F80；	X 向留 0.3 mm 的余量，Z 向留 0.1 mm 的余量
N1 G00 X0；	（类型Ⅰ：该程序段不能有 Z 值）
G01 Z0 F60；	N1～N2 程序编程路线：
G03 X12 Z−6 R6；	
G01 Z−8；	
X15.8 Z−10；	
Z−28；	
X18；	
G02 X28 Z−37 R11.22；	
N2 G01 Z−49；	
G70 P1 Q2；	精加工（P1～Q2 指定精加工的路线）
G00 X80 Z80 M05；	快速返回安全换刀点，主轴停止
T0202 S500 M03；	换宽 3 mm、左刀位点为基准点的车槽刀，主轴正转，转速 500 r/min

续表

程序	注释
G00 X20 Z−28；	定位车槽位置
G94 X12 F50；	加工螺纹退刀槽
Z−26；	
X12 Z−26 R4；	加工 *C*2 mm 倒角
G00 X80 Z80；	快速返回安全换刀点
T0303；	换 3 号螺纹车刀
G00 X18 Z−24；	定位（螺纹起点）
G92 X15.2 Z−6 F2；	加工 M16 螺纹，也可用 G76 指令加工，程序如下：
X14.5；	G76 P020000 Q50 R0.02；
X14；	G76 X13.4 Z−6 P1300 Q400 F2；
X13.6；	
X13.5；	
X13.4；	
；	
；	
G00 X80 Z80；	快速返回安全换刀点
T0202；	换 2 号车槽刀
G00 X30 Z−48.5；	定位
G94 X15 F50；	车槽
X24 Z−48 R3；	加工切断处 *C*2 mm 倒角
G01 Z−48；	定位到切断处：*Z*=−（45+刀宽）
G94 X0；	切断
G00 X80 Z80；	快速返回安全换刀点
M05 T0100；	主轴停止，换回基准刀
M30；	程序结束

小提示

本例在加工左螺纹时，螺纹起点的位置应设置在左边，加工过程应从左边往右边车削加工。

十五、实例 15

如图 11—15 所示为螺纹球柄轴零件，毛坯直径为 30 mm，试编写加工程序。

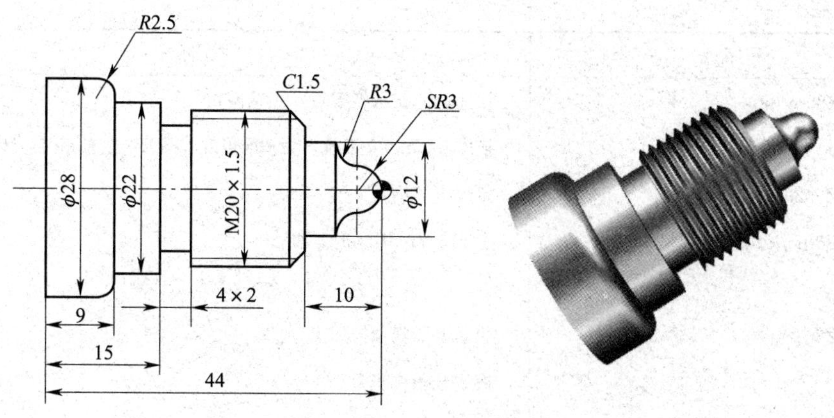

图 11—15　螺纹球柄轴零件

参考程序如下：

程序	注释
O0015；	程序名
G00 X80 Z80；	快速定位至安全换刀点（刀具起点）
M03 S600 T0100；	使用 1 号外圆车刀，主轴正转，转速 600 r/min
G00 X30 Z2；	快速定位到工件处
G71 U1.5 R0.5；	*X* 向每次进刀量 3 mm（直径），退刀量 0.5 mm
G71 P1 Q2 U0.3 W0.1 F80；	*X* 向留 0.3 mm 的余量，*Z* 向留 0.1 mm 的余量
N1 G00 X0；	(类型Ⅰ：该程序段不能有 *Z* 值。)
G01 Z0 F60；	N1～N2 程序编程路线：
G03 X6 Z−3 R3；	
G02 X12 Z−6 R3；	
G01 Z−10；	
X17；	
X19.8 Z−11.5；	
Z−29；	
X22；	
Z−35；	
X23；	
G03 X28 W−2.5 R2.5；	
N2 G01 Z−48；	
G70 P1 Q2；	精加工（P1～Q2 指定精加工的路线）

续表

程序	注释
G00 X80 Z80 M05；	快速返回安全换刀点，主轴停止
T0202 S500 M03；	换宽 3 mm、左刀位点为基准点的车槽刀，主轴正转，转速 500 r/min
G00 X24 Z－29；	定位车槽位置
G94 X16 F50；	车 ϕ16 mm 螺纹退刀槽
W1；	
G00 X80 Z80；	快速返回安全换刀点
T0303；	换 3 号螺纹车刀
G00 X22 Z－8；	定位（螺纹起点）
G92 X19.4 Z－26 F1.5；	加工 M20 螺纹，也可用 G76 指令加工，程序如下：
X18.9；	G76 P020000 Q50 R0.02；
X18.5；	G76 X18.05 Z－26 P975 Q300 F1.5；
X18.2；	
X18.05；	
；	
；	
G00 X80 Z80；	快速返回安全换刀点
T0202；	换 2 号车槽刀
G00 X30 Z－47.5；	定位
G94 X15 F50；	车槽
G01 Z－47；	定位到切断处：Z=－（44＋刀宽）
G94 X0；	切断
G00 X80 Z80；	返回刀具起点
M05 T0100；	主轴停止，换回基准刀
M30；	程序结束

 小提示

本例在加工螺纹时，为了缩短螺纹切削、返回距离，螺纹起点的 Z 向设置为“－8”。

十六、实例 16

如图 11—16 所示为槽类螺纹轴零件，毛坯直径为 25 mm，试编写加工程序。

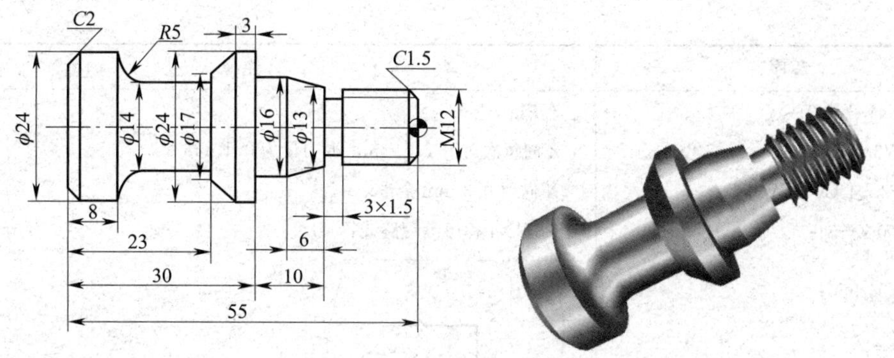

图 11—16　槽类螺纹轴零件

参考程序如下：

程序	注释
O0016;	程序名
G00 X80 Z80;	快速定位至安全换刀点（刀具起点）
M03 S600 T0100;	使用 1 号外圆车刀，主轴正转，转速 600 r/min
G00 X25 Z2;	快速定位到工件处
G71 U2 R0.5;	*X* 向每次进刀量 4 mm（直径），退刀量 0.5 mm
G71 P1 Q2 U0.3 W0.1 F80;	*X* 向留 0.3 mm 的余量，*Z* 向留 0.1 mm 的余量
N1 G00 X9;	（类型Ⅰ：该程序段不能有 *Z* 值）
G01 Z0 F60;	N1～N2 程序编程路线：
X11.8 Z−1.5;	4
G01 Z−15;	
X13;	
X16 Z−21;	
Z−25;	
X24;	
N2 Z−59;	
G70 P1 Q2;	精加工（P1～Q2 指定精加工的路线）
G00 X80 Z80 M05;	快速返回安全换刀点，主轴停止
T0202 S500 M03;	换宽 3 mm、左刀位点为基准点的车槽刀，主轴正转，转速 500 r/min
G00 X15 Z−15;	定位车槽位置
G94 X9 F40;	车 ϕ9 mm 的槽
G00 X26;	*X* 向退出（避免直接定位引起刀具与工件碰撞）
G00 X26 Z−42;	定位（在 *R*5 mm 圆弧位置）

续表

程序	注释
G94 X14.3 F40；	车槽
G72 W2.5 R0.1；	*Z* 向每次进刀 2.5 mm，退刀量为 0.1 mm
G72 P3 Q4 U0.3 W0 F70；	*X* 向留 0.3 mm 余量
N3 G00 Z−31；	N3～N4 程序编程路线： 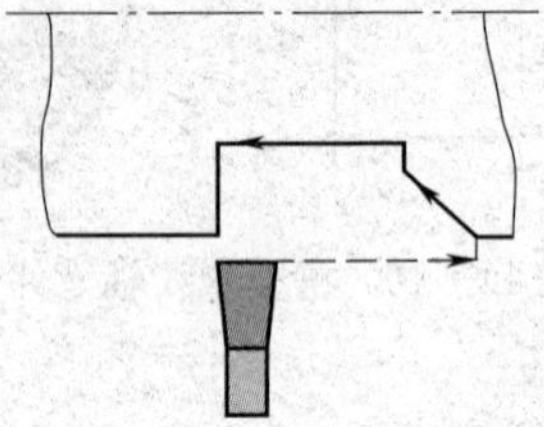
G01 X24 F50；	
X17 Z−35；	
X14；	
N4 Z−42；	
G70 P3 Q4；	精加工（P3～Q4 指定精加工的路线）
G94 X14 Z−42 R−2；	
R−4；	粗车 *R*5 mm 的圆弧（使用车锥法）
R−6；	
G01 X24 Z−47 F50；	
G03 X14 Z−42 R5；	精车 *R*5 mm 的圆弧
G00 X26；	
G00 X80 Z80；	快速返回安全换刀点
T0303；	换 3 号螺纹车刀
G00 X14 Z2；	定位（螺纹起点）
G92 X11.3 Z−13 F1.75；	加工 M12 螺纹，也可用 G76 指令加工，程序如下：
X10.7；	G76 P020000 Q50 R0.02；
X10.2；	G76 X9.725 Z−13 P1138 Q400 F1.75；
X9.8；	
X9.725；	
；	
；	
G00 X80 Z80；	快速返回安全换刀点
T0202；	换 2 号车槽刀
G00 X26 Z−58.5；	定位
G94 X14 F50；	车槽
G94 X20 Z−58 R3；	加工切断处 *C*2 mm 倒角
G01 Z−58；	定位到切断处：*Z*＝−（55＋刀宽）
G94 X0；	切断
G00 X80 Z80；	返回刀具起点
M05 T0100；	主轴停止，换回基准刀
M30；	程序结束

小提示

工件在车槽时，应尽量在离卡盘较近的位置车槽，避免夹紧过长车槽时引起振动，从而影响加工的质量。

十七、实例 17

如图 11—17 所示为圆弧槽锥面螺纹轴零件，毛坯直径为 30 mm，试编写加工程序。

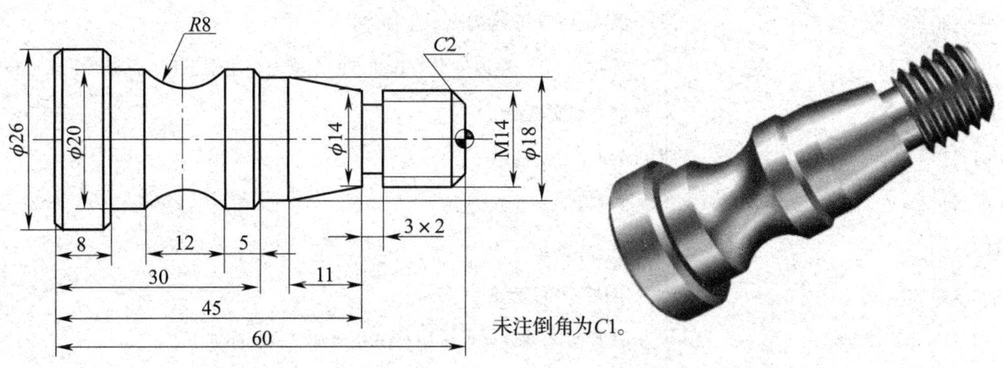

图 11—17　圆弧槽锥面螺纹轴零件

参考程序如下：

程序	注释
O0017;	程序名
G00 X80 Z80;	快速定位至安全换刀点（刀具起点）
M03 S600 T0100;	使用 1 号外圆车刀，主轴正转，转速 600 r/min
G00 X30 Z2;	快速定位到工件处
G71 U2 R0.5;	X 向每次进刀量 4 mm（直径），退刀量 0.5 mm
G71 P1 Q2 U0.3 W0.1 F80;	X 向留 0.3 mm 的余量，Z 向留 0.1 mm 的余量
N1 G00 X10;	（类型Ⅰ：该程序不能有 Z 值）
G01 Z0 F60;	N1～N2 程序编程路线：
X13.8 Z−2;	4
Z−15;	
X14;	
X18 W−11;	
Z−30;	

续表

程序	注释
X20 Z−31；	
Z−52；	
X24；	
X26 Z−53；	
N2 Z−64；	
G70 P1 Q2；	精加工（P1～Q2 指定精加工的路线）
G00 X80 Z80 M05；	快速返回安全换刀点，主轴停止
T0202 S500 M03；	换宽 3 mm、左刀位点为基准点的车槽刀，主轴正转，转速 500 r/min
G00 X15 Z−15；	定位车槽位置
G94 X10 F40；	车 ϕ10 mm 的槽
G00 X80 Z80；	快速返回安全换刀点
T0303；	换 3 号螺纹车刀
G00 X16 Z2；	定位（螺纹起点）
G92 X13.2 Z−13 F2；	加工 M14 螺纹，也可用 G76 指令加工，程序如下：
X12.5；	G76 P020000 Q50 R0.02；
X12；	G76 X11.4 Z−13 P1300 Q400 F2；
X11.6；	
X11.5；	
X11.4；	
；	
；	
G00 X24；	
G00 X24 Z−35；	定位在 R8 mm 圆弧处
G02 X24 W−12 R8 F50；	
G01 X22；	
G03 X22 W12 R8；	加工 R8 mm 圆弧
G01 X20；	
G02 X20 W−12 R8；	
G00 X80 Z80；	快速返回安全换刀点
T0202；	换 2 号车槽刀
G00 X28 Z−63.5；	定位
G94 X14 F50；	车槽

续表

程序	注释
G94 X24 Z－63 R2；	加工切断处 C1 mm 倒角
G01 Z－63；	定位到切断处：Z＝－（60＋刀宽）
G94 X0；	切断
G00 X80 Z80；	返回刀具起点
M05 T0100；	主轴停止，换回基准刀
M30；	程序结束

小提示

本例加工 R8 mm 圆弧使用的刀具为螺纹车刀，螺纹车刀加工圆弧时必须保证刀具与工件没有干涉情况，用 G02、G03 指令，采用圆弧偏移分层法来加工。

十八、实例 18

如图 11—18 所示为锥槽螺纹轴零件，毛坯直径为 30 mm，试编写加工程序。

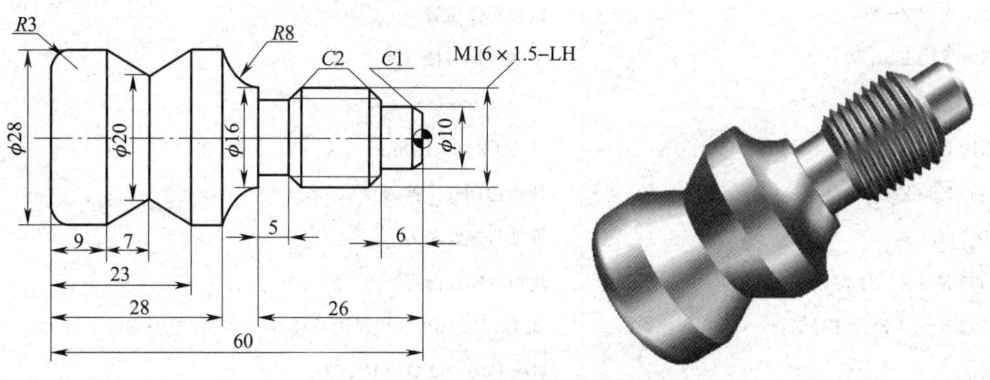

图 11—18 锥槽螺纹轴零件

参考程序如下：

程序	注释
O0018；	程序名
G00 X80 Z80；	快速定位至安全换刀点（刀具起点）
M03 S600 T0100；	使用 1 号外圆车刀，主轴正转，转速 600 r/min
G00 X30 Z2；	快速定位到工件处
G71 U2 R0.5；	X 向每次进刀量 4 mm（直径），退刀量 0.5 mm

续表

程序	注释
G71 P1 Q2 U0.3 W0.1 F80；	X 向留 0.3 mm 的余量，Z 向留 0.1 mm 的余量
N1 G00 X8；	（类型Ⅰ：该程序段不能有 Z 值）
G01 Z0 F60；	N1～N2 程序编程路线：
X10 Z−1；	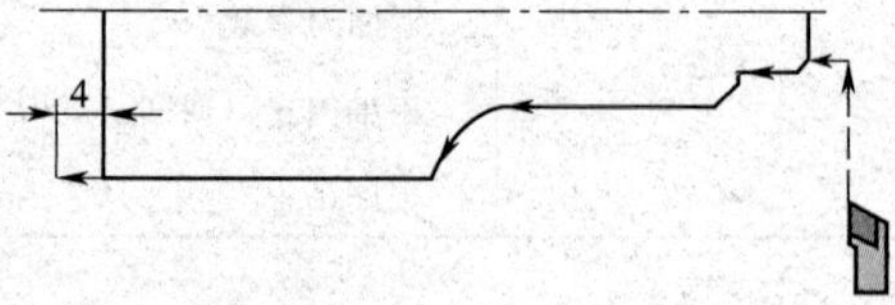
Z−6；	
X12；	
X15.8 Z−8；	
Z−26；	
X16；	
G02 X28 Z−32 R8；	
N2 G01 Z−64；	
G70 P1 Q2；	精加工（P1～Q2 指定精加工的路线）
G00 X80 Z80 M05；	快速返回安全换刀点，主轴停止
T0202 S500 M03；	换宽 3 mm、左刀位点为基准点的车槽刀，主轴正转，转速 500 r/min
G00 X18 Z−26；	定位车槽位置
G94 X12 F40；	车螺纹退刀槽
Z−24；	
X12 Z−24 R3；	加工 C2 mm 倒角
G00 X80 Z80；	快速返回安全换刀点
T0303；	换 3 号螺纹车刀
G00 X18 Z−22；	定位（螺纹起点）
G92 X15.4 Z−4 F1.5；	加工 M16 螺纹，也可用 G76 指令加工，程序如下：
X14.9；	G76 P020000 Q50 R0.02；
X14.5；	
X14.2；	G76 X14.05 Z−4 P975 Q300 F1.5；
X14.1；	
X14.05；	
；	
；	
G00 X30；	X 向退出
Z−37；	定位
G73 U3.5 R4；	X 退刀方向及距离为 3.5 mm，分 4 层加工

续表

程序	注释
G73 P3 Q4 U0.3 W0 F50；	X 向留 0.3 mm 余量
N3 G01 X28 F40；	N3～N4 程序编程路线：
X20 W−7；	
N4 X28 W−7；	
G70 P3 Q4；	精加工（P3～Q4 指定精加工的路线）
G00 X80 Z80；	快速返回安全换刀点
T0202；	换 2 号车槽刀
G00 X30 Z−63.5；	定位
G94 X15 F40；	车槽
G01 X28 Z−61.5；	加工 R3 mm 圆弧
G03 X22 Z−63 R3；	
G00 X30；	
G01 X28 Z−60 F40；	
G03 X22 Z−63 R3；	
G01 X0；	切断
G00 X80；	X 向退出
Z80；	Z 向返回（刀具安全换刀点）
M05 T0100；	主轴停止，换回基准刀
M30；	程序结束

 **小提示**

本例加工 R3 mm 圆弧使用的刀具为车槽刀，用 G03 指令，采用等径圆分层法加工。

十九、实例 19

如图 11—19 所示为圆弧槽螺纹球头柄零件，毛坯直径为 30 mm，试编写加工程序。

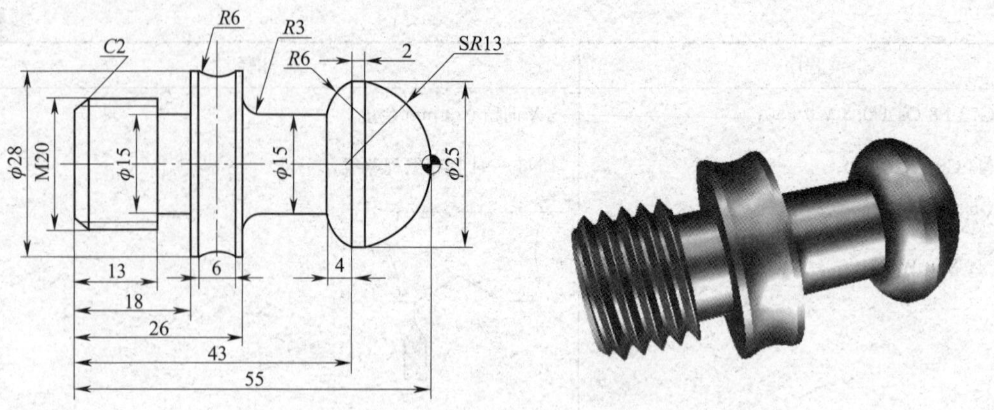

图 11—19　圆弧槽螺纹球头柄零件

参考程序如下：

程序	注释
O0019；	程序名
G00 X80 Z80；	快速定位至安全换刀点（刀具起点）
M03 S600 T0100；	使用 1 号外圆车刀，主轴正转，转速 600 r/min
G00 X30 Z2；	快速定位到工件处
G71 U2 R0.5；	*X* 向每次进刀量 4 mm（直径），退刀量 0.5 mm
G71 P1Q2 U0.3 W0.1 F80；	*X* 向留 0.3 mm 的余量，*Z* 向留 0.1 mm 的余量
N1 G00 X0；	(类型Ⅰ：该程序段不能有 *Z* 值)
G01 Z0 F60；	N1～N2 程序编程路线：
G03 X25 Z−10 R13；	
G01 Z−29；	
X28；	
N2 Z−59；	
G70 P1 Q2；	精加工（P1～Q2 指定精加工的路线）
G00 X80 Z80 M05；	快速返回安全换刀点，主轴停止
T0202 S500 M03；	换宽 3 mm、左刀位点为基准点的车槽刀，主轴正转，转速 500 r/min
G00 X30 Z−26；	定位车槽位置
G94 X15.3 F40；	车 φ15 mm 的槽（为 G72 指令加工所设的退刀槽）
G72 W2 R0.1；	*Z* 向每次进刀量 2 mm，退刀量为 0.1 mm
G72 P3 Q4 U0.3 W0 F50；	*X* 向留 0.3 mm 余量
N3 G00 Z−15；	N3～N4 程序编程路线：

续表

程序	注释
G01 X25 F40；	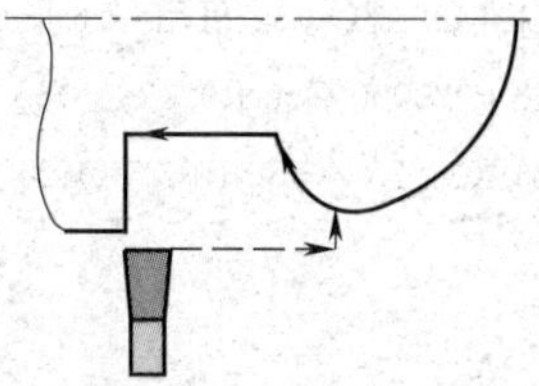
G03 X15 W－4 R6；	
N4 G01 Z－26；	
G70 P3 Q4；	精加工（P3～Q4 指定精加工的路线）
G01 Z－28 F50；	加工 *R*3 mm 圆弧
X21；	
G03 X15 Z－26 R3；	
G00 X30；	
G01 Z－29 F50；	
X21；	
G03 X15 Z－26 R3；	
G00 X32；	*X* 向退出
Z－60；	*Z* 向定位
G94 X16 F40；	车槽
G72 W2.5 R0.1；	*Z* 向每次进刀量 2.5 mm，退刀量为 0.1 mm
G72 P5 Q6 U0.3 W0 F50；	*X* 向留 0.3 mm 余量
N5 G00 Z－40；	N5～N6 程序编程路线：
G01 X19.8 F40；	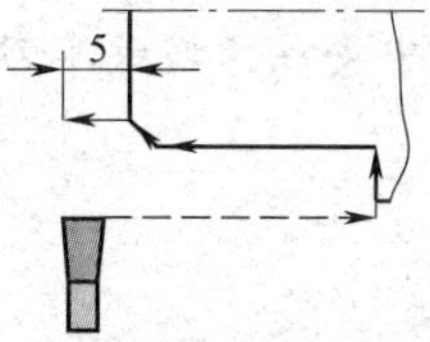 5
Z－56；	
X16 Z－58；	
N6 Z－60；	
G70 P5 Q6；	精加工（P5～Q6 指定精加工的路线）
G00 Z－40；	定位（螺纹槽位置）
G94 X15 F40；	车 ϕ15 mm 槽
W－2；	
G00 X80 Z80；	快速返回安全换刀点
T0303；	换 3 号螺纹车刀
G00 X30 Z－30；	定位
G01 X28 F50；	
G02 X28 W－6 R6；	加工 *R*6 mm 圆弧
G00 X30；	定位（螺纹起点）
Z－41；	

续表

程序	注释
G92 X19.2 Z－56 F2.5；	加工 M20 螺纹，也可用 G76 指令加工，程序如下：
X18.5；	G76 P020000 Q50 R0.02；
X17.9；	G76 X16.75 Z－56 P1625 Q400 F2.5；
X17.4；	
X17；	
X16.75；	
；	
；	
G00 X80；	返回刀具安全换刀点
Z80；	
T0202；	换 2 号车槽刀
G00 X30 Z－58；	定位
G01 X22 F40；	
G94 X0；	切断
G00 X80；	X 向退出
Z80；	Z 向返回（安全换刀点）
M05 T0100；	主轴停止，换回基准刀
M30；	程序结束

小提示

本例螺纹是从右往左车削，车削过程中要注意螺纹车刀的刀头宽度选择，避免刀具与工件之间产生干涉现象。

二十、实例 20

如图 11—20 所示为宽直槽圆弧面螺纹轴零件，毛坯直径为 30 mm，试编写加工程序。

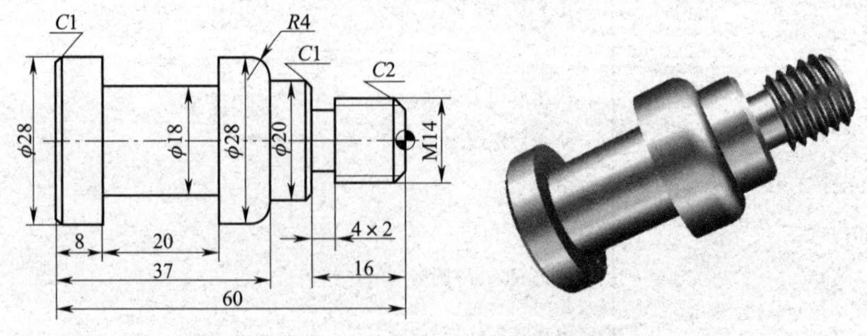

图 11—20　宽直槽圆弧面螺纹轴零件

参考程序如下：

程序	注释
O0020；	程序名
G00 X80 Z80；	快速定位至安全换刀点（刀具起点）
M03 S600 T0100；	使用 1 号外圆车刀，主轴正转，转速 600 r/min
G00 X30 Z2；	快速定位到工件处
G71 U2 R0.5；	X 向每次进刀量 4 mm（直径），退刀量 0.5 mm
G71 P1 Q2 U0.3 W0.1 F80；	X 向留 0.3 mm 的余量，Z 向留 0.1 mm 的余量
N1 G00 X10；	（类型Ⅰ：该程序段不能有 Z 值）
G01 Z0 F60；	N1～N2 程序编程路线：
X13.8 Z−2；	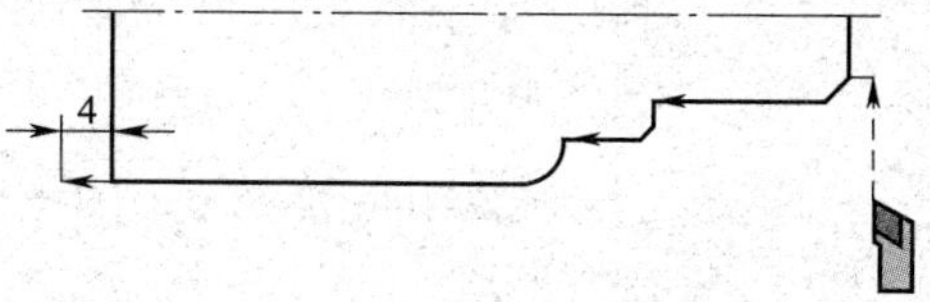
Z−16；	
X18；	
X20 Z−17；	
Z−23；	
G03 X28 W−4 R4；	
N2 G01 Z−64；	
G70 P1 Q2；	精加工（P1～Q2 指定精加工的路线）
G00 X80 Z80 M05；	快速返回安全换刀点，主轴停止
T0202 S500 M03；	换宽 3 mm、左刀位点为基准点的车槽刀，主轴正转，转速 500 r/min
G00 X22 Z−16；	定位车槽位置
G94 X10 F50；	车 ϕ10 mm 螺纹退刀槽
Z−15；	
G00 X30；	
Z−35；	定位
G75 R0.5；	
G75 X18 Z−52 P2000 Q2500 F40；	加工 ϕ18 mm 宽槽（X 向每次切削 2 mm，Z 向每次移动 2.5 mm）
G00 X80 Z80；	快速返回安全换刀点
T0303；	换 3 号螺纹车刀
G00 X16 Z2；	螺纹起点
G92 X13.2 Z−16 F2；	
X12.5；	
X12；	加工 M14 螺纹，也可用 G76 指令加工，程序如下：
X11.6；	G76 P020000 Q50 R0.02；
X11.5；	G76 X11.4 Z−16 P1300 Q400 F2；

续表

程序	注释
X11.4；	
；	
；	
G00 X80 Z80；	快速返回安全换刀点
T0202；	换 2 号车槽刀
G00 X30 Z−63.5；	定位
G94 X15 F40；	车槽
X26 Z−63 R2；	加工切断处 $C1$ mm 倒角
G01 Z−63；	定位到切断处：Z=−（60+刀宽）
G94 X0；	切断
G00 X80 Z80；	返回刀具起点
M05 T0100；	主轴停止，换回基准刀
M30；	程序结束

小提示

对于宽槽加工一般采用 G75 指令，可以缩短编程与加工时间。

二十一、实例 21

如图 11—21 所示为多直槽轴零件，毛坯直径为 30 mm，试编写加工程序。

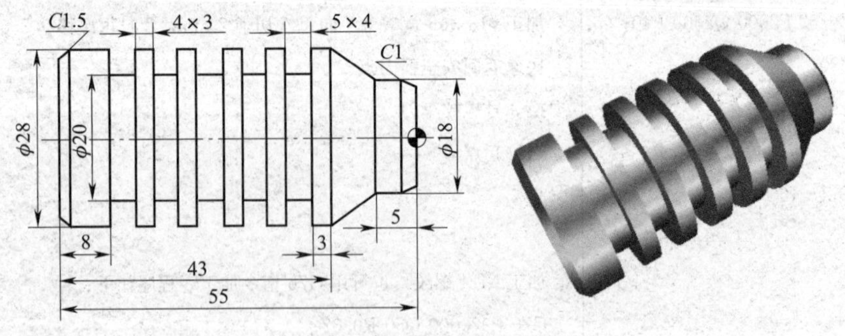

图 11—21　多直槽轴零件

参考程序如下：

程序	注释
O0021；	程序名
G00 X80 Z80；	快速定位至安全换刀点（刀具起点）
M03 S600 T0100；	使用1号外圆车刀，主轴正转，转速600 r/min
G00 X30 Z2；	快速定位到工件处
G71 U2 R0.5；	*X*向每次进刀量4 mm（直径），退刀量0.5 mm
G71 P1 Q2 U0.3 W0.1 F80；	*X*向留0.3 mm的余量，*Z*向留0.1 mm的余量
N1 G00 X16；	(类型Ⅰ：该程序段不能有*Z*值)
G01 Z0 F60；	N1～N2程序编程路线：
X18 Z−1；	
Z−5；	4
X28 Z−12；	
N2 Z−59；	
G70 P1 Q2；	精加工（P1～Q2指定精加工的路线）
G00 X80 Z80 M05；	快速返回安全换刀点
T0202 S500 M03；	换宽3 mm、右刀位点为基准点的车槽刀，主轴正转，转速500 r/min
G00 X30 Z−15；	定位第1条槽位置
G75 R0.5；	多槽加工，此时槽宽为3 mm
G75 X20 Z−43 P2000 Q7000 F50；	
G01 W−1 F50；	移动1 mm（槽宽−刀宽）
G75 R0.5；	多槽加工，此时槽宽变为4 mm
G75 X20 Z−44 P2000 Q7000 R1 F50；	
G00 Z−55.5；	定位
G94 X15 F50；	车槽
G94 X25 Z−55 R2.5；	加工切断处*C*1.5 mm倒角
G01 Z−55；	定位到切断处（总长距离）
G94 X0；	切断
G00 X80 Z80；	返回刀具起点
M05 T0100；	主轴停止，换回基准刀
M30；	程序结束

小提示

对于多槽加工，采用 G75 指令加工时，注意槽宽与刀宽之间的联系，本例槽宽为 4 mm、刀宽为 3 mm 的情况下，必须采用 2 个 G75 指令加工才使槽宽达到 4 mm 的尺寸。

二十二、实例 22

如图 11—22 所示为多锥面槽轴零件，毛坯直径为 30 mm，试编写加工程序。

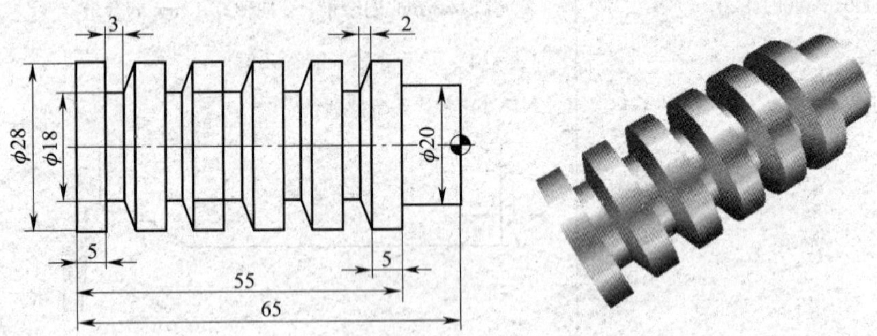

图 11—22　多锥面槽轴零件

参考程序如下：

程序	注释
O0022；	主程序名
G00 X80 Z80；	快速定位至安全换刀点（刀具起点）
M03 S600 T0100；	使用 1 号外圆车刀，主轴正转，转速 600 r/min
G00 X30 Z2；	快速定位到工件处
G90 X28 Z−69 F80；	加工 φ28 mm 外圆
G00 X28；	定位（减少 G90 进、退刀距离）
G90 X26 Z−10 F80；	
X24；	
X22；	加工 φ20 mm 外圆
X20；	
G00 X80 Z80；	快速返回安全换刀点
T0202；	换宽 3 mm、右刀位点为基准点的车槽刀
G00 X30 Z−17；	定位在第 1 个槽位置
M98 P50003；	调用子程序（调用 5 次，子程序名为 O0003）

续表

程序	注释
G00 Z−65.5；	定位
G94 X15 F50；	车槽
G01 Z−65；	定位在总长切断位置
G94 X0；	切断
G00 X80 Z80；	返回刀具起点
M05 T0100；	主轴停止，换回基准刀
M30；	程序结束
O0003；	子程序名
G94 X18 F500；	车 ϕ18 mm 槽
G01 W2；	定位在锥面大端处
X28；	
X18 W−2；	车锥面
X30；	退至 ϕ30 mm 处
W−10；	移动两个槽之间的距离
M99；	子程序结束

小提示

对于槽内有锥面或其他形状的轮廓，采用 G75 指令加工无法满足加工要求，所以一般会采用调用子程序。本例多槽加工主要体现在 Z 向的变化，所以子程序中的 Z 向应取相对坐标。

第三部分　操　作　篇

课题十二

外圆、端面与台阶加工

学习目标

- 能说出粗车和精车的要求。
- 能合理制订外圆、端面与台阶加工工艺。
- 能编写外圆、端面与台阶加工程序。
- 能加工外圆、端面、台阶并达到一定精度要求。

外圆、端面、台阶是构成轴类零件最基本的表面，会加工这些表面是加工轴类零件的基本要求，数控车床上加工外圆、端面、台阶主要考虑如何选择切削刀具、进刀方式、切削用量等工艺知识及相关编程知识。

一、粗车和精车的概念

1. 粗车

车床条件许可时，通常采用较大的进给量，进给速度快，主轴转速不宜过快，以合理的时间尽快把余量车掉。粗车对切削表面没有严格要求，只需留一定的精车余量即可。由于粗车切削力较大，工件装夹必须牢靠。粗车的另一个作用是可以及时发现毛坯内部残存的应力和热变形等。

2. 精车

精车是指从工件上切除较少余量，所得精度和光洁度都比较高的加工过程。精车时，通常把车刀修磨得较为锋利，车床主轴转速高一些，进给量小一些。

二、外圆车刀及选用

外圆车刀有整体式、焊接式、可转位式 3 种。整体式外圆车刀由高速钢刀片刃磨而成，切削速度较低，效率低，一般用于有色金属、塑料等材料加工；焊接式外圆车刀由硬质合金刀片焊接在刀杆上制成，成本较低，但磨损后需重磨，效率低；可转位式外圆车刀由专门企业生产的可转刀片装夹在刀杆上构成，一个切削刃磨损后只需将刀片转位即可继续投入生产，效率高，故数控车床一般都选用可转位式外圆车刀进行加工。可转位式外圆车刀如图 12—1 所示。

外圆车刀的选择还应考虑刀具角度问题，外圆粗车刀前角、后角应选择较小的角度，刃倾角选择零度或负值；外圆精车刀前角、后角应选择较大的角度，刃倾角选择正值；车台阶时，为了保证台阶面与工件轴线垂直，车刀主偏角必须大于或等于 90°。

图 12—1　可转位式外圆车刀

三、外圆车刀装夹

1. 车刀安装的要求

（1）车刀不能伸出刀架太长，应尽可能伸出得短些。因为车刀伸出过长，刀杆刚度相对减弱，切削时在切削力的作用下，容易产生振动，使车出的工件表面不光洁，一般车刀伸出的长度不超过刀杆厚度的 2 倍。

（2）车刀刀尖要对准工件的中心，车刀安装得过高或过低都会引起车刀角度的变化而影响切削。根据经验，粗车外圆时，可将车刀装得比工件中心稍高一些；精车外圆时，可将车刀装得比工件中心稍低一些，这要根据工件直径的大小来决定，无论装高或装低，一般不能超过工件直径的 1%。

（3）车刀的刀杆应与车床主轴轴线垂直。

（4）安装车刀用的垫片要平整，尽可能地用厚垫片以减少片数，一般只用 2～3 片。如垫片太多或不平整，会使车刀产生振动，影响切削。垫片应放在刀杆正下方，前端与刀座边缘齐。

（5）车刀装上后，要紧固刀架螺钉，一般要紧固两个螺钉。紧固时，应轮换逐个拧紧。同时要注意，一定要使用专用扳手，不允许再加套管等，以免使螺钉受力过大而损伤。

2. 刀尖对中心的方法

（1）根据车床中心高度，测量刀尖到中滑板的距离。

（2）使刀尖与尾座顶尖对齐。

（3）试切端面。

四、量具的选择

测量外圆直径常用量具（见图 12—2）有外径千分尺和游标卡尺。游标卡尺测量精度较低，

a)　　　　　　b)

图 12—2　常用量具

a）外径千分尺　b）游标卡尺

为 0.02 mm；外径千分尺测量精度较高，为 0.01 mm；台阶长度尺寸可用钢直尺、游标卡尺、深度百分表、深度千分尺等量具测量。其中长度精度要求不高一般选用游标卡尺；精度要求较高则选用深度千分尺。

五、切削用量的选择

数控车削加工中的切削用量包括背吃刀量 a_p、主轴转速 n 或切削速度 v_c（用于恒线速度切削）、进给速度 v_f 或进给量 f。这些参数均应在机床给定的允许范围内选择。

1. 切削用量的选择原则

（1）粗车时，应尽量保证较高的金属切除率和必要的刀具耐用度。选择切削用量时应首先选取尽可能大的背吃刀量，其次根据机床动力和刚度的限制条件，选取尽可能大的进给量，最后根据刀具耐用度要求，确定合适的切削速度。增大背吃刀量可使进给次数减少，增大进给量有利于断屑。

（2）精车时加工余量不大且较均匀，对加工精度和表面粗糙度要求较高。选择精车的切削用量时，应着重考虑如何保证加工质量，并在此基础上尽量提高生产率。因此，精车时应选用较小（但不能太小）的背吃刀量和进给量，并选用性能高的刀具材料和合理的几何参数，以尽可能提高切削速度。

2. 切削用量的确定

（1）背吃刀量 a_p 的确定

粗加工时，在系统刚度允许的条件下，尽可能选择较大的背吃刀量，以减少进给次数，提高生产效率；精加工时，通常选取较小的背吃刀量，常取 0.1～0.5 mm，以保证加工精度及表面粗糙度。

（2）进给速度 v_f（或进给量 f）的确定

粗加工时，由于对工件的表面质量没有太高的要求，这时主要根据机床进给机构的强度和刚度、刀杆的强度和刚度、刀具材料、刀杆和工件尺寸以及已选定的背吃刀量等因素来选取进给速度。精加工时，则按表面粗糙度要求、刀具及工件材料等因素来选取进给速度。进给速度 v_f 可以按公式 $v_f = fn$ 计算，式中 f 表示每转进给量，粗车时一般取 0.3～0.8 mm/r，精车时常取 0.1～0.3 mm/r，切断时常取 0.05～0.2 mm/r。

（3）切削速度 v_c（或主轴转速 n）的确定

切削速度 v_c 可根据已经选定的背吃刀量、进给量及刀具耐用度进行选取。实际加工过程中，也可根据生产实践经验和查表来选取。粗加工或工件材料的加工性能较差时，宜选用较低的切削速度。精加工或刀具材料、工件材料的切削性能较好时，宜选用较高的切削速度。切削速度 v_c 确定后，可根据刀具或工件直径（D）按公式 $n = 1\,000\, v_c/(\pi D)$ 来确定主轴转速 n (r/min)。

在工厂的实际生产过程中，切削用量一般根据经验并通过查表的方式选取。

六、加工指令的选择

在加工外圆、端面与台阶中除用到刀具功能 T、主轴转速功能指令 S、进给功能指令 F 外，还要用到准备功能指令 G01、G90、G71。

1. 精加工一般应用 G01 指令。

2. 对于台阶数较少的工件一般使用 G90 指令进行粗加工。

3. 对于粗车余量较多与台阶数较多时一般使用 G71 指令进行粗加工。

七、实训加工

在使用 GSK980TDc 数控系统的数控车床上加工台阶轴零件（见图 12—3）。毛坯为 ϕ30 mm×90 mm，材料为 45 钢，表面粗糙度值为 Ra3.2 μm。

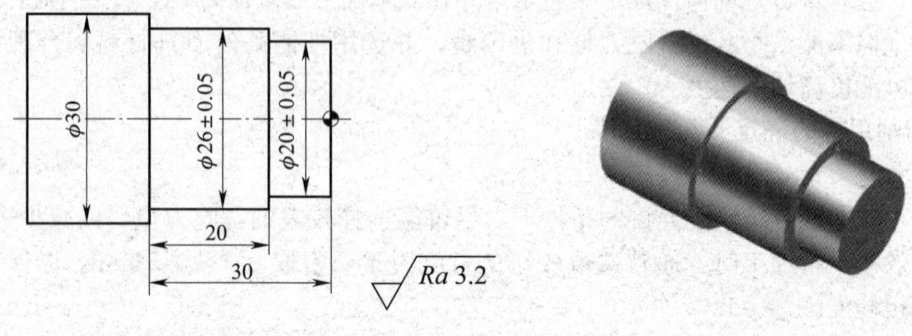

图 12—3　台阶轴零件

1. 工艺分析

（1）选择切削参数

由于工件的材料为 45 钢，考虑到刀具的硬度以及切削速度，刀具的材料选用硬质合金。

1）粗加工过程中需要提高效率，综合其他因素，推荐选用主轴转速 n =600 r/min，进给速度 f=100 mm/min，背吃刀量 a_p =1 mm。

2）精加工时，为了保证表面粗糙度值为 Ra3. 2 μm，又考虑到进给量小、切削力小等因素，推荐选用主轴转速 n =800 r/min，进给速度 f=80 mm/min，背吃刀量 a_p=0. 3 mm。

（2）确定编程路线

粗加工 ϕ26 mm 外圆，G90 指令（见图 12—4a）→粗加工 ϕ20 mm 外圆，G90 指令（见图 12—4b）→由工件中心往外作为精加工路线，G01 指令（见图 12—4c）。

（3）制订加工工艺卡

台阶轴的加工工艺卡见表 12—1。

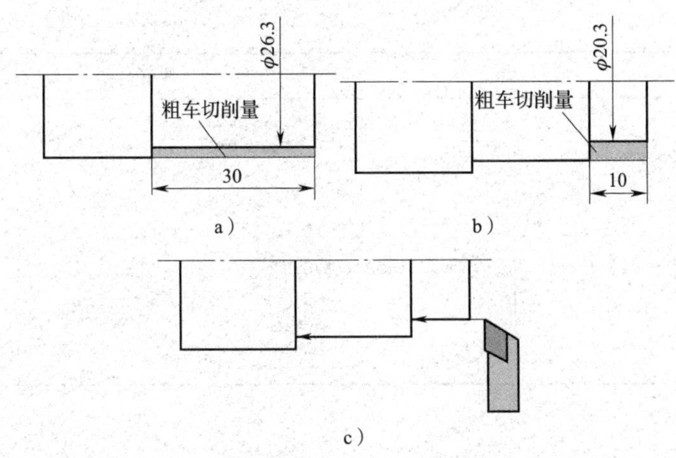

图 12—4 台阶轴加工的编程路线

表 12—1 台阶轴的加工工艺卡

工步内容	刀具	切削用量		
		主轴转速（r/min）	进给速度（mm/min）	背吃刀量（mm）
粗车 φ26 mm、φ20 mm 外圆	1 号刀具为 90°外圆车刀	600	100	1
精车 φ26 mm、φ20 mm 外圆		800	80	0.3

2. 编制程序

选择配置 GSK980TDc 系统、四工位前置刀架的数控车床，参考程序如下：

程序	注释
O0001；	程序名
G00 X80 Z80；	快速定位至安全换刀点（刀具起点）
M03 S600 T0100；	使用 1 号 90°外圆车刀，主轴正转，转速 600 r/min
G00 X30 Z2 M08；	快速定位到工件处，切削液开
G90 X28 Z—30 F100； X26.3；	粗车 φ26 mm 外圆
X24 Z—10； X20.3；	粗车 φ20 mm 外圆
G00 X80 Z80 M05；	快速返回换刀点，主轴停止
M00；	程序暂停，检测工件
S800 M03；	主轴正转，转速 800 r/min
G00 X20 Z2；	

续表

程序	注释
G01 Z−10 F80；	精加工 ϕ20 mm、ϕ26 mm 外圆
X26；	
Z−30；	
G00 X80 Z80 M09；	返回刀具起点，切削液关
M05；	主轴停止
M30；	程序结束

3. 加工操作

（1）用三爪自定心卡盘夹持 ϕ30 mm 毛坯外圆并校正，露出加工部位的长度约 50 mm，一次装夹完成工件的粗、精加工。

（2）开机，进入录入方式，输入 M03、S600，使主轴正转。

（3）根据加工要求及加工工艺卡，本次加工只需 1 把刀具，即 90°外圆车刀（T01），安装好刀具。

（4）试切对刀，确定以工件右端面中心为工件原点，建立工件坐标系；确定换刀点位置为（80，80）。

（5）在编辑方式下输入程序，并检查所输程序。

（6）对输入的程序进行空运行，检验程序是否正确。

（7）在自动方式下调出程序自动加工。

（8）加工完毕，清理卫生。

小提示

1. 开机后，按正确的步骤操作机床，对于刚接触工件编程加工的学生，自动运行之前一定要进行空运行与图形模拟。

2. 对刀时车好的端面作为精加工面，以后不再加工。

3. G71 指令加工台阶轴的编程（见课题十一实例 1）。

4. 精度控制及尺寸修改（见课题十八）。

课题十三

圆锥面加工

学习目标

- 能计算圆锥面各部分的尺寸。
- 能制订圆锥面加工工艺。
- 能编写外圆锥面加工程序。
- 能加工外圆锥面并达到一定精度要求。

圆锥面是构成轴类零件的基本表面，尤其在机床与工具中，圆锥面配合应用广泛，如机床主轴锥孔与顶尖、尾座套筒与麻花钻柄、数控铣床主轴锥孔与刀柄之间都是采用圆锥面配合。根据圆锥面不同的标注方法，计算圆锥面各部分尺寸才能进行圆锥表面加工程序编制和零件加工。此外，在数控车床上加工圆锥面还需考虑如何选择切削刀具、进刀方式、切削用量等。

一、圆锥面各部分尺寸计算

圆锥面各部分的参数及计算公式见表 13—1。

表 13—1　　圆锥面各部分的参数及计算公式

图例	参数及计算公式
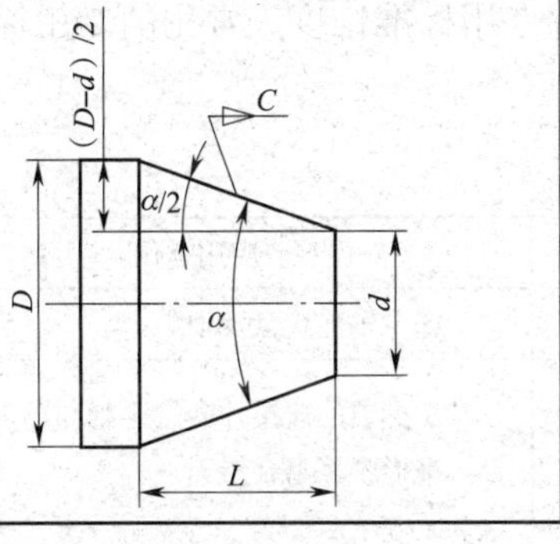	圆锥大端直径 D
	圆锥小端直径 d
	圆锥长度 L
	锥度 C 和圆锥半角 $\alpha/2$ $\tan(\alpha/2)=C/2$
	公式一：$\tan(\alpha/2)=(D-d)/2L$ 公式二：$C=(D-d)/L$

说明：圆锥面有 4 个基本参数（C、D、d、L），已知其中任意 3 个参数，便可通过公式计算出未知参数。

二、常用锥度和标准锥度

在数控车床车削圆锥的过程中，除了加工程序的编写需要外，校验或修改锥度时，也经常要用到常用锥度和标准锥度的参数。

1. 莫氏圆锥

莫氏圆锥是制造业中应用得最广泛的一种，如车床主轴孔、顶尖、钻头柄、铰刀柄等都使用莫氏圆锥。莫氏圆锥分成 7 个号码，即 0 号、1 号、2 号、3 号、4 号、5 号、6 号。其中，0 号锥度最小，6 号锥度最大，每一种号码的圆锥斜角各不相同。莫氏圆锥的锥度及锥体斜角见表 13—2。

表 13—2　　莫氏圆锥的锥度及锥体斜角

圆锥号码	锥度	锥体斜角	大端基准圆 D（mm）
0	1∶19.212	1°29′27″	9.045
1	1∶20.047	1°25′43″	12.065
2	1∶20.020	1°25′50″	17.780
3	1∶19.922	1°26′16″	23.825
4	1∶19.254	1°29′15″	31.267
5	1∶19.002	1°30′26″	44.399
6	1∶19.182	1°29′36″	63.348

2. 公制圆锥（米制圆锥）

公制圆锥共有 8 个号码，即 4 号、6 号、80 号、100 号、120 号、140 号、160 号、200 号。圆锥的号码表示圆锥的大端直径，锥度固定不变（C=1∶20）。例如，100 号公制圆锥的大端直径为 100 mm，锥度 C=1∶20。

3. 专用标准锥度

除了常用的莫氏圆锥以外，工程中还经常遇到各种专用标准锥度。常用的专用标准锥度见表 13—3。

表 13—3　　常用的专用标准锥度

锥度 C	圆锥角 α	圆锥斜角 $\alpha/2$	应用举例
1∶4	14°15′	7°7′30″	车床主轴连接盘及轴头
1∶5	11°25′16″	5°42′38″	易于拆装的连接，砂轮主轴与砂轮盘的接合，锥形摩擦离合器等
1∶7	8°10′16″	4°5′8″	管件的开关塞、阀等
1∶12	4°46′19″	2°23′9″	部分滚动轴承内环锥孔

续表

锥度 C	圆锥角 α	圆锥斜角 $\alpha/2$	应用举例
1∶15	3°49′6″	1°54′33″	主轴与齿轮的配合部分
1∶16	3°34′47″	1°47′24″	圆锥管螺纹
1∶20	2°51′51″	1°25′56″	公制工具圆锥，锥形主轴轴颈
1∶30	1°54′35″	0°57′17″	装柄的铰刀，扩孔钻与柄的配合
1∶50	1°8′45″	0°34′23″	圆锥定位销及锥铰刀
7∶24	16°35′39″	8°17′50″	铣床主轴孔及刀杆的锥体
7∶64	6°15′38″	3°7′49″	刨齿机工作台的心轴孔

三、圆锥面车刀的选用

1. 如图 13—1a 所示，加工外圆锥面时，车刀的选择与外圆车刀类似，不同之处在于车倒锥时，避免车刀副切削刃与已加工表面产生干涉现象，所以车刀的副偏角应选择得足够大。

2. 如图 13—1b 所示，加工槽内圆锥面时，车刀的选择取决于圆锥面的大小；如果圆锥较小时，选择足够大的副偏角外圆车刀，会使车刀的刚度较差而无法达到加工要求；所以一般加工槽内圆锥面时选择车槽刀较为理想。

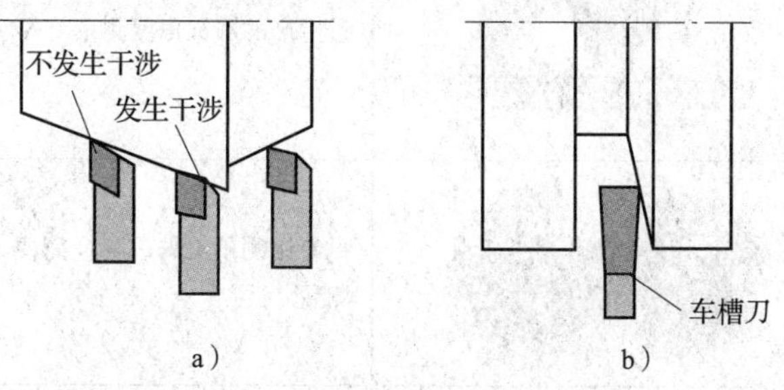

图 13—1　圆锥面车刀的选用

a）加工外圆锥面　b）加工槽内圆锥面

四、圆锥面车刀装夹

加工圆锥时，车刀刀尖不对准工件中心时（见图 13—2），圆锥表面均会产生双曲线误差。该误差不是通过简单的程序修改就可以消除的，所以在加工圆锥表面时，车刀刀尖必须对准工件的中心。

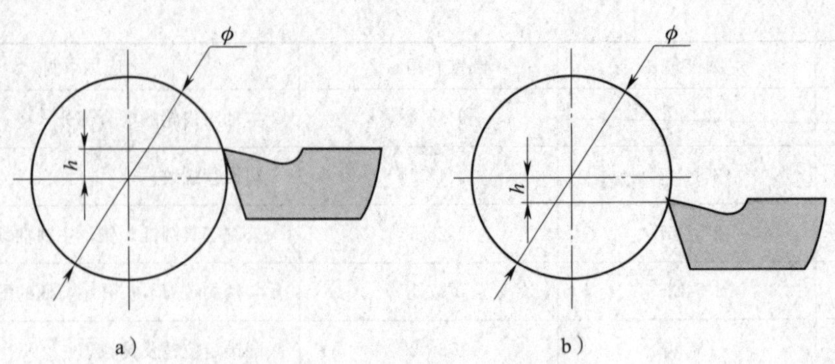

图 13—2　车刀装夹的位置

a）刀尖高于工件轴线　b）刀尖低于工件轴线

五、量具的选择

常用测量工具有万能角度尺、角度样板、正弦规、锥度量规等，各种角度量具的测量特点及应用见表 13—4。

表 13—4　　各种角度量具的测量特点及应用

角度量具	图示	测量特点及应用
万能角度尺		能测 0°～320°范围角度，测量精度 2′，用于单件或批量生产的圆锥角度测量
角度样板		专用测量工具，测量简便，用于大批量生产的圆锥面测量
正弦规		测量精度高，用于单件生产圆锥面角度测量
锥度量规		测量精度高，用于标准锥度圆锥或配合精度高的圆锥面测量

六、切削用量的选择

车圆锥时切削用量的选择主要与刀具性能、工艺系统刚度、工件材料、加工性质等因素有关，具体选择如下：

1. 背吃刀量 a_p

在车削工艺系统刚度足够大、保留精车余量的前提下，尽可能选择较大的背吃刀量，以减少进给次数，提高效率。精车余量常取 0.1～0.5 mm。

2. 进给量 f

粗车时进给量大一些以提高效率，精车时进给量小一些以提高表面质量。粗车进给量取 0.3～0.8 mm/r，精车进给量取 0.1～0.3 mm/r。

3. 主轴转速 n

粗车时主轴转速选中速，精车时选高速或低速，具体选择与刀具材料、工件材料、加工性质等有关，硬质合金车刀粗车时转速选 400～600 r/min，精车时转速选 800～1 200 r/min。

七、刀尖半径补偿

进行刀尖半径补偿的目的是消除刀尖圆弧可能引起的加工误差。如图 13—3 所示，在车端面时，刀尖圆弧的实际切削点与假想刀尖点的 Z 坐标值相同；车外圆柱表面和内圆柱孔时，实际切削点与假想刀尖点的 X 坐标值相同。因此，车端面和内外圆柱表面时不需要对刀尖圆弧半径进行补偿。

当加工轨迹与机床轴线不平行（斜线或圆弧）时，则实际切削点与假想刀尖点之间在 X、Z 轴方向都存在位置偏差。如图 13—4 所示，以假想刀尖点 P 编程的进给轨迹为图中轮廓线，圆弧刀尖的实际切削轨迹为图中斜线所示，会出现少切或过切现象，造成加工误差。刀尖圆弧半径 R 越大，加工误差越大。

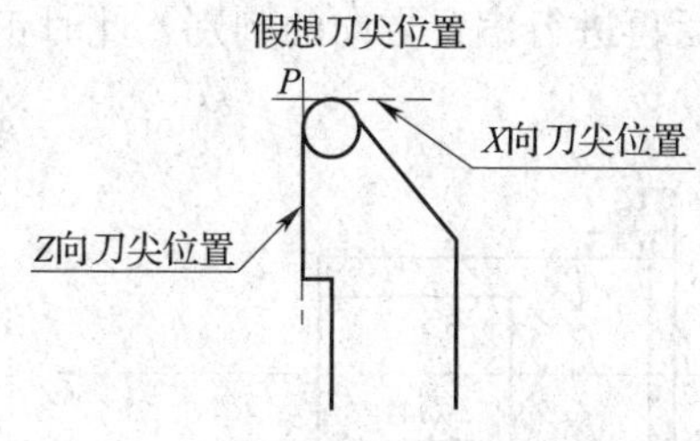

图 13—3　刀尖圆弧半径和假想刀尖位置

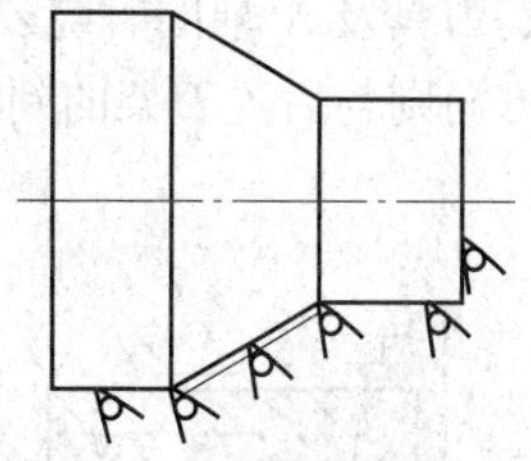

图 13—4　刀尖圆弧半径对加工精度的影响

常见的刀尖圆弧半径为 0.2 mm、0.4 mm、0.8 mm、1.2 mm。

为使系统能正确计算出刀具中心的实际运动轨迹，除了要给出刀尖圆弧半径 R 以外，还要给出刀具的假想刀尖位置号 T。各种刀具的假想刀尖位置号如图 13—5 所示。

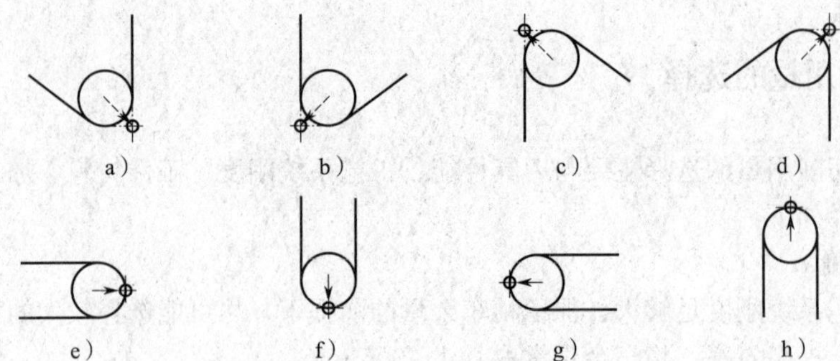

图 13—5　各种刀具的假想刀尖位置代号

a）假想刀尖号码为 1　b）假想刀尖号码为 2

c）假想刀尖号码为 3　d）假想刀尖号码为 4　e）假想刀尖号码为 5

f）假想刀尖号码为 6　g）假想刀尖号码为 7　h）假想刀尖号码为 8

1. 刀尖圆弧半径补偿的实现

刀尖圆弧半径补偿及其补偿方向是由 G40、G41、G42 指令实现的。

刀尖圆弧半径补偿指令的程序段格式如下：

G40（G41/G42）G01（G00）X__　Z__　F__；

G40——取消刀尖圆弧半径补偿，也可用 T××00 取消刀补。

G41——刀尖圆弧半径左补偿（左刀补）。顺着刀具运动方向看，刀具在工件左侧，如图 13—6 所示。

G42——刀尖圆弧半径右补偿（右刀补）。顺着刀具运动方向看，刀具在工件右侧，如图 13—6 所示。

X、Z——建立或取削刀具圆弧半径补偿程序段中，刀具移动的终点坐标。

在判别刀尖圆弧半径补偿偏置方向时，一定要沿 Y 轴由正向负观察刀具所处的位置，故应特别注意刀架为前置还是后置，如图 13—6a 和图 13—6b 所示分别为后置刀架与前置刀架时的刀尖圆弧半径补偿偏置方向的区别。对于前置刀架，为防止判别过程中出错，可在图样上将工件、刀具及 X 轴同时绕 Z 轴旋转 180°后再进行偏置方向的判别，此时正 Y 轴向外，刀补的偏置方向则与后置刀架的判别方向相同。

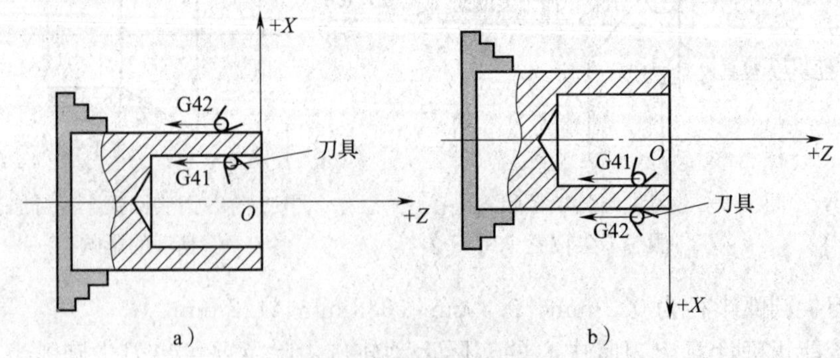

图 13—6　刀具半径补偿

a）后置刀架　b）前置刀架

对于前置刀架刀尖半径补偿的编程规律是：

1）从右往左加工外表面时，半径补偿指令用 G42；镗孔时，用 G41。

2）从左往右加工外表面时，半径补偿指令用 G41；镗孔时，用 G42。

G40、G41、G42 指令不能与 G02、G03、G71、G72、G73、G76 指令出现在同一程序段。G01 程序段有倒角控制功能时也不能进行刀具补偿。在调用新刀具前，必须用 G40 指令取消刀补。

G40、G41、G42 指令为模态指令，G40 指令为缺省值。要改变刀尖半径补偿方向，必须先用 G40 指令解除原来的左刀补或右刀补状态，再用 G41 或 G42 指令重新设定，否则补偿会不正常。

2. 补偿值的设置

每把刀的假想刀尖号与刀尖半径补偿值必须在应用刀补前预先设置。在刀尖半径补偿值页面（见表 13—5）进行设置，*R* 为刀尖半径补偿值，*T* 为假想刀尖号。

表 13—5　　刀尖半径补偿显示页面

序号	*X*	*Z*	*R*	*T*
000	0.000	0.000	0.000	0
001	0.020	0.030	0.020	2
002	1.020	20.123	0.180	3
…	…	…	…	…
032	0.050	0.038	0.300	6

八、加工指令的选择

在加工圆锥面中除用到刀具功能 T、主轴转速功能指令 S、进给功能指令 F 外，还要用到准备功能指令 G01、G90、G71、G94。

1. 精加工一般应用 G01 指令。
2. 对于外圆单锥面工件一般使用 G90 指令进行粗加工。
3. 对于粗车余量较大，台阶、锥度较多时一般使用 G71 指令进行粗加工。
4. 对于槽内锥面一般采用 G94 指令进行粗加工。

九、实训加工 1

在使用 GSK980TDc 数控系统的数控车床上加工单锥面零件（见图 13—7）。毛坯为 ϕ30 mm×90 mm，材料为 45 钢，表面粗糙度值为 *Ra*3.2 μm。

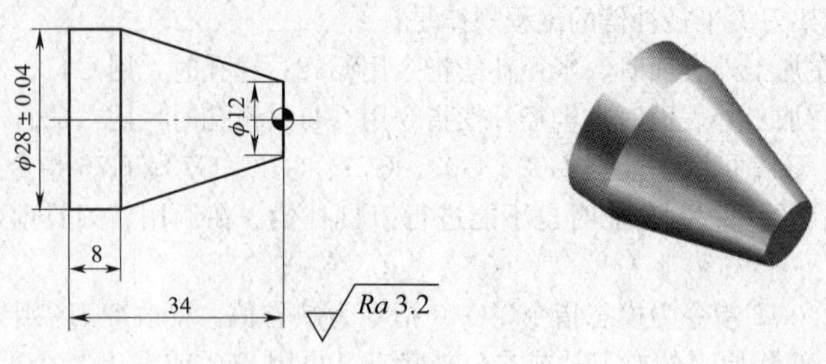

图 13—7　单锥面零件

1. 工艺分析

（1）编程路线的确定

粗加工 φ28 mm 外圆，G90 指令（见图 13—8a）→粗加工外圆锥，G90 指令（见图 13—8b）→工件从右往左作为精加工路线，G01 指令（见图 13—8c）。

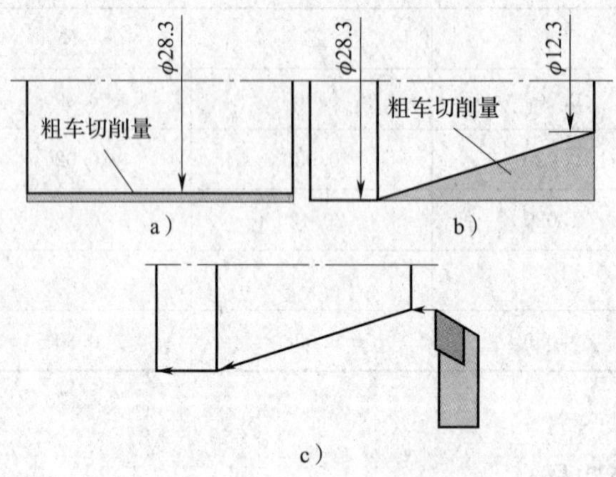

图 13—8　单锥面加工的编程路线

（2）加工工艺卡的编制

单锥面的加工工艺卡见表 13—6。

表 13—6　**单锥面的加工工艺卡**

工步内容	刀具	切削用量		
		主轴转速（r/min）	进给速度（mm/min）	背吃刀量（mm）
粗车 φ28 mm 外圆及外圆锥	1 号刀具为 90°外圆车刀，硬质合金	600	100	1
精车 φ28 mm 外圆及外圆锥		800	80	0.3

2. 编制程序

选择配置 GSK980TDc 系统、四工位前置刀架的数控车床加工，参考程序如下：

程序	注释
O0001；	程序名
G00 X80 Z80；	快速定位至安全换刀点（刀具起点）
T0101；	使用1号刀，取1号刀具偏置补偿，刀具位置号为3
M03 S600；	主轴正转，转速600 r/min
G42 G00 X30 Z2 M08；	采用刀具右补偿，快速定位到工件处，切削液开
G90 X28.3 Z−34 F100；	粗车 ϕ28 mm外圆
X28.3 Z−26 R−2；	
R−4；	
R−6；	粗车外圆锥
R−8；	
R−8.26；	
G40 G00 X80 Z80 M05；	取消半径补偿，快速返回换刀点，主轴停止
M00；	程序暂停，检测工件
S800 M3；	主轴正转，转速800 r/min
G42 G00 X12 Z2；	采用刀具右补偿
G01 Z0 F80；	精加工 ϕ28 mm外圆及外圆锥
X28 Z−26；	
Z−34；	
G40 G00 X80 Z80 M09；	取消半径补偿，返回刀具起点，切削液关
M05 T0100；	主轴停止，取消刀具偏置补偿
M30；	程序结束

3. 加工操作

（1）用三爪自定心卡盘夹持 ϕ30 mm毛坯外圆并校正，露出加工部位的长度约50 mm，一次装夹完成工件的粗、精加工。

（2）开机，进入录入方式，输入M03、S600，使主轴正转。

（3）根据加工要求及加工工艺卡，本次加工只需1把刀具，即90°外圆车刀（T01），安装好刀具。

（4）试切对刀，确定以工件右端面中心为工件原点，建立工件坐标系；确定换刀点位置为（80，80）。

（5）在编辑方式下输入程序，并检查所输程序。

（6）对输入的程序进行空运行，检验程序是否正确。

（7）在自动方式下调出程序自动加工。

（8）加工完毕，清理卫生。

 小提示

本例是用 G90 指令对单圆锥面进行加工，在加工圆锥面时，由于刀具定位点 Z 向为 2 mm，R 值通过计算为−8. 26 mm（详细计算见课题七）。

十、实训加工 2

在使用 GSK980TDc 数控系统的数控车床上加工锥面轴零件（见图 13—9）。毛坯为 ϕ30 mm×100 mm，材料为 45 钢，表面粗糙度值为 Ra3. 2 μm。

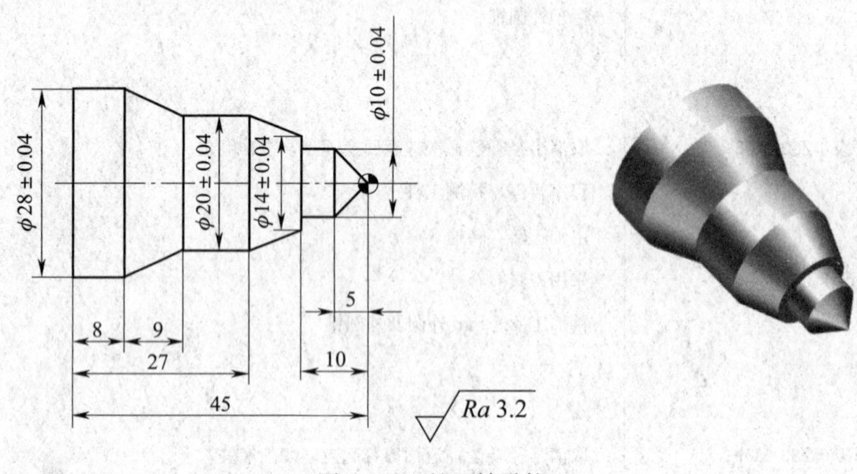

图 13—9　锥面轴零件

1. 工艺分析

（1）确定编程路线

粗加工外形轮廓，G71 指令（见图 13—10a）→精加工外形轮廓，G70 指令（见图 13—10b）。

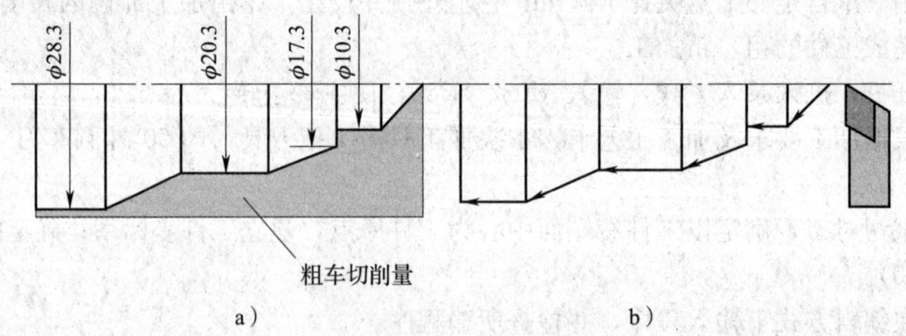

图 13—10　锥面轴加工的编程路线

（2）制订加工工艺卡

锥面轴的加工工艺卡见表 13—7。

表 13—7 **锥面轴的加工工艺卡**

工步内容	刀具	切削用量		
		主轴转速 (r/min)	进给速度 (mm/min)	背吃刀量 (mm)
粗车外形轮廓	1号刀具为90°外圆车刀，硬质合金	600	100	1
精车外形轮廓		800	80	0.3

2. 编制程序

选择配置 GSK980TDc 系统、四工位前置刀架的数控车床加工，参考程序如下：

程序	注释
O0002；	程序名
G00 X80 Z80；	快速定位至安全换刀点（刀具起点）
T0101；	换1号刀，取1号刀具偏置补偿，刀具位置号为3
M03 S600；	主轴正转，转速 600 r/min
G00 X30 Z2 M08；	快速定位到工件处，切削液开
G71 U1 R0.5；	*X* 向每次进刀量 2 mm（直径），退刀量 0.5 mm
G71 P1 Q2 U0.3 W0.1 F100；	*X* 向留 0.3 mm 的余量，*Z* 向留 0.1 mm 的余量
N1 G42 G00 X0；	
G01 Z0 F80；	采用刀具右补偿，粗加工程序编程路线：
X10 Z−5；	
Z−10；	
X14；	
X20 Z−18；	
Z−28；	
X28 Z−37；	
N2 Z−45；	
G40 G00 X80 Z80 M05；	取消半径补偿，快速返回换刀点，主轴停止
M00；	程序暂停，检测工件
S800 M03；	主轴正转，转速 800 r/min
G00 X30 Z2；	定位
G70 P1 Q2；	精加工（P1～Q2 指定精加工的路线）
G40 G00 X80 Z80 M09；	取消半径补偿，返回刀具起点，切削液关
M05 T0100；	主轴停止，取消刀具偏置补偿
M30；	程序结束

3. 加工操作

（1）用三爪自定心卡盘夹持 ϕ30 mm 毛坯外圆并校正，露出加工部位的长度约 60 mm，一次装夹完成工件的粗、精加工。

（2）开机，进入录入方式，输入 M03、S600，使主轴正转。

（3）根据加工要求及加工工艺卡，本次加工只需 1 把刀具，即 90°外圆车刀（T01），安装好刀具。

（4）试切对刀，确定以工件右端面中心为工件原点，建立工件坐标系；确定换刀点位置为（80，80）。

（5）在编辑方式下输入程序，并检查所输程序。

（6）对输入的程序进行空运行，检验程序是否正确。

（7）在自动方式下调出程序自动加工。

（8）加工完毕，清理卫生。

 小提示

对于多圆锥轴零件的加工，采用 G71 指令加工不但使程序简单，对比 G90 指令的加工还减少了对 R 值的计算。

课题十四

车槽加工

学习目标

- 根据加工要求合理选择加工方案和加工路线。
- 正确选择车槽刀，并安装和对刀。
- 加工各种类型的槽并达到一定精度要求。

槽的用途广泛，如零件上要加工螺纹时，应有退刀槽，以便于螺纹车刀退出；需要磨削的台阶零件，应留有砂轮越程槽，以使磨削用砂轮越过工件表面；V 带轮上有用于安装传动带的 V 形槽。

此外，槽按其形状分为直槽、V 形槽等，按所处的位置分为外槽、内槽、端面槽等。在数控车床上加工槽还需考虑如何选择切削刀具、进刀方式、切削用量等。

一、车槽刀及选用

1. 车槽刀有整体式、焊接式、可转位式 3 种。数控车床为提高切削效率，一般选用可转位式车槽刀。常用的车槽刀有外圆车槽刀（见图 14—1a）、内孔车槽刀（见图 14—1b）和端面车槽刀，端面车槽刀由外圆车槽刀刃磨而成。

a）　　　　b）

图 14—1　车槽刀

a）外圆车槽刀　b）内孔车槽刀

2. 车槽中，车槽刀尺寸选择主要有刀头长度和刀头宽度，刀头长度与槽的深度有关，一般按以下经验公式计算：

$$L=h+(2\sim3)\ \text{mm}$$

L ——刀头长度；

h ——切入深度。

刀头宽度根据图形中的槽宽和精度来选择。

二、车槽刀的安装和对刀

1. 如图 14—2a 所示，安装车槽刀时首先要保证刀尖与车床的回转轴线在同一高度。车削内、外沟槽时车槽刀的切削刃与回转轴线平行；车削端面槽时车槽刀的切削刃与回转轴线垂直。

2. 如图 14—2b 所示，车槽刀在对刀时，如果以点 1 为刀位点，X 向对刀方法不变，Z 向在刀补中输入 Z0 的数值；如果以点 2 为刀位点，X 向对刀方法不变，Z 向在刀补中输入 Z 为刀宽值。

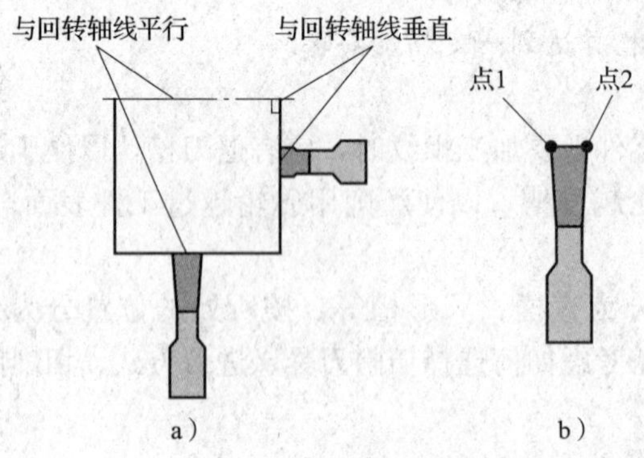

图 14—2　车槽刀的安装和对刀

a）安装车槽刀　b）车槽刀的刀位点

三、量具的选择

槽的尺寸主要有槽宽和槽底直径。槽宽根据精度高低可选用游标卡尺、样板、内测千分尺（见图 14—3a）等量具。槽底直径选用游标卡尺、外径千分尺或叶片千分尺（见图 14—3b）等量具。

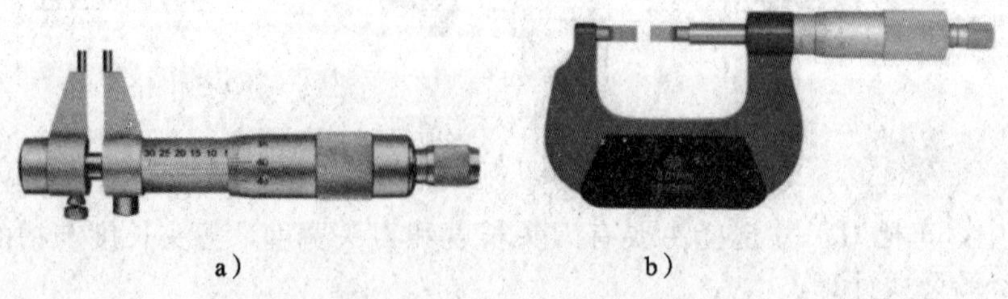

图 14—3　常用千分尺

a）内测千分尺　b）叶片千分尺

四、槽的车削加工与切削用量选择

1. 槽的车削方法

（1）车削宽度较窄的矩形沟槽。当车削精度不高时，可以用刀宽等于槽宽的车槽刀，采用直进法一次车出；如果精度要求较高时，一般分两次进给车削，即第一次进给车槽时粗车，第二次进给时用等宽刀修整，如图 14—4a 所示。

（2）车削较宽的沟槽，可以采用多次直进法切割，并在槽壁及底面留精加工余量，最后一刀精车至尺寸，如图 14—4b 所示。

（3）V 形槽根据槽尺寸大小采用直槽刀直进法、左右切削法切削。如图 14—4c 所示，V 形槽可用直槽刀分 3 次切削完成，第一刀车直槽，第二刀车右侧 V 形部分，第三刀车左侧 V 形部分。

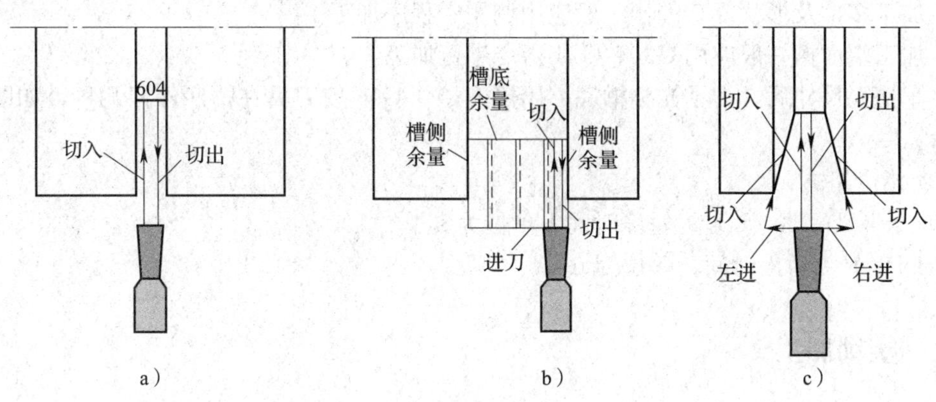

图 14—4 槽的车削方法
a）车窄槽 b）车宽槽 c）车 V 形槽

2. 切削用量

选择车槽切削用量时，切削速度通常取外圆切削速度的 60%～70%；进给量一般取 0.05～0.3 mm/r；背吃刀量受车槽刀宽的影响，调节范围较小。

五、切断

切断要使用切断刀，切断刀的形状与车槽刀相似，通常可用车槽刀代替。切断时应注意以下几点：

1. 切断时工件一般用卡盘装夹，工件的切断处应距卡盘近些；避免在用顶尖安装的工件上切断。

2. 切断刀刀尖必须与工件中心等高，否则切断处将剩有凸台，且刀头容易损坏。

3. 切断刀伸出刀架的长度不宜过长，进给缓慢均匀。即将切断时，必须放慢进给速度，以免刀头折断。

4. 切断钢件时需要加切削液进行冷却润滑，切断铸件时一般不加切削液，必要时可用煤油进行冷却润滑。

5. 如果工件用两顶尖装夹，工件切断时，不能直接切到中心，以防车刀折断，工件飞出。

六、加工指令的选择

车槽加工一般使用刀具功能 T、主轴转速功能指令 S、进给功能指令 F，准备功能一般使用 G01、G90、G94、G74、G75、G04 指令。

1. 加工窄沟槽一般应用 G01 指令。
2. 加工沟槽带倒角一般应用 G94 指令。
3. 加工宽槽或多槽一般应用 G75 指令进行粗加工。
4. 加工多槽及形状复杂的槽一般应用调用子程序加工。
5. 加工端面槽一般应用 G90、G74 指令进行加工。
6. 车槽至尺寸后，为了光整槽底，用停刀指令 G04 使刀具在槽底停留几秒，如图 14—4a 所示。

G04 指令格式：

G04 X（U）；X（U）为暂停时间，单位为 s。

G04 P；P 为暂停时间，单位为 ms。

七、实训加工 1

使用 GSK980TDc 数控系统的数控车床上加工直槽轴零件（见图 14—5）。毛坯为 ϕ30 mm×100 mm，材料为 45 钢，表面粗糙度值为 Ra3. 2 μm。

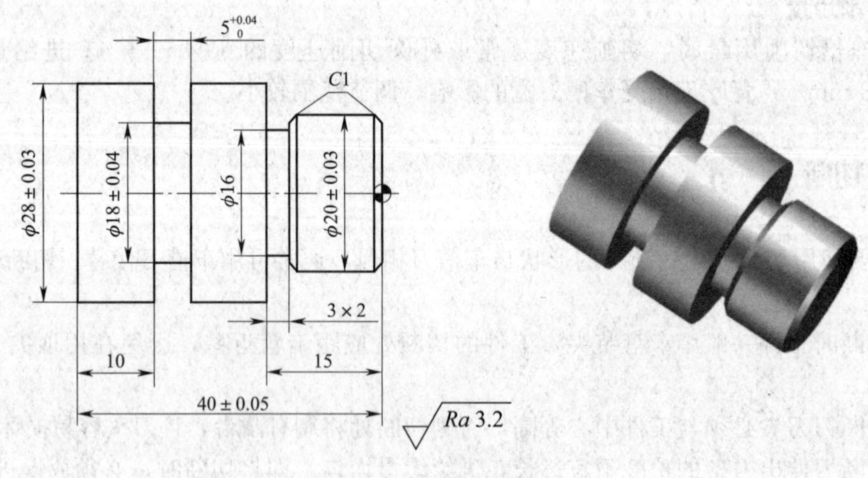

图 14—5　直槽轴零件

1. 工艺分析

(1) 确定编程路线

粗加工 ϕ28 mm 外圆，G90 指令（见图 14—6a）→粗加工 ϕ20 mm 外圆，G90 指令（见图 14—6b）→精加工 ϕ28 mm、ϕ20 mm 外圆，G01 指令（见图 14—6c）→加工 3 mm×2 mm 的槽及倒角，G94 指令（见图 14—6d）→粗车宽 5 mm 的槽，两端留有 0.1 mm 的余量，G94 指令（见图 14—6e）→精车宽 5 mm 的槽，G01 指令（见图 14—6f）→分 2 刀切断，G94 指令。

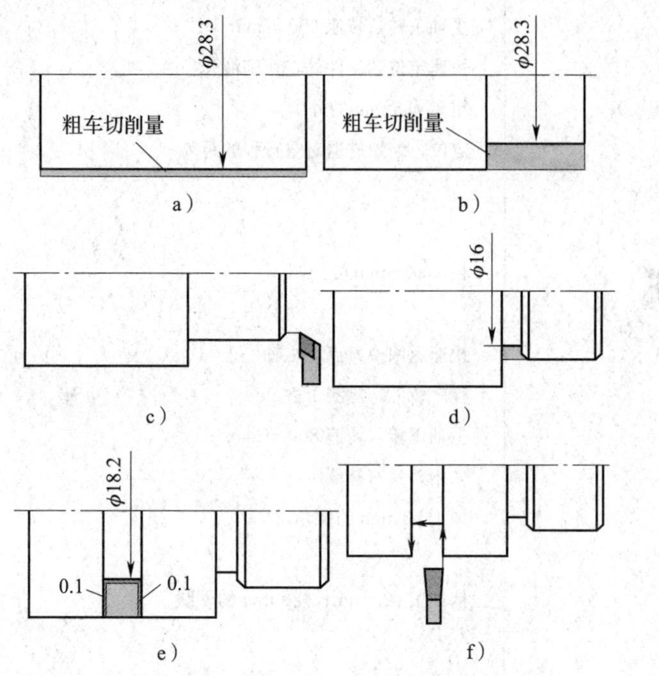

图 14—6　直槽轴加工的编程路线

(2) 编制加工工艺卡

直槽轴的加工工艺卡见表 14—1。

表 14—1　直槽轴的加工工艺卡

工步内容	刀具	切削用量		
		主轴转速 (r/min)	进给速度 (mm/min)	背吃刀量 (mm)
粗车 ϕ28 mm、ϕ20 mm 外圆	1 号刀具为 90°外圆车刀，硬质合金	600	100	1
精车 ϕ28 mm、ϕ20 mm 外圆		800	80	0.3
加工 3 mm×2 mm 槽及倒角	2 号刀具为刀宽 3 mm 的车槽刀，硬质合金	500	50	3
粗加工宽 5 mm 槽		500	50	3
精加工宽 5 mm 槽		400	40	0.1
切断		400	40	3

2. 编制程序

选择配置 GSK980TDc 系统、四工位前置刀架的数控车床加工，参考程序如下：

程序	注释
O0001；	程序名
G00 X80 Z80；	快速定位至安全换刀点（刀具起点）
T0101；	换 1 号刀，取 1 号刀具偏置补偿，刀具位置号为 3
M03 S600；	主轴正转，转速 600 r/min
G00 X32 Z2 M08；	快速定位到工件处，切削液开
G90 X28.3 Z−44 F100；	粗车 ϕ28 mm 的外圆
G00 X30 Z2；	定位，缩短进退时空行程的距离
G90 X26 Z−15 F100；	
X24；	
X22；	粗车 ϕ20 mm 的外圆
X20.3；	
G00 X80 Z80 M05；	快速返回换刀点，主轴停止
M00；	程序暂停，检测工件
S800 M03；	主轴正转，转速 800 r/min
G42 G00 X18 Z2；	采用刀具右补偿
G01 Z0 F80；	加工 C1 mm 的倒角
X20 Z−1；	
Z−15；	精加工 ϕ20 mm、ϕ28 mm 的外圆
X28；	
Z−44；	
G40 G00 X80 Z80 M05；	取消半径补偿，快速返回换刀点，主轴停止
M00；	程序暂停，检测工件
T0202 S500 M03；	使用 2 号车槽刀，主轴正转，转速 500 r/min
G00 X30 Z−15；	
G94 X16 F50；	
G01 X22；	加工 3 mm×2 mm 的槽及倒角
G94 X18 Z−15 R2；	
G00 X30；	定位到加工宽 5 mm 槽的位置
W−14；	
G94 X18.2 F50；	
W0.9；	粗车宽 5 mm 的槽
W−0.9；	
G00 X80 Z80 M05；	快速返回换刀点，主轴停止
S400 M03；	主轴正转，转速 400 r/min

续表

程序	注释
G00 X32 Z−28;	精车宽 5 mm 的槽
G01 X18 F40;	
Z−30;	
X32;	定位切断位置
G00 Z−43.5;	
G94 X14 F40;	车槽
G01 Z−43;	
G94 X0;	切断
G00 X80 Z80 M09;	返回换刀点，切削液关
M05 T0100;	换回基准刀，主轴停止
M30;	程序结束

3. 加工操作

（1）用三爪自定心卡盘夹持 ϕ30 mm 毛坯外圆并校正，露出加工部位的长度约 60 mm，一次装夹完成工件的粗、精加工。

（2）开机，进入录入方式，输入 M03、S600，使主轴正转。

（3）根据加工要求及加工工艺卡，本次加工需 2 把刀具，即 90°外圆车刀（T01）和车槽刀（T02，宽 3 mm），安装好刀具。

（4）试切对刀，确定以工件右端面中心为工件原点，建立工件坐标系；确定换刀点位置为（80，80）。

（5）在编辑方式下输入程序，并检查所输程序。

（6）对输入的程序进行空运行，检验程序是否正确。

（7）在自动方式下调出程序自动加工。

（8）加工完毕，清理卫生。

小提示

1. 车槽刀以左刀位点为基准点。

2. 对刀时车好的端面作为精加工面，以后不再加工。

3. 对于有精度要求的宽 5 mm 槽，采用两边留有余量的方法加工，防止槽在加工过程中受力使两侧面形成锥面。

八、实训加工 2

在使用 GSK980TDc 数控系统的数控车床上加工梯形槽轴零件（见图 14—7）。毛坯为 ϕ30 mm×80 mm，材料为 45 钢，表面粗糙度值为 $Ra3.2\ \mu m$。

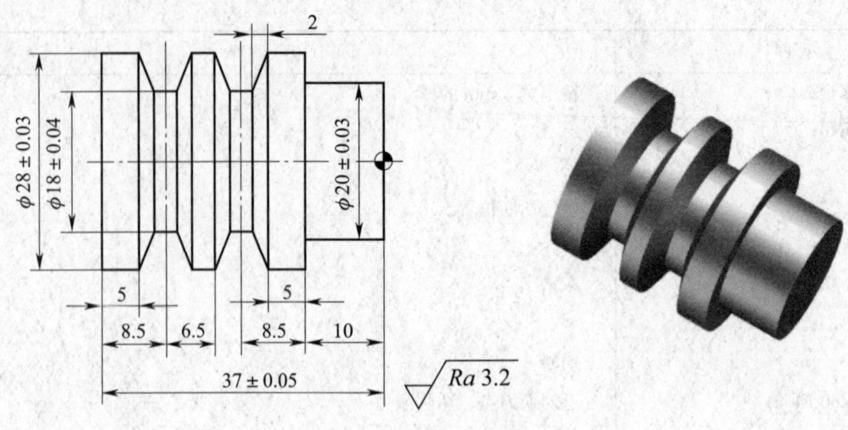

图 14—7　梯形槽轴零件

1. 工艺分析

（1）确定编程路线

粗加工 φ28 mm 外圆，G90 指令（见图 14—8a）→粗加工 φ20 mm 外圆，G90 指令（见图 14—8b）→精加工 φ28 mm、φ20 mm 外圆，G01 指令（见图 14—8c）→粗车 φ18 mm 的

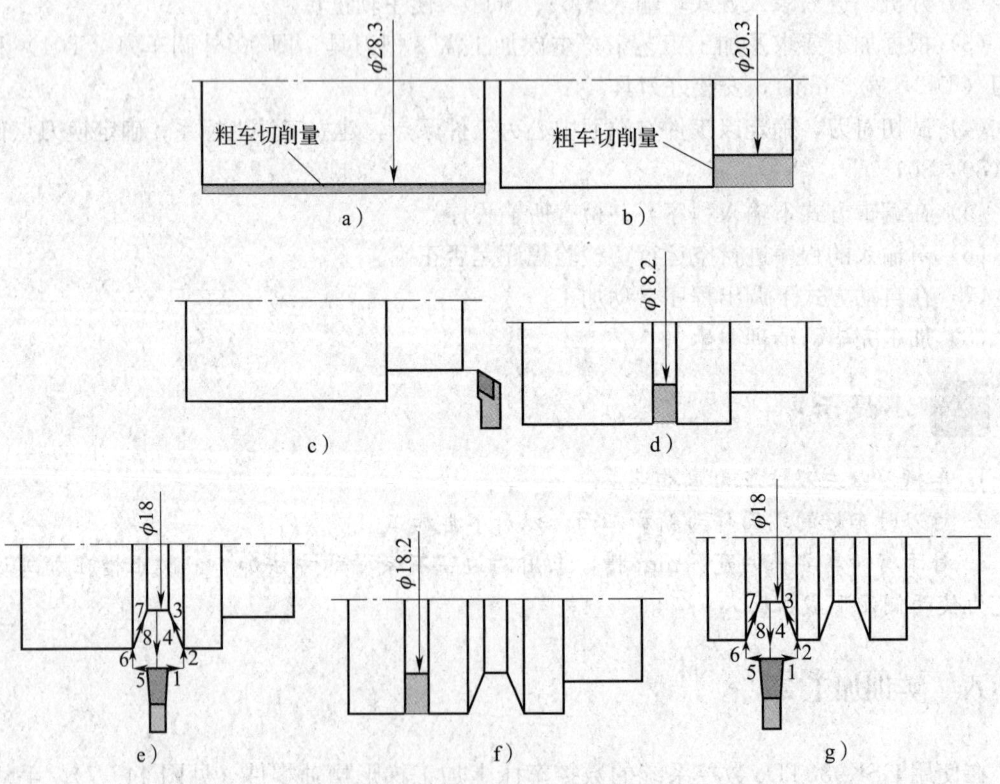

图 14—8　梯形槽轴加工的编程路线

槽，G94 指令（见图 14—8d）→加工锥面及锥面槽（槽底直径 18 mm），进给路线从 1～8 编程加工，G01 指令（见图 14—8e）→粗车锥面槽（槽底直径 18 mm），G94 指令（见图 14—8f）→加工锥面及锥面槽（槽底直径 18 mm），进给路线为从 1～8，G01 指令（见图 14—8g）→分 2 刀切断，G94 指令。

（2）制订加工工艺卡

梯形槽轴的加工工艺卡见表 14—2。

表 14—2 梯形槽轴的加工工艺卡

工步内容	刀具	切削用量		
		主轴转速（r/min）	进给速度（mm/min）	背吃刀量（mm）
粗车 ϕ28 mm、ϕ20 mm 外圆	1 号车刀为 90°外圆车刀，硬质合金	600	100	1
精车 ϕ28 mm、ϕ20 mm 外圆		800	80	0.3
粗加工锥面槽	2 号车刀为刀宽 3 mm 的车槽刀，硬质合金	500	50	3
加工锥面及锥面槽		500	40	2/0.1
粗加工锥面槽		500	50	3
加工锥面及锥面槽		500	40	2/0.1
切断		500	40	3

2. 编制程序

选择配置 GSK980TDc 系统、四工位前置刀架的数控车床加工，参考程序如下：

程序	注释
O0002；	程序名
G00 X80 Z80；	快速定位至安全换刀点（刀具起点）
M03 S600 T0100；	使用 1 号 90°外圆车刀，主轴正转，转速 600 r/min
G00 X32 Z2 M08；	快速定位到工件处，切削液开
G90 X28.3 Z−41 F100；	粗车 ϕ28 mm 的外圆
G00 X30 Z2；	定位，缩短进退时空行程的距离
G90 X26 Z−10 F100；	
X24；	
X22；	粗车 ϕ20 mm 的外圆
X20.3；	
G00 X80 Z80 M05；	快速返回换刀点，主轴停止
M00；	程序暂停，检测工件

续表

程序	注释
S800 M03；	主轴正转，转速 800 r/min
G00 X20 Z2；	精加工 ϕ20 mm、ϕ28 mm 的外圆
G01 Z−10 F80；	
X28；	
Z−41；	
G00 X80 Z80 M05；	返回刀具起点，主轴停止
T0202 S500 M03；	使用 2 号车槽刀，主轴正转，转速 500 r/min
G00 X30 Z−20；	粗车 ϕ18 mm 槽
G94 X18.2 F50；	
G01 W2 F40；	加工右边锥面及锥面槽，进给路线从 1～8 编程加工
X28；	
X18 Z−20；	
G00 X30；	
G01 W−2 F40；	
X28；	
X18 Z−20；	
G00 X30；	
Z−30；	粗车锥面槽
G94 X18.2 F50；	
G01 W2 F40；	加工左边锥面及锥面槽，进给路线从 1～8 编程加工
X28；	
X18 Z−30；	
G00 X30；	
G01 W−2 F40；	
X28；	
X18 Z−30；	
G00 X30；	
Z−40.5；	
G94 X14 F40；	车槽
G01 Z−40；	
G94 X0；	切断
G00 X80 Z80 M09；	返回换刀点，切削液关
M05 T0100；	换回基准刀，主轴停止
M30；	程序结束

3. 加工操作

(1) 用三爪自定心卡盘夹持 ϕ30 mm 毛坯外圆并校正，露出加工部位的长度约 50 mm，一次装夹完成工件的粗、精加工。

(2) 开机，进入录入方式，输入 M03、S600，使主轴正转。

(3) 根据加工要求及加工工艺卡，本次加工需 2 把刀具，即 90°外圆车刀（T01）和车槽刀（T02，宽 3 mm），安装好刀具。

(4) 试切对刀，确定以工件右端面中心为工件原点，建立工件坐标系；确定换刀点位置为（80，80）。

(5) 在编辑方式下输入程序，并检查所输程序。

(6) 对输入的程序进行空运行，检验程序是否正确。

(7) 在自动方式下调出程序自动加工。

(8) 加工完毕，清理卫生。

 小提示

1. 车槽刀以右刀位点为基准点。

2. 对于没有精度要求的锥面槽且 Z 向宽度小于车槽刀的刀宽，可采用 1 把刀加工；对于加工精度较高的锥面槽必须留有精加工余量。

课题十五

圆弧面加工

学习目标

- 能熟悉圆弧面加工中的相关工艺知识。
- 掌握圆弧面切削方法。
- 能根据加工要求合理确定加工方案和加工路线。
- 具备加工各种类型圆弧面并达到一定精度要求的能力。

加工圆弧等形状复杂回转面是数控车床加工优势之一，加工中采用适当的加工工艺，使用圆弧插补指令，可方便地加工出圆弧面。

一、加工圆弧表面车刀及选用

加工圆弧表面车刀有成形车刀、菱形车刀和尖形车刀 3 种，各种车刀的加工特点见表 15—1。

表 15—1　　车刀的加工特点

名称	加工特点	圆弧加工示意图
成形车刀	加工尺寸较小的圆弧形凹槽、半圆槽及尺寸较小的凸圆弧表面	
菱形车刀	可加工凹圆弧及凸圆弧表面，因刀具主偏角为 90°，用于加工带有台阶的圆弧面，且加工中会产生副切削刃干涉，需要刀具具有足够大的副偏角	副切削刃加工干涉部分 副切削刃加工干涉部分

续表

名称	加工特点	圆弧加工示意图
尖形车刀	可加工凹圆弧及凸圆弧表面，易产生主切削刃及副切削刃干涉现象，相对而言刀具副偏角较大，不易产生副切削刃干涉，用于不带台阶的成形表面加工	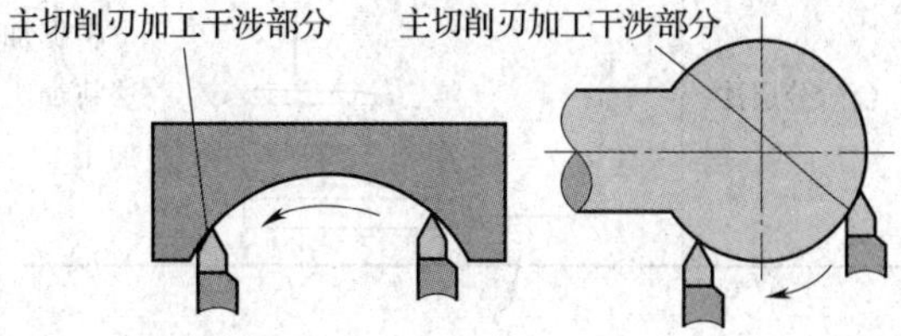 主切削刃加工干涉部分　主切削刃加工干涉部分

二、车刀的安装和车削方法

加工圆弧时安装车刀一定要保证刀尖与车床的回转轴线在同一高度，否则加工出来的圆弧面不符合要求。车削圆弧的主要方法有等径圆分层法、车锥分层法、圆弧偏移法（车球法）和台阶分层法 4 种，具体见表 15—2。

表 15—2　　车削圆弧的主要方法

方法	车削示意图	说明	加工路线的特点
等径圆分层法	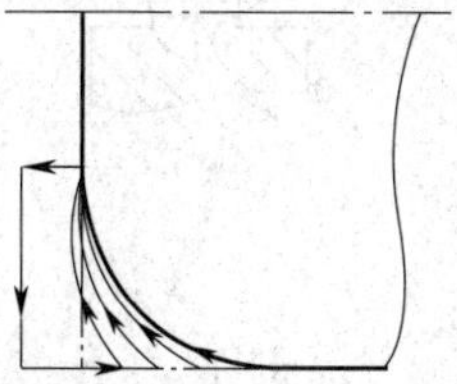	根据圆弧半径，采用半径分层加工多段等径圆弧来实现圆弧的加工	编程坐标计算简单，但切削路径较多，程序较为烦琐
车锥分层法	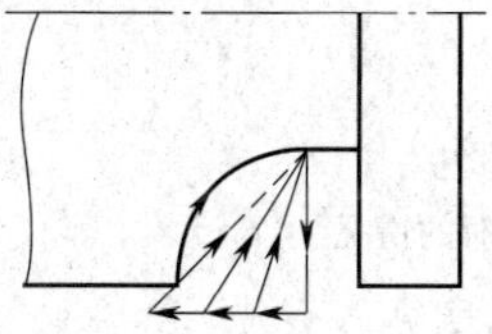	根据加工余量，采用圆锥分层切削的方法将加工余量去除，再进行圆弧精加工	加工效率高，但计算麻烦
圆弧偏移法（车球法）	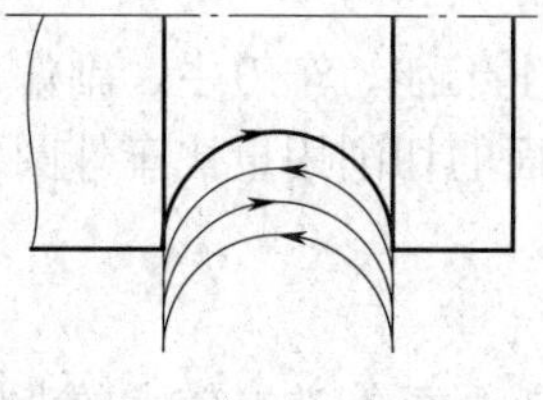	根据加工余量，采用相同的圆弧半径，渐进地向机床的某一坐标轴方向偏移，最终加工出圆弧面	编程简便，但空行程较多

续表

方法	车削示意图	说明	加工路线的特点
台阶分层法		根据加工余量，采用台阶分层的方法将加工余量去除后，再进行圆弧精加工	编程简单，但加工刀具必须在没有干涉的情况下才能加工

三、圆弧量具的选择

圆弧表面主要检测其形状精度及表面粗糙度，形状精度可用半径样板测量，表面粗糙度可用粗糙度样板比对。半径样板如图 15—1a 所示。

半径样板是利用光隙法测量圆弧半径的工具。测量时必须使半径样板的测量面与工件的圆弧完全紧密地接触，此时工件的圆弧度则为半径样板上所表示的数字，如图 15—1b 所示。由于是目测，故准确度不是很高，只能进行定性测量。

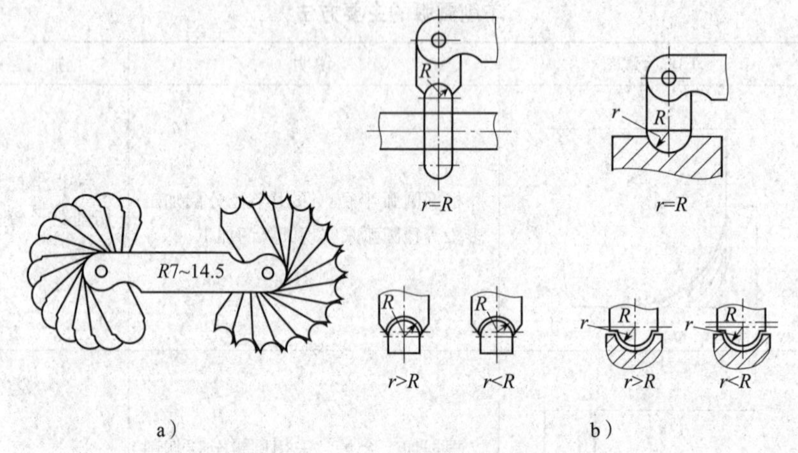

图 15—1　半径样板及使用方法

a）半径样板　b）使用半径样板测量时的情况

四、圆弧表面切削用量的选择

车圆弧表面时，为防止主、副切削刃与工件表面发生干涉，车刀主、副偏角一般选得较大，从而使车刀刀尖角小，刀尖强度低，因此车圆弧表面的切削用量比车外圆要小，具体选择如下。

1. 背吃刀量 α_p

当车刀刚度足够，保留半精车、精车余量的前提下，尽可能选择较大的背吃刀量，以减少进给次数，提高效率。半精车、精车余量常取 0.1～0.3 mm。

2. 进给量 *f*

粗车时进给量大一些以提高效率，精车时进给量小一些以保证表面质量。粗车进给量一般取 0.2～0.5 mm/r，精车进给量一般取 0.08～0.15 mm/r。

3. 主轴转速 *n*

硬质合金车刀粗车时主轴转速选中速，精车选高速。一般粗车选 400～700 r/min，精车选 800～1 200 r/min。

五、加工指令的选择

圆弧面加工使用刀具功能指令 T、主轴转速功能指令 S、进给功能指令 F，准备功能一般使用 G02、G03、G94、G71、G72、G73 指令。

1. 精加工圆弧面用 G02、G03 指令，车等径圆弧形粗加工时，选择 G02、G03 指令。
2. 车台阶形粗加工圆弧面一般应用 G71、G72 指令。
3. 车锥法粗加工圆弧面一般应用 G94 指令。
4. 车球法粗加工圆弧面一般应用 G73 指令。

六、实训加工

在使用 GSK980TDc 数控系统的数控车床上加工圆弧轴零件（见图 15—2）。毛坯为 ϕ30 mm×110 mm，材料为 45 钢，表面粗糙度值为 *Ra*3.2 μm。

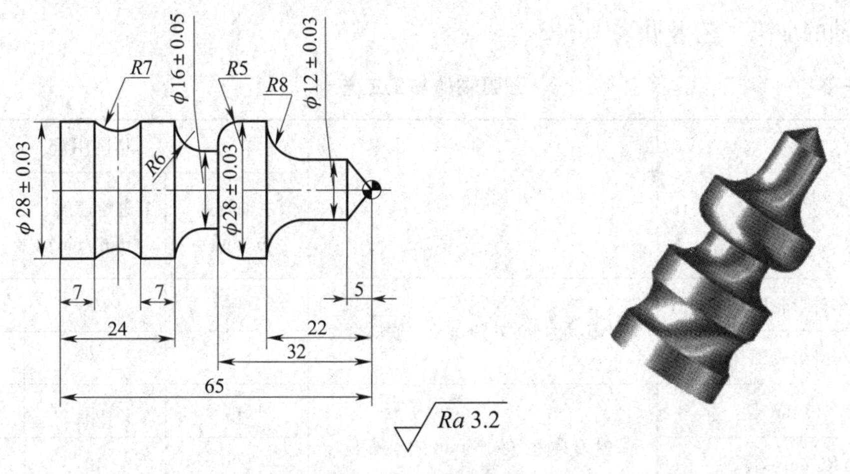

图 15—2 圆弧轴零件

1. 工艺分析

（1）确定编程路线

粗加工外形轮廓，G71 指令（见图 15—3a）→精加工外形轮廓，G70 指令（见图 15—3b）→

加工 ϕ16 mm 槽，G94 指令（见图 15—3c）→加工 *R*5 mm 圆弧，G03 指令（见图 15—3d）→加工 *R*6 mm 圆弧，G94、G02 指令（见图 15—3e）→加工 *R*7 mm 圆弧，G01、G02、G03 指令（见图 15—3f）→分 2 刀切断，G94 指令。

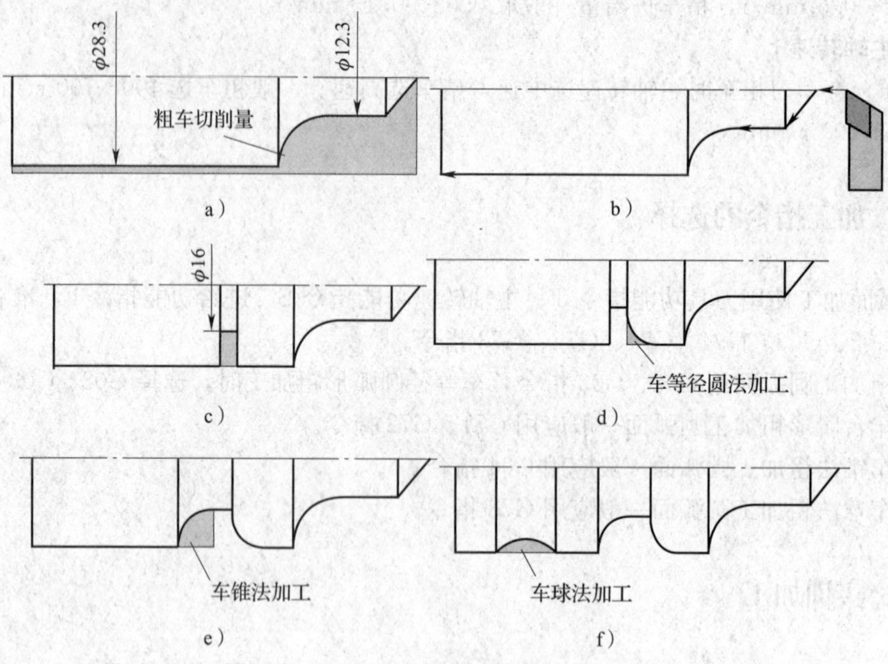

图 15—3　圆弧轴加工的编程路线

（2）制订加工工艺卡

圆弧轴的加工工艺卡见表 15—3。

表 15—3　　圆弧轴的加工工艺卡

工步内容	刀具	切削用量		
		主轴转速（r/min）	进给速度（mm/min）	背吃刀量（mm）
粗车外形轮廓	1 号刀具为 90°外圆车刀，硬质合金	600	100	1
精车外形轮廓		800	80	0.3
加工 ϕ16 mm 槽	2 号刀具为刀宽 3 mm 的车槽刀，硬质合金	500	50	3
加工 *R*5 mm 圆弧		500	40	2.5
加工 *R*6 mm 圆弧		500	40	2.5
加工 *R*7 mm 圆弧	3 号刀具为菱形车刀，硬质合金	500	60	1
切断	2 号车槽刀	500	40	3

2. 编制程序

选择配置 GSK980TDc 系统、四工位前置刀架的数控车床加工，参考程序如下：

程序	注释
O0001；	程序名
G00 X80 Z80；	快速定位至安全换刀点（刀具起点）
T0101；	换 1 号车刀，取 1 号刀具偏置补偿，刀尖位置号为 3
M03 S600；	主轴正转，转速 600 r/min
G00 X30 Z2 M08；	快速定位到工件处，切削液开
G71 U1 R0.5；	X 向每次进刀量 2 mm（直径），退刀量 0.5 mm
G71 P1 Q2 U0.3 W0.1 F100；	X 向留 0.3 mm 的余量，Z 向留 0.1 mm 的余量
N1 G42 G00 X0；	采用刀具右补偿，精加工程序编程路线：
G01 Z0 F80；	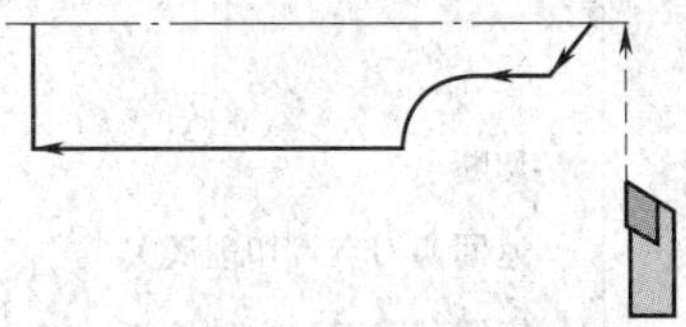
X12 Z−5；	
Z−14；	
G02 X28 W−8 R8；	
N2 G01 Z−69；	
G40 G00 X80 Z80 M05；	取消半径补偿，快速返回换刀点，主轴停止
M00；	程序暂停，检测工件
S800 M03；	主轴正转，转速 800 r/min
G00 X32 Z2；	定位
G70 P1 Q2；	精加工（P～Q 指定精加工的路线）
G40 G00 X80 Z80 M05；	取消半径补偿，返回刀具起点，主轴停止
T0202 S500 M3；	换车槽刀，主轴正转，转速 500 r/min
G00 X30 Z−35；	定位
G94 X16 F50；	车削 ϕ16 mm 的槽
G01 W2.5 F40；	等径圆方法加工 R5 mm 圆弧
X28；	
G03 X18 Z−35 R5；	
G00 X30；	
G01 W5 F40；	
X28；	
G03 X18 Z−35 R5；	
G00 X30；	车锥法加工 R6 mm 圆弧
G94 X16 Z−35 R−2.5 F40；	
R−5；	
R−7；	
G01 X28 W−6；	
G03 X16 W6 R6；	
G00 X80；	
Z80；	

续表

程序	注释
T0303；	换 3 号菱形车刀
G00 X30 Z−48；	
G02 X30 W−10 R7 F60；	圆弧偏移法加工 $R7$ mm 圆弧
G01 X28；	
G03 X28 W10 R7；	
G00 X80 Z80；	
T0202；	换 2 号车槽刀
G00 X30 Z−68.5 F40；	
G94 X14 F40；	
G01 Z−68；	
G94 X0；	切断
G00 X80 Z80 M09；	返回换刀点，切削液关
M05 T0100；	换回基准刀，主轴停止
M30；	程序结束

3. 加工操作

（1）用三爪自定心卡盘夹持 $\phi30$ mm 毛坯外圆并校正，露出加工部位的长度约 75 mm，一次装夹完成工件的粗、精加工。

（2）开机，进入录入方式，输入 M03、S600，使主轴正转。

（3）根据加工要求及加工工艺卡，本次加工需 3 把刀具，即 90°外圆车刀（T01）、车槽刀（T02，3 mm）、菱形车刀（T03），安装好刀具。

（4）试切对刀，确定以工件右端面中心为工件原点，建立工件坐标系；确定换刀点位置为（80，80）。

（5）在编辑方式下输入程序，并检查所输程序。

（6）对输入的程序进行空运行，检验程序是否正确。

（7）在自动方式下调出程序自动加工。

（8）加工完毕，清理卫生。

小提示

本例 $R5$ mm、$R6$ mm 的圆弧加工采用车槽刀进行分层切削加工，能有效避免车刀与工件的干涉。而车槽刀也可代替切断刀进行加工。

课题十六

螺纹加工

学习目标

- 能计算普通螺纹参数尺寸。
- 能确定普通三角螺纹的加工工艺，并完成编程、加工及精度检测。
- 能计算梯形螺纹参数尺寸。
- 能确定梯形螺纹的加工工艺，并完成编程、加工及精度检测。

§16.1 普通螺纹加工

普通螺纹是我国应用最为广泛的一种三角形螺纹，牙型角为60°。普通螺纹分粗牙普通螺纹和细牙普通螺纹。粗牙普通螺纹螺距是标准螺距（常用的螺纹直径与螺距的关系见表16—1），其代号用字母“M”及公称直径表示，如M16、M12等。细牙普通螺纹代号用字母“M”及“公称直径×螺距”表示，如M24×1.5、M27×2等。普通螺纹有左旋螺纹和右旋螺纹之分，左旋螺纹应在螺纹标记的末尾处加注“LH”字，如M12×1.5－LH，未注明的是右旋螺纹。

表16—1　　常用的螺纹直径与螺距的关系

公称直径	M6	M8	M10	M12	M14、M16	M18、M20、M22	M24、M27
螺距（mm）	1.0	1.25	1.5	1.75	2.0	2.5	3.0

一、普通螺纹参数尺寸计算

1. 基本牙型

螺纹牙型是在螺纹轴线的剖面上螺纹的轮廓形状。普通螺纹基本牙型如图16—1所示。相关参数如下：

P——螺纹螺距。

H——螺纹原始三角形高度，$H=0.866\ P$。

h——牙型高度，$h=5H/8=0.541\ 3\ P$。

D、d——螺纹大径，螺纹大径基本尺寸与螺纹的公称直径相同。

D_2、d_2——螺纹中径，D_2（d_2）$=D$（d）$-0.649\ 5\ P$。

D_1、d_1——螺纹小径，D_1（d_1）$=D$（d）$-1.08\ P$。

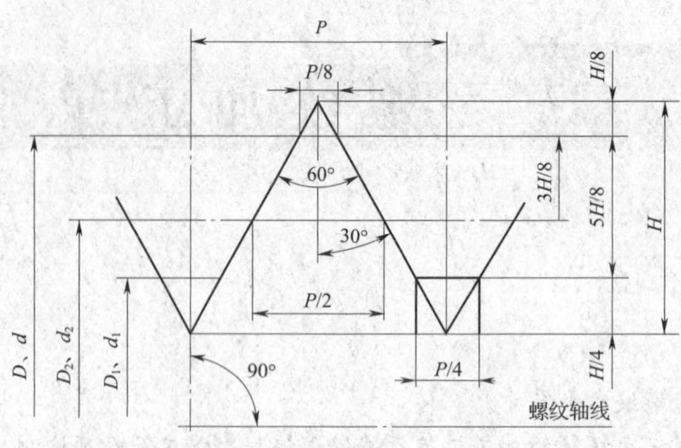

图 16—1　普通螺纹基本牙型

2. 三角形圆柱螺纹实际加工、编程参数尺寸及计算

三角形圆柱螺纹实际加工和编程中涉及的尺寸有螺纹牙深、内外螺纹小径、外螺纹圆柱直径、内螺纹底孔直径等，加工中因刀尖圆弧半径、挤压等因素影响，与其理论计算公式略有差别，实际编程尺寸计算见表 16—2。

表 16—2　　**实际编程尺寸计算**

编程参数名称	代号	计算公式	用途
螺纹牙深	$h_{1实}$	$h_{1实}=0.65\ P$	关系到车螺纹时的进给次数、每次背吃刀量分配，内外螺纹小径尺寸的计算等
外螺纹小径	$d_{1实}$	$d_{1实}=d-2\ h_{1实}=d-1.3\ P$	编程时计算外螺纹牙底坐标
内螺纹小径	$D_{1实}$	$D_{1实}=D-2\ h_{1实}=D-1.3\ P$	编程时计算内螺纹牙顶坐标
外螺纹圆柱直径	$d_{圆}$	$d_{圆}=d-0.1\ P$	受刀具挤压会使外径尺寸胀大，车外螺纹前圆柱直径应比螺纹大径小 0.2～0.4 mm，作为车外螺纹前圆柱加工、编程依据
内螺纹底孔直径	$D_{孔}$	$D_{孔}=D-P$（塑性材料） $D_{孔}=D-1.05\ P$（脆性材料）	车内螺纹时因挤压作用，使内螺纹小径变小，车内螺纹前底孔直径应比螺纹大一些，并作为车内螺纹前底孔加工、编程依据

二、螺纹车刀选用

在数控车床上为提高切削效率，一般选用可转位式螺纹车刀。可转位式螺纹车刀如图 16—2 所示。

此外，还需选择螺纹车刀参数，如三角形螺纹车刀刀尖角等于螺纹牙型角 60°；三角形内螺纹车刀刀尖至刀背距离应小于内孔直径，防止刀具发生干涉；可转位式螺纹车刀根据螺纹螺距选择相应的刀片型号等。

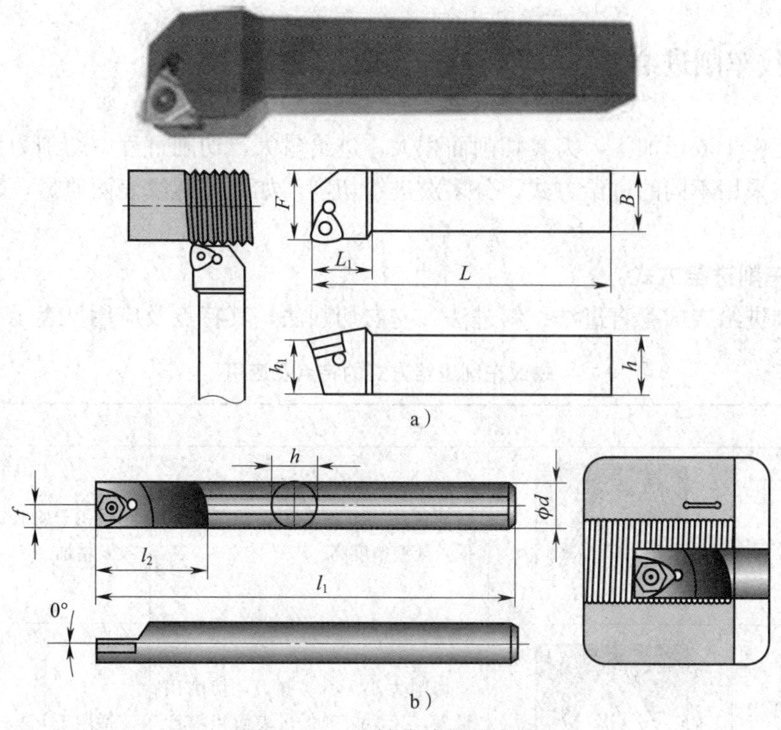

图 16—2　可转位式螺纹车刀

a）外螺纹车刀　b）内螺纹车刀

三、螺纹车刀的安装和对刀

1. 装刀时刀尖应与车床主轴轴线等高。高速车削时为防止“扎刀”，刀尖应略高于车床主轴轴线 0.1～0.3 mm。刀尖齿形对称并垂直于工件轴线，安装时可以通过样板来校正，如图 16—3a 所示。

2. 如图 16—3b 所示，螺纹车刀在对刀时，X 向对刀方法不变，Z 向通过手轮方式慢速移动，目测刀尖与端面重合在一条直线上，在刀补中输入 Z0 的数值。

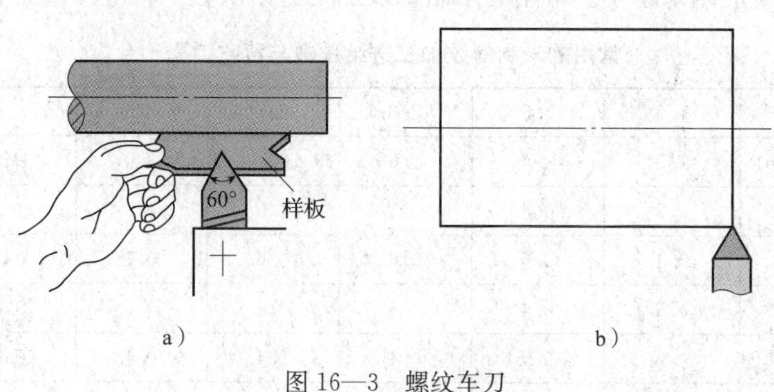

图 16—3　螺纹车刀

a）螺纹车刀安装　b）螺纹车刀对刀

四、螺纹车削进给方式及进给次数

螺纹加工属于成形加工，刀具切削面积大，进给量大，切削过程中切削力大，不能一次加工而成，需采用不同的进给方式，分多次进给切削，如提高螺纹表面质量，可增加几次光整加工。

1. 螺纹车削进给方式

螺纹车削进给方式有直进法、斜进法、左右切削法，其特点及应用见表 16—3。

表 16—3　　螺纹车削进给方式的特点及应用

进给方式	图示	特点	应用
直进法		切削力大，易扎刀，切削用量低，牙型精度高	适用于加工 $P<3$ mm 普通螺纹及精加工 $P\geqslant3$ mm 螺纹
斜进法	1~3°	切削力小，不易扎刀，切削用量大，牙型精度低，表面粗糙度值大	适用于 $P\geqslant3$ mm 螺纹粗加工
左右切削法		切削力小，不易扎刀，切削用量大，牙型精度低，表面粗糙度值小	适用于 $P\geqslant3$ mm 螺纹粗、精加工

2. 车螺纹进给次数及背吃刀量的分配

采用直进法进刀，刀具越接近螺纹牙根，切削面积越大；为避免因切削力过大而损坏刀具，每次进给的量应越来越小。常用的米制螺纹加工进给次数与背吃刀量见表 16—4。

表 16—4　　常用的米制螺纹加工进给次数与背吃刀量

螺距（mm）		1.0	1.5	2.0	2.5	3.0	3.5	4.0
牙深（直径值）（mm）		1.3	1.95	2.6	3.25	3.9	4.55	5.2
不同切削次数的背吃刀量（mm）	1次	0.7	0.8	0.9	1.0	1.2	1.5	1.5
	2次	0.4	0.6	0.6	0.7	0.7	0.7	0.8
	3次	0.2	0.4	0.6	0.6	0.6	0.6	0.6
	4次		0.15	0.4	0.4	0.4	0.6	0.6
	5次			0.1	0.4	0.4	0.4	0.4

续表

螺距（mm）		1.0	1.5	2.0	2.5	3.0	3.5	4.0
牙深（直径值）（mm）		1.3	1.95	2.6	3.25	3.9	4.55	5.2
不同切削次数的背吃刀量（mm）	6次				0.15	0.4	0.4	0.4
	7次					0.2	0.2	0.4
	8次						0.15	0.3
	9次							0.2

3. 螺纹轴向起点和终点位置的确定

车削螺纹时，主轴每转一圈，刀尖移动距离为一个导程的螺距值（单线）。但在实际车削螺纹的开始时，伺服系统有一个加速过程，结束前也相应地有一个减速过程。在这两个过程中，螺距或导程得不到有效保证。故在安排工艺时必须考虑设置合理的导入距离 δ_1 和导出距离 δ_2，如图 16—4 所示。一般取 δ_1 为 2～5 mm，δ_2 导出量应小于螺纹退刀槽，一般取 δ_2＝（1/4～1/2）δ_1。若螺纹退尾处没有退刀槽，取 δ_2＝0。此时，该处的收尾形状由数控系统功能设定。

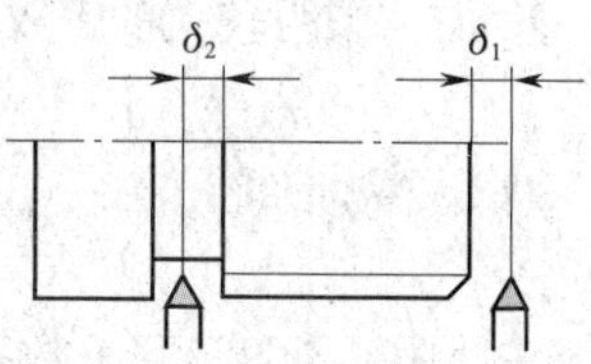

图 16—4　螺纹切削的导入和导出距离

五、螺纹测量工具

普通螺纹检测项目有螺纹顶径、螺距、螺纹中径、综合测量 4 项。螺纹顶径常用游标卡尺测量，螺距用螺距规测量，外螺纹中径用外螺纹千分尺测量，内螺纹中径用内螺纹千分尺测量，综合测量用螺纹环规或螺纹塞规测量。常用的螺纹测量工具如图 16—5 所示。

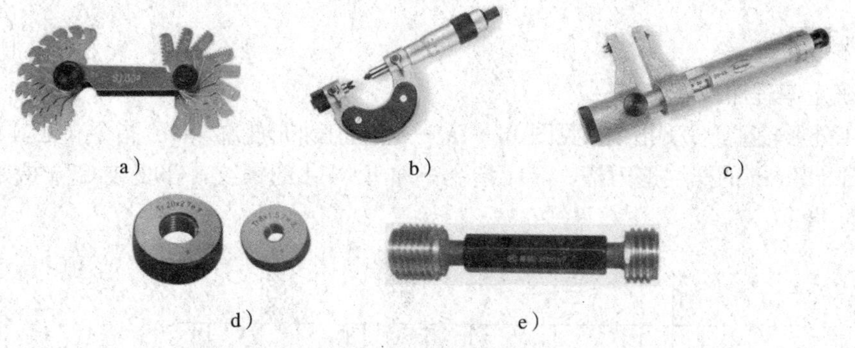

图 16—5　常用的螺纹测量工具

a）螺距规　b）外螺纹千分尺　c）内螺纹千分尺　d）螺纹环规　e）螺纹塞规

六、螺纹切削速度的选择

螺纹切削速度较低易产生鳞刺，速度太高，挤压变形严重，一般高速钢螺纹车刀切削速度为 150～250 r/min，可转位螺纹车刀切削速度为 300～450 r/min。

七、加工指令的选择

螺纹加工应用刀具功能指令 T、主轴转速功能指令 S、进给功能指令 F，准备功能一般应用 G32、G92、G76 指令。

1. 加工连续螺纹、端面螺纹一般选择 G32 指令。
2. 加工螺距较小的螺纹一般应用 G92 指令。
3. 加工螺距较大的螺纹一般应用 G76 指令。

八、实训加工

在使用 GSK980TDc 数控系统的数控车床上加工普通螺纹轴零件（见图 16—6）。毛坯为ϕ30 mm×80 mm，材料为 45 钢，表面粗糙度值为 Ra3.2 μm。

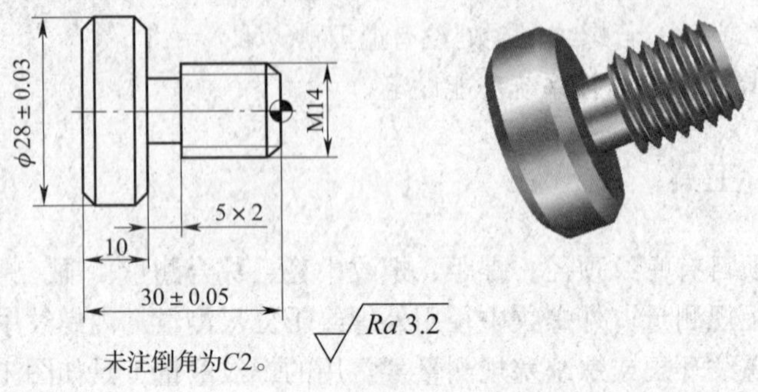

图 16—6　普通螺纹轴零件

1. 工艺分析

（1）确定编程路线

粗加工外形轮廓，G71 指令（见图 16—7a）→精加工外形轮廓，G70 指令（见图 16—7b）→加工 5 mm×2 mm 的螺纹退刀槽，G94 指令→加工 M14 的螺纹，G92 或 G76 指令→分 2 刀切断，G94 指令。

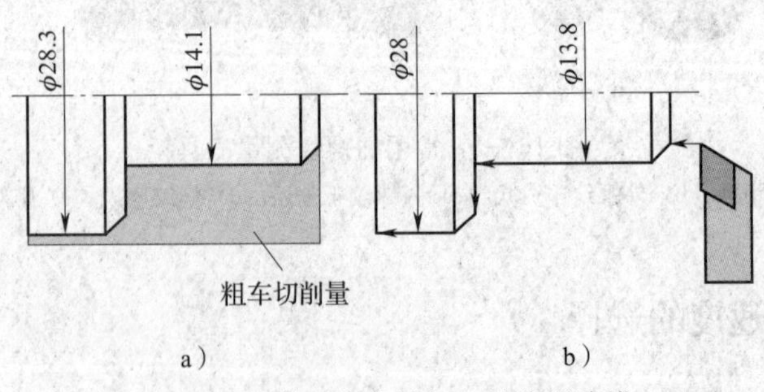

图 16—7　普通螺纹轴加工的编程路线

(2) 制订加工工艺卡

普通螺纹轴的加工工艺卡见表 16—5。

表 16—5　**普通螺纹轴的加工工艺卡**

工步内容	刀具	切削用量		
		主轴转速 (r/min)	进给速度 (mm/min)	背吃刀量 (mm)
粗加工外形轮廓	1 号刀具为 90°外圆车刀，硬质合金	600	100	1
精加工外形轮廓		800	80	0.3
加工 5 mm×2 mm 的螺纹退刀槽	2 号刀具为刀宽 3 mm 的车槽刀，硬质合金	500	40	3
加工 M14 的螺纹	3 号刀具为 60°螺纹车刀，硬质合金	400	—	—
切断	2 号车槽刀	500	40	3

2. 编制程序

选择配置 GSK980TDc 系统、四工位前置刀架的数控车床加工，参考程序如下：

程序	注释
O0001;	程序名
G00 X80 Z80;	快速定位至安全换刀点（刀具起点）
T0101;	换 1 号刀，取 1 号刀具偏置补偿，刀尖位置号为 3
M03 S600;	主轴正转，转速 600 r/min
G00 X30 Z2 M08;	快速定位到工件处，切削液开
G71 U1 R0.5;	*X* 向每次进刀量 2 mm（直径），退刀量 0.5 mm
G71 P1 Q2 U0.3 W0.1 F100;	*X* 向留 0.3 mm 的余量，*Z* 向留 0.1 mm 的余量
N1 G42 G00 X10;	采用刀具右补偿，精加工程序群编程路线：
G01 Z0 F80;	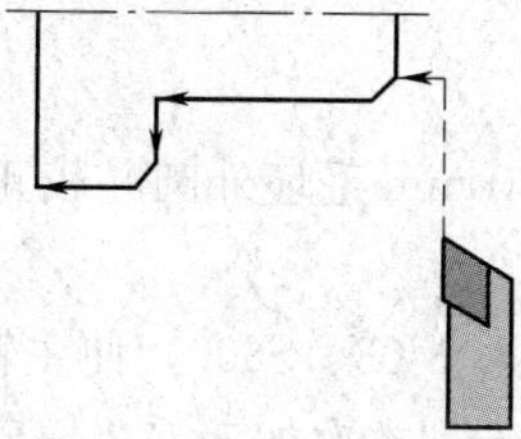
X13.8 Z−2;	
Z−20;	
X24;	
X28 Z−22;	
N2 Z−34;	
G40 G00 X80 Z80 M05;	取消半径补偿，快速返回换刀点，主轴停止
M00;	程序暂停，检测工件

续表

程序	注释
S800 M03；	主轴正转，转速 800 r/min
G00 X30 Z2；	定位
G70 P1 Q2；	精加工（P1～Q2 指定精加工的路线）
G40 G00 X80 Z80 M05；	取消半径补偿，返回刀具起点，主轴停止
T0202 S500 M03；	换 2 号车槽刀，主轴正转，转速 500 r/min
G00 X30 Z－20；	定位
G94 X10 F40；	车螺纹退刀槽
W2；	
G00 X80 Z80 M05；	返回刀具起点，主轴停止
T0303 S400 M03；	主轴正转，转速 400 r/min，换 3 号螺纹刀
G00 X16 Z2；	定位
G92 X13.1 Z－16 F2；	
X12.5；	M14 螺纹加工，如果使用 G76 指令编程如下：
X11.9；	G76 P020000 R0.02；
X11.5；	G76 X11.4 Z－16 P1300 Q400 F2；
X11.4；	
；	
；	
G00 X80 Z80 M05；	返回刀具起点，主轴停止
T0202 S500 M03；	主轴正转，转速 500 r/min，换 2 号车槽刀
G00 X30 Z－33.5；	
G94 X14 F40；	
G01 Z－33；	
G94 X0；	切断
G00 X80 Z80 M09；	返回换刀点，切削液关
M05 T0100；	换回基准刀，主轴停止
M30；	程序结束

3. **加工操作**

（1）用三爪自定心卡盘夹持 ϕ30 mm 毛坯外圆并校正，露出加工部位的长度约 50 mm，一次装夹完成工件的粗、精加工。

（2）开机，进入录入方式，输入 M03、S600，使主轴正转。

（3）根据加工要求及加工工艺卡，本次加工需 3 把刀具，即 90°外圆车刀（T01）、车槽刀（T02，3 mm）、60°螺纹车刀（T03），安装好刀具。

（4）试切对刀，确定以工件右端面中心为工件原点，建立工件坐标系；确定换刀点位置为（80，80）。

（5）在编辑方式下输入程序，并检查所输入的程序。

（6）对输入的程序进行空运行，检验程序是否正确。

（7）在自动方式下调出程序自动加工。

（8）加工完毕，清理卫生。

小提示

螺纹在加工过程中，严禁变换主轴转速，否则会乱牙。本例中螺纹实际大径根据表16—2选择为13.8 mm；使用G76指令加工螺距较小的螺纹可采用直进法加工。本例车槽刀以左刀位点为基准点对刀。

§16.2 梯形螺纹加工

梯形螺纹主要用于传动（进给和升降）和位置调整装置中，也可用于紧固连接场合，在机械行业有着广泛的应用。但因其工作长度较长，精度要求较高，而且导程和螺纹升角较大，所以比加工普通螺纹困难。

一、梯形螺纹参数尺寸计算

梯形螺纹的代号用字母“Tr”及“公称直径×螺距”表示，单位均为mm。左旋螺纹需在尺寸规格之后加注“LH”，右旋螺纹不用标注。例如Tr36×6、Tr44×8-LH等。

国家标准规定，公制梯形螺纹的牙型角为30°。梯形螺纹的牙型如图16—8所示，各尺寸名称、代号及计算公式见表16—6。

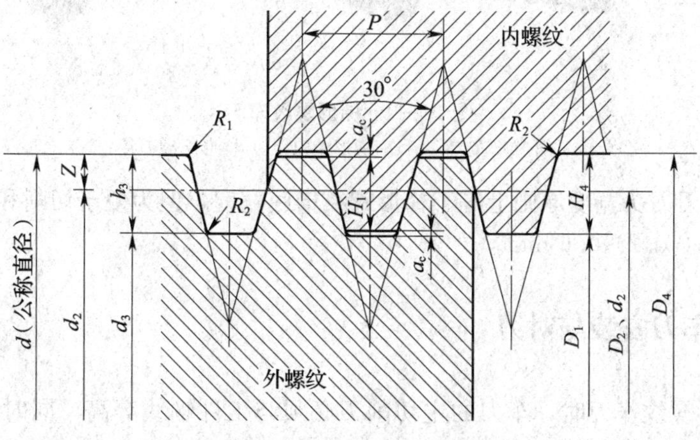

图16—8 梯形螺纹的牙型

表 16—6　　梯形螺纹各尺寸名称、代号及计算公式　　mm

名称	代号	计算公式			
牙顶间隙	a_c	P	1.5～5	6～12	14～44
		a_c	0.25	0.5	1
大径	d、D_4	d=公称直径，$D_4=d+a_c$			
中径	d_2、D_2	$d_2=d-0.5P$，$D_2=d_2$			
小径	d_3、D_1	$d_3=d-2h_3$，$D_1=d-P$			
牙高	h_3、H_4	$h_3=0.5P+a_c$，$H_4=h_3$			
牙顶宽	f、f'	$f=f'=0.366P$			
牙槽底宽	W、W'	$W=W'=0.366P-0.536a_c$			

二、螺纹车刀和选用

在数控车床上加工梯形螺纹，为了提高切削效率，一般选用梯形螺纹车刀，如图 16—9 所示。

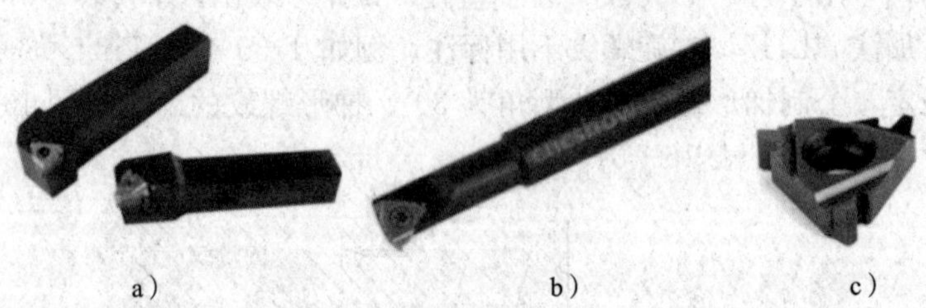

a）　　b）　　c）

图 16—9　梯形螺纹车刀

a）外梯形车刀　b）内梯形车刀　c）梯形螺纹刀片

梯形螺纹车刀刀头宽度原则上等于梯形螺纹槽底宽度，但为便于切削和排屑，刀头宽度一般比槽底宽度小 0.2～0.6 mm。

三、螺纹车刀安装与对刀

1. 装夹梯形螺纹车刀时，车刀的主切削刃必须与工件轴线等高，同时应和工件轴线平行。刀头的角平分线要垂直于工件轴线，如图 16—10a 所示，用螺纹样板找正装夹，以免产生螺纹半角误差。

2. 如图 16—10b 所示，梯形螺纹车刀与普通螺纹车刀对刀相同。

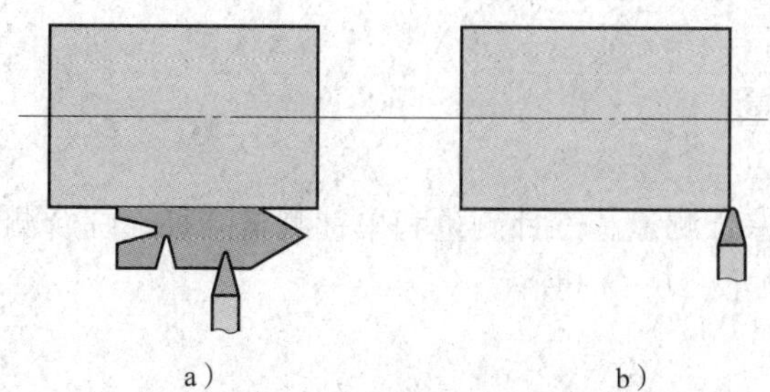

a) b)

图 16—10 螺纹车刀安装与对刀

a）梯形螺纹车刀安装 b）梯形螺纹车刀对刀

四、螺纹切削方式

1. 直进法

螺纹车刀 X 向间歇进给至牙深处，如图 16—11a 所示。采用此种方法加工梯形螺纹时，螺纹车刀的三面都参加切削，导致加工排屑困难，切削力和切削热增加，刀尖磨损严重。当进刀量过大时，还可能产生“扎刀”和“爆刀”现象。此方法一般应用于螺距较小的螺纹加工。

2. 斜进法

螺纹车刀沿牙型角方向斜向间歇进给至牙深处，如图 16—11b 所示。采用此种方法加工梯形螺纹时，螺纹车刀始终只有一个侧刃参加切削，从而使排屑比较顺利，刀尖的受力和受热情况有所改善，在车削中不易引起“扎刀”现象。该方法在数控车床上可采用 G76 指令来实现。

3. 交错切削法

螺纹车刀沿牙型角方向交错间隙进给至牙深处，如图 16—11c 所示。该方法类同斜进法，也可在数控车床上采用 G76 指令来实现。

4. 粗车槽法

该方法先用车槽刀粗车出螺纹槽，如图 16—11d 所示，再用梯形螺纹车刀加工螺纹两侧面。这种方法的编程与加工在数控车床上较难实现。

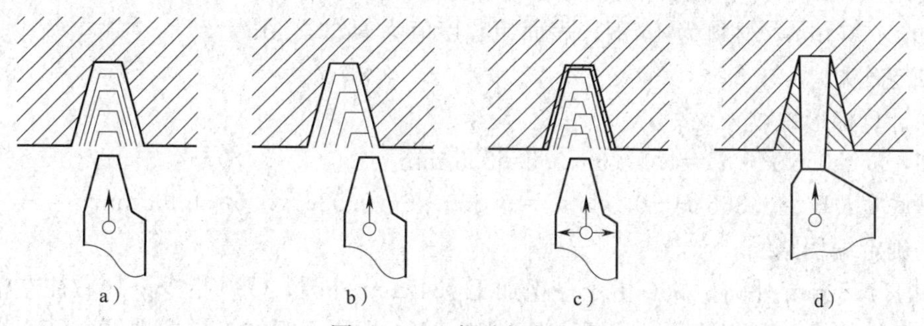

a) b) c) d)

图 16—11 螺纹切削方式

a）直进法 b）斜进法 c）交错切削法 d）粗车槽法

五、梯形螺纹测量

梯形螺纹测量分为综合测量、三针测量和单针测量 3 种。综合测量用螺纹规测量，中径的三针测量与单针测量如图 16—12 所示。

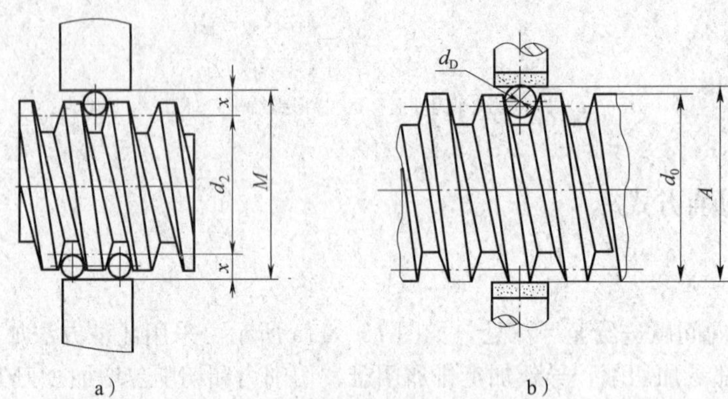

图 16—12　中径的三针测量与单针测量

a）三针测量　b）单针测量

三针测量计算公式如下：

$$M=d_2+4.864\ d_D-1.866\ P$$

式中　d_D——测量用量针的直径；

P——螺距。

单针测量计算公式如下：

$$A=(M+d_0)/2$$

式中　d_0——工件实际测量外径。

六、实训加工

在使用 GSK980TDc 数控系统的数控车床上加工梯形螺纹轴零件（见图 16—13）。毛坯为 ϕ40 mm×90 mm，材料为 45 钢，表面粗糙度值为 Ra3.2 μm。

1. 工艺分析

（1）计算梯形螺纹

牙高：$h_3=0.5\ P+a_c=0.5\times6+0.5=3.5$ mm

牙槽底宽：$W=0.366\ P-0.536\ a_c=0.366\times6-0.536\times0.5\approx1.93$ mm

（2）确定编程路线

粗加工 ϕ38 mm 外圆，G90 指令→粗加工 ϕ34 mm 外圆，G90 指令→从右往左精加工外形轮廓，G01 指令→车削 ϕ26 mm 螺纹退刀槽，G94 指令→粗加工梯形螺纹，G76 指令→精加工梯形螺纹，G76 指令→切断，G94 指令。

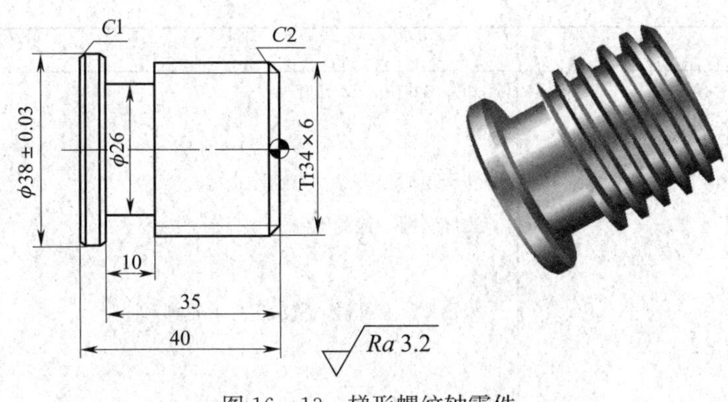

图 16—13 梯形螺纹轴零件

(3) 制订加工工艺卡

梯形螺纹轴的加工工艺卡见表 16—7。

表 16—7 **梯形螺纹轴的加工工艺卡**

工步内容	刀具	切削用量		
		主轴转速 (r/min)	进给速度 (mm/min)	背吃刀量 (mm)
粗车 φ38 mm 外圆	1 号刀具为 90°外圆车刀，硬质合金	600	100	1
粗车 φ34 mm 外圆		600	100	1
精加工外形轮廓		800	80	0.3
车螺纹退刀槽	2 号刀具为刀宽 3 mm 的车槽刀，硬质合金	500	40	3
粗车梯形螺纹	3 号刀具为刀宽 1.5 mm 的梯形螺纹刀，硬质合金	400	—	3
精车梯形螺纹		400	—	0.1
切断	2 号车槽刀	500	40	3

2. 编制程序

选择配置 GSK980TDc 系统、四工位前置刀架的数控车床加工，参考程序如下：

程序	注释
O0002;	程序名
G00 X80 Z80;	快速定位至安全换刀点（刀具起点）
T0101;	换 1 号刀，取 1 号刀具位置补偿，刀尖位置号为 3
M03 S600;	主轴正转，转速 600 r/min
G00 X42 Z2 M08;	快速定位到工件处，切削液开
G90 X38.3 Z−44 F100;	粗车 φ38 mm 的外圆
G00 X40 Z2;	定位，缩短空进给的距离

续表

程序	注释
G90 X36 Z－35 F100；	粗车 ϕ34 mm 的外圆
X33.7；	
G00 X80 Z80 M05；	快速返回换刀点，主轴停止
M00；	程序暂停，检测工件
S800 M03；	
G42 G00 X30 Z2；	采用刀具右补偿，精加工外形轮廓
G01 Z0 F80；	
X33.4 Z－2；	
Z－35；	
X36；	
X38 Z－36；	
Z－44；	
G40 G00 X80 Z80 M05；	取消半径补偿，返回刀具起点，主轴停止
T0202 S500 M03；	换 2 号车槽刀，主轴正转，转速 500 r/min
G00 X40 Z－35；	车 ϕ26 mm 的螺纹退刀槽
G94 X26 F50；	
W2.5；	
W5；	
W7；	
G00 X80 Z80 M05；	返回刀具起点，主轴停止
T0303 S400 M03；	换 3 号梯形螺纹车刀，主轴正转，转速 400 r/min
G00 X36 Z10；	定位
G76 P010030 Q80 R0.05；	粗车螺纹
G76 X27 Z－30 P3500 Q400 F6；	
G01 W0.13 F50；	使螺纹车刀向右偏移 0.13 mm
G76 P010030 Q80 R0.05； G76 X27 Z－30 P3500 Q2500 F6；	精车梯形螺纹右侧面第 1 刀，Q 值从 400 改为 2 500 后，可以减少车削次数
G01 W0.1 F50；	使螺纹车刀向右偏移 0.1 mm
G76 P030030 Q80 R0.05；	
G76 X27 Z－30 P3500 Q2500 F6；	精车梯形螺纹右侧面第 2 刀
G01 Z10 F50；	定位
W－0.1；	使螺纹车刀向左偏移 0.1 mm
G76 P010030 Q80 R0.05；	
G76 X27 Z－30 P3500 Q2500 F6；	精车梯形螺纹左侧面第 1 刀

续表

程序	注释
G01 W−0.1 F50；	使螺纹车刀向左偏移 0.1 mm
G76 P030030 Q80 R0.05；	
G76 X27 Z−30 P3500 Q2500 F6；	精车梯形螺纹左侧面第 2 刀
G00 X80 Z80 M05；	返回刀具起点，主轴停止
M00；	程序暂停，测量
T0202 S500 M3；	换 2 号车槽刀，主轴正转，转速 500 r/min
G00 X40 Z−43.5；	车槽
G94 X20 F40；	
G01 Z−43；	
G94 X0；	切断
G00 X80 Z80 M09；	返回换刀点，切削液关
M05 T0100；	换回基准刀，主轴停止
M30；	程序结束

3. 加工操作

（1）用三爪自定心卡盘夹持 ϕ40 mm 毛坯外圆并校正，露出加工部位的长度约 60 mm，一次装夹完成工件的粗、精加工。

（2）开机，进入录入方式，输入 M03、S600，使主轴正转。

（3）根据加工要求及加工工艺卡，本次加工需 3 把刀具，即 90°外圆车刀（T01）、车槽刀（T02，3 mm）、梯形螺纹车刀（T03），安装好刀具。

（4）试切对刀，确定以工件右端面中心为工件原点，建立工件坐标系；确定换刀点位置为（80，80）。

（5）在编辑方式下输入程序，并检查所输程序。

（6）对输入的程序进行空运行，检验程序是否正确。

（7）在自动方式下调出程序自动加工。

（8）加工完毕，清理卫生。

 小提示

螺纹实际大径选择为 33.4 mm，梯形螺纹的牙槽度宽为 1.93 mm。采用宽 1.5 mm 的梯形螺纹车刀，还需偏移 0.43 mm（本程序向右偏移 0.23 mm，向左偏移 0.2 mm）。G76 指令的编写方法是采用斜进法加工，由于偏移加工侧面与刀具接触面较大，所以每个方向偏移两次。

课题十七

内 孔 加 工

学习目标

- 能说出孔加工的技术要求。
- 能正确选择孔的加工方法。
- 能确定孔的加工工艺。
- 能加工内孔并达到一定的精度要求。

内轮廓面是起支撑或导向作用的最主要表面，通常与运动的轴、刀具或活塞相配合，其配合精度影响零件的使用性能，所以内轮廓的加工非常重要。在车床上加工内轮廓的方法有钻孔、扩孔、车孔等，不同方法的工艺适应性各有不同，应根据零件内轮廓尺寸及技术要求选择相应的加工方法。

一、孔加工的常用方法

1. 钻孔

对于精度要求不高的孔，可用麻花钻直接钻出；对于精度要求较高的孔，钻孔后还要经过车削或扩孔、铰孔来完成。

2. 扩孔

用扩孔刀具扩大工件孔径的方法称为扩孔。一般精度要求的工件扩孔可用麻花钻，较高精度要求的孔半精加工可使用扩孔钻。

3. 铰孔

铰孔是用铰刀对未淬硬孔进行精加工的一种加工方法。铰刀是尺寸精确的多刃刀具，铰孔的质量好、效率高、操作简单，其尺寸精度可达 IT7～IT9 级，表面粗糙度值可达 $Ra0.4\ \mu m$。

4. 车孔

对于铸造孔、锻造孔或用钻头钻出的孔，为达到所要求的尺寸精度、位置精度和表面粗糙度，可采用车内孔的方法。其尺寸精度一般可达 IT7～IT8 级，表面粗糙度值可达 $Ra1.6$～$Ra3.2\ \mu m$。

二、钻孔的工艺知识

1. 钻头的装夹方法

在数控车床加工中一般使用锥柄麻花钻，其装夹方法是将锥柄麻花钻插入车床尾座套筒内或用锥形套过渡使用。如需通过编程自动钻孔加工时，可将钻头装在刀架上，用钻尖和横刃处轴心线对刀建立工件坐标系。

2. 钻孔加工步骤

（1）在钻孔前，先把工件端面车平，中心处不要留有凸头，否则易使钻头歪斜而影响正确定心。

（2）校正尾座轴心线跟工件回转中心重合，以防钻孔时孔径扩大和钻头折断。

（3）先用中心钻定心，再用麻花钻钻孔，使加工出的孔内外同轴，尺寸正确。

（4）钻较深孔时，切屑不易排出，必须经常退出钻头，清除切屑。

（5）当钻头将要把孔钻穿时，因为钻头横刃不再参与切削，阻力大大减小，进刀时较为轻松，这时，必须减小进给量，否则会使钻头的切削刃“咬”在工件孔内损坏钻头，或使钻头的锥柄在尾座锥孔内打滑，把锥孔和锥柄“咬毛”。

（6）当钻削不通孔时，为了控制钻孔深度，可应用尾座套筒上的刻度。

三、内孔车刀的选择及装夹

内孔车刀有整体式、焊接式、可转位式3种。可转位式内孔车刀（见图17—1）由企业专门生产的可转位刀片装夹在刀杆上构成，一个切削刃磨损后只需将刀片转位即可继续投入生产，效率高，故数控车床一般都选用可转位式内孔车刀进行加工。

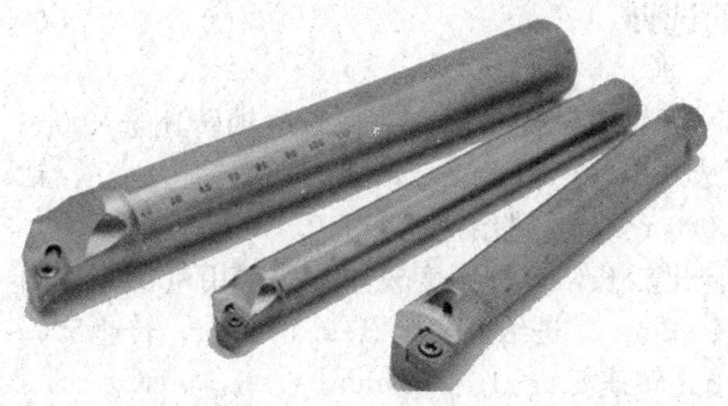

图17—1　可转位式内孔车刀

1. 内孔车刀的选择与加工的孔是通孔还是不通孔（或台阶孔）有一定关系，通孔车刀的主偏角一般小于90°以增大刀头强度，如图17—2a所示；不通孔（或台阶孔）车刀的主偏角必须大于90°，另外加工平底孔表面时，为保证能车平孔底，车刀刀尖至刀背距离应小于内孔半径（$a<R$），如图17—2b所示。

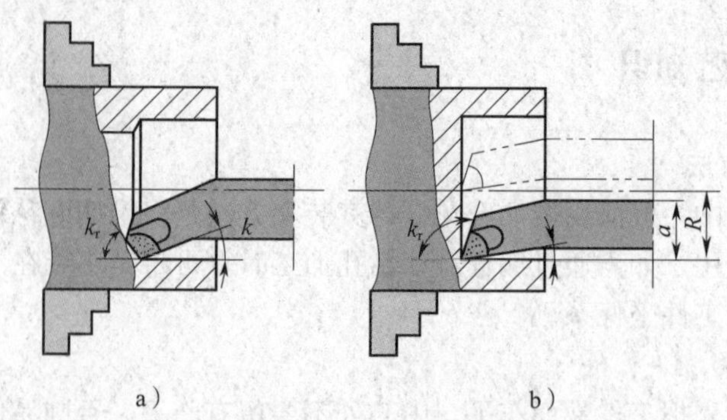

图 17—2　通孔车刀、不通孔车刀的参数要求

a）通孔车刀　b）不通孔车刀

2. 内孔车刀装夹时，刀尖必须与工件中心等高或稍高一些，这样就能防止由于切削力把刀尖扎进工件里面。如果车刀刀尖低于工件中心，容易出现“扎刀”现象，导致内孔车大。车刀伸出长度应尽可能短，以增强刀杆刚度，防止振动。

四、量具的选择

测量内孔直径的量具有游标卡尺、内径百分表、内径千分尺及塞规等。游标卡尺测量方便，但精度低；内径百分表（见图 17—3）和内径千分尺测量精度高，可用于单件和小批量生产零件测量；塞规为专用量规，只能判别加工孔合格与否，不能测出实际尺寸，用于批量生产零件。

图 17—3　内径百分表

五、切削用量的选择

孔加工方法不同，切削用量也不同，钻孔时主轴转速选 400～600 r/min，进给速度选 0.1～0.3 mm/r。钻孔前还需钻中心孔，钻中心孔转速为 800～1 000 r/min，进给速度小于 0.1 mm/r。

车孔因内孔车刀伸出较长，刀杆刚度较差，切削用量比车外圆小，粗车背吃刀量 0.4～2 mm，进给速度 0.2～0.4 mm/r，转速 500～700 r/min。精车进给速度 0.08～0.15 mm/r，转速 800～1 000 r/min。

六、车孔的工艺知识

1. 车孔的关键技术

车孔是常用的孔加工方法之一，车孔的关键技术是解决内孔车刀的刚度问题和内孔车削中的排屑问题。

（1）为了增加车刀刚度，防止产生振动，要尽量选择粗的刀杆。为了保证安全，可在车孔前先用内孔车刀在孔内试运行一遍。精车孔时，应保持切削刃锋利，否则容易产生让刀，把孔车成锥形。

（2）内孔加工过程中，主要通过控制切屑的流出方向来解决排屑问题。精车孔时要求切屑流向待加工表面，前排屑主要是采用正刃倾角内孔车刀。加工不通孔时，应采用负刃倾角内孔车刀，使切屑从孔口排出。

2. 表面相互位置精度保证方法

套类零件内孔和外圆表面间的同轴度及端面和内孔轴线的垂直度一般均有较高的要求。为了达到这种要求，常用以下方法。

（1）在一次装夹中完成内孔、外圆及端面的全部加工。由于消除了工件安装误差的影响，可以获得很高的相互位置精度，但这种方法工序比较集中，不适用于尺寸较大工件的装夹和加工。

（2）不能在一次装夹中同时完成内孔和外圆表面的加工时，内孔与外圆的加工应该遵循互为基准的原则。

1）内孔、外圆表面须经过几次安装反复加工时，常采用先加工孔，再以孔为基准加工外圆的加工顺序。

2）由于工艺需要先加工外圆，再以外圆为精基准加工内孔时，为获得较高的位置精度，必须采用定心精度高的夹具，如弹性膜片卡盘、液性塑料夹具、经修磨后的三爪自定心卡盘。

七、实训加工

在使用 GSK980TDc 数控系统的数控车床上加工内孔零件（见图 17—4）。毛坯为 ϕ50 mm×90 mm，材料为 45 钢，表面粗糙度值为 Ra3.2 μm。

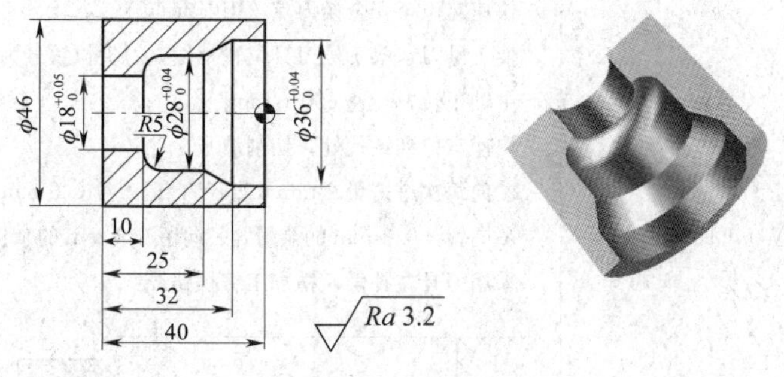

图 17—4　内孔零件

1. 工艺分析

（1）确定编程路线

手动钻 ϕ16 mm×45 mm 的孔（见图 17—5a）→粗加工内孔轮廓，G71 指令（见图 17—5b）→精加工内孔轮廓，G70 指令→加工 ϕ46 mm 外圆，G90 指令→切断，G94 指令。

（2）制订加工工艺卡

内孔的加工工艺卡见表 17—1。

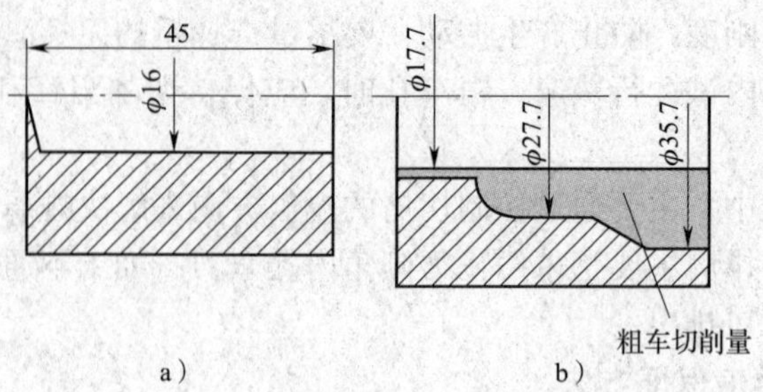

图 17—5　内孔加工的编程路线

表 17—1　　**内孔的加工工艺卡**

工步内容	刀具	切削用量		
		主轴转速（r/min）	进给速度（mm/min）	背吃刀量（mm）
粗加工内孔轮廓	1 号刀具为内孔车刀，硬质合金	600	100	1
精加工内孔轮廓		800	80	0.3
加工 φ46 mm 外圆	2 号刀具为 90°外圆车刀，硬质合金	800	80	1
切断	3 号刀具为刀宽 3 mm 的车槽刀，硬质合金	500	40	3

2. 编制程序

选择配置 GSK980TDc 系统、四工位前置刀架的数控车床加工，参考程序如下：

程序	注释
O0001；	程序名
G00 X80 Z200；	快速定位至安全换刀点（刀具起点）
T0101；	换 1 号刀，取 1 号刀具位置补偿，刀尖位置号为 2
M03 S600；	主轴正转，转速 600 r/min
G00 X16 Z2 M08；	快速定位到钻孔处，切削液开
G71 U1 R0.3；	*X* 向每次进刀量 2 mm（直径），退刀量 0.3 mm
G71 P1 Q2 U−0.3 W0.1 F100；	*X* 向留−0.3 mm 的余量，*Z* 向留 0.1 mm 的余量
N1 G41 G00 X36；	采用刀具左补偿，精加工编程路线：
G01 Z−8 F80；	
X28 Z−15；	
Z−25；	
G03 X18 Z−30 R5；	
N2 G01 Z−42；	
G40 G00 X80 Z200 M05；	取消半径补偿，快速返回换刀点，主轴停止
M00；	程序暂停，检测工件
S800 M03；	主轴正转，转速 800 r/min
G00 X16 Z2；	定位

续表

程序	注释
G70 P1 Q2;	精加工（P1～Q2 指定精加工的路线）
G40 G00 X80 Z200;	取消半径补偿，返回换刀点
T0202;	换 2 号外圆车刀
G00 X50 Z2;	加工 ϕ46 mm 的外圆
G90 X48 Z−44 F80;	
X46;	
G00 X80 Z200 M05;	返回换刀点，主轴停止
S500 M03 T0303;	换 3 号车槽刀，主轴正转，转速 500 r/min
G00 X50 Z−43.5;	
G94 X25 F40;	车槽
G01 Z−43;	
G94 X17;	切断
G00 X80 Z200 M09;	返回换刀点，切削液关
M05 T0100;	主轴停止，换回基准刀
M30;	程序结束

3. 加工操作

（1）用三爪自定心卡盘夹持 ϕ50 mm 毛坯外圆并校正，露出加工部位的长度约 40 mm，一次装夹完成工件的粗、精加工。

（2）开机，进入录入方式，输入 M03、S600，使主轴正转。

（3）根据加工要求及加工工艺卡，本次加工需 3 把刀具，即内孔车刀（T01）、90°外圆车刀（T02）、车槽刀（T03，3 mm），安装好刀具。

（4）试切对刀，确定以工件右端面中心为工件原点，建立工件坐标系；确定换刀点位置为（80，200）。

（5）在编辑方式下输入程序，并检查所输程序。

（6）对输入的程序进行空运行，检验程序是否正确。

（7）在自动方式下调出程序自动加工。

（8）加工完毕，清理卫生。

小提示

1. 使用内孔车刀时注意换刀点的选择，避免换刀时碰撞工件。

2. 外圆车刀与内孔车刀之间由于刀补量差距较大，所以加工时设置系统以坐标值变化的模式换刀；避免换刀时移动刀补量与工件发生碰撞。

3. 加工内孔时，G71 指令 X 向的余量必须为负值。

4. 本例内孔精度要求较高，所以设置内孔车刀为基准刀。

5. 其他形状内孔加工参考课题十九综合加工。

课题十八

数控加工尺寸的修改方法

学习目标

• 能在加工操作中有错漏时，正确修改刀补、程序、坐标系。

在数控车床加工中，由于机床传动反向间隙的存在会影响加工尺寸误差，往往达不到零件的精度要求，针对不同的尺寸误差应采取不同的尺寸修改方法，常用的有刀补修改法、程序修改法以及坐标系修改法。

一、刀补修改法

零件在加工过程中各处加工误差都一致的情况下，可以在刀补页面修改刀具偏置磨损值，从而实现尺寸的修改。例如，基准刀 T0100，*X* 向所有尺寸大 0.05 mm 的误差；非基准刀 T0202（车槽刀），*X* 向小 0.10 mm，*Z* 向总长大 0.13 mm，修改方法如下：

1. 进入刀补页面（见图 18—1），将光标移到 01 位置处下方，输入“U－0.05”，这时刀具偏置值由“0”变为“－0.05”，如图 18—2 所示。

2. 再将光标移动到 02 位置处下方，依次输入“U0.10、W0.13”。

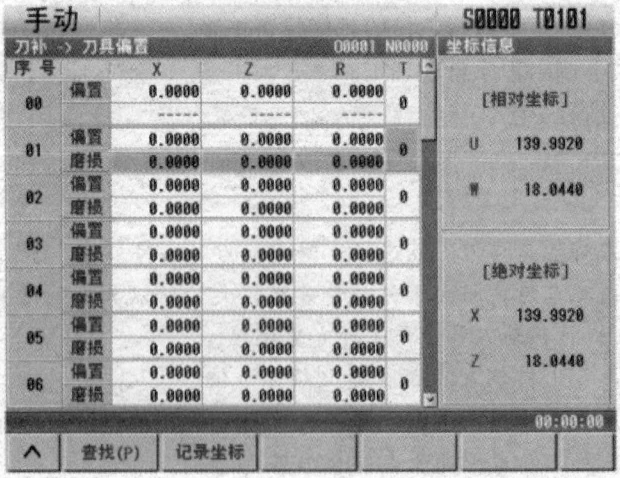

图 18—1 刀补页面

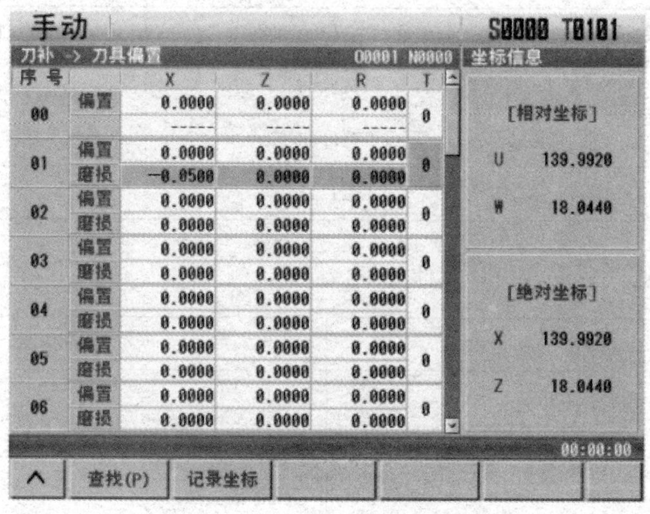

图 18—2　刀具偏置磨损

小提示

1. 此修改方法一般应用于稳定反向间隙的机床。

2. 螺纹加工时底径还未达到尺寸要求时，常用刀补修改法进行尺寸修改。

3. 刀具偏置磨损值修改后，再次执行程序前必须先执行一次刀具磨损值，也就是执行换刀功能。如果基准刀编程时采用的是“T0100”，则改为“T0101”来执行换刀。此换刀动作可以在“录入方式”或“程序中修改”中执行。

二、程序修改法

零件在加工过程中各处加工误差各不相同的情况下，可以采用修改程序坐标的方法实现尺寸的修改。如图 18—3 所示为轴径尺寸的修改，以 X 向为例，轴加工程序的修改数值见表 18—1。

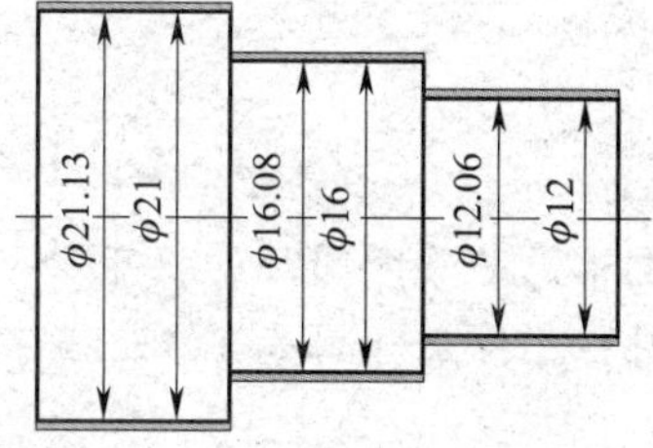

图 18—3　轴径尺寸的修改

表 18—1　　轴加工程序的修改数值　　mm

原程序编程的数值	实际加工后测量的数值	修改后程序编程的数值
ϕ12	ϕ12.06	ϕ11.94
ϕ16	ϕ16.08	ϕ15.92
ϕ21	ϕ21.13	ϕ20.87

在编辑方式下修改程序数值，具体如下：

原程序	修改程序
G00 X80 Z80； S600 M03 T0101； G00 X32 Z2； G71 U1.5 R0.5； G71 P1 Q2 U0.3 W0 F100； N1 G00 X12； G01 Z−10 F80； X16； Z−20； X21； N2 Z−30； G00 X80 Z80 M05； S1000 M03； G00 X32 Z2； G70 P1 Q2； M05； M00；	G00 X80 Z80； S600 M03 T0101； G00 X32 Z2； G71 U1.5 R0.5； G71 P1 Q2 U0.3 W0 F100； N1 G00 X11.94； G01 Z−10 F80； X15.92； Z−20； X20.87； N2 Z−30； G00 X80 Z80 M05； S1000 M03； G00 X32 Z2； G70 P1 Q2； M05； M00；

小提示

1. 这种修改方法一般应用于非稳定反向间隙的机床。

2. 修改步骤：执行到 M00 时程序停止→测量→修改程序→将光标移至 S1000 M03 处→自动方式运行。

3. 刀具在加工前预留刀具磨损偏置量（参考刀补修改法），从而实现半精加工和精加工；避免在加工第一个 G70 指令后，工件尺寸变小无法修改。

三、坐标系修改法

零件在加工过程中各处加工误差都一致的情况下，可以通过改变坐标数值实现尺寸的修改。如图 18—4 所示为坐标系修改实例，以 *X* 向为例，修改方法如下：

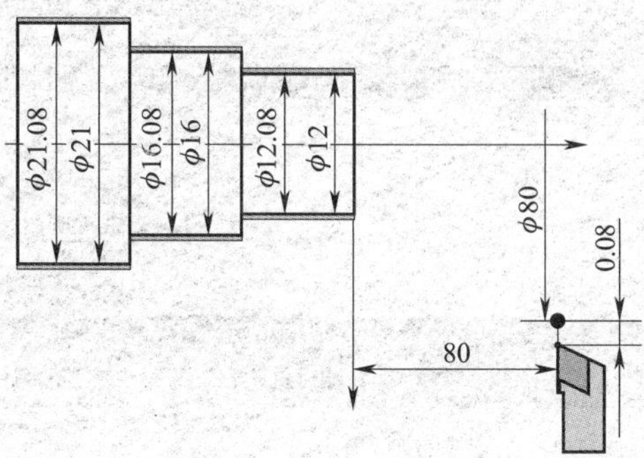

图 18—4 坐标系修改实例

方法一：

在录入方式中输入“G50 X80.08”，按输入键再按循环启动键运行，修改坐标值。再执行程序 G70 精加工一次即可达到尺寸要求，如图 18—5 所示。

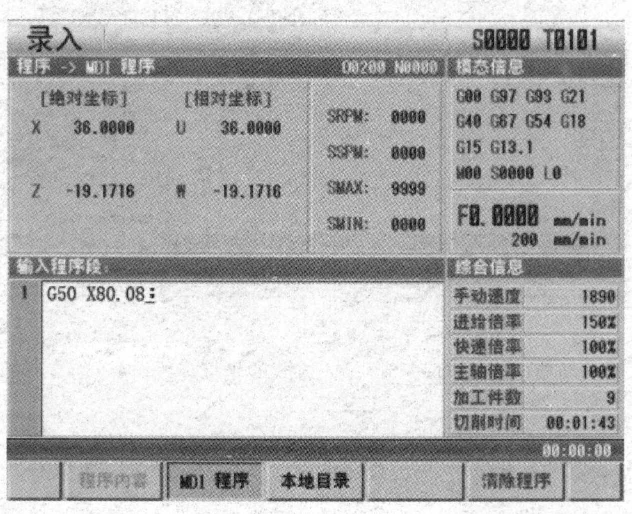

图 18—5 录入方式

方法二：

1. 在录入方式中输入“G01 U−0.08 F30”，按输入键再按循环启动键运行，刀具移动到修改刀具位置，如图 18—6a 所示。

2. 在录入方式中输入“G50 X80”，按输入键再按循环启动键运行，修改坐标值。再执行程序 G70 精加工一次，即可达到尺寸要求，如图 18—6b 所示。

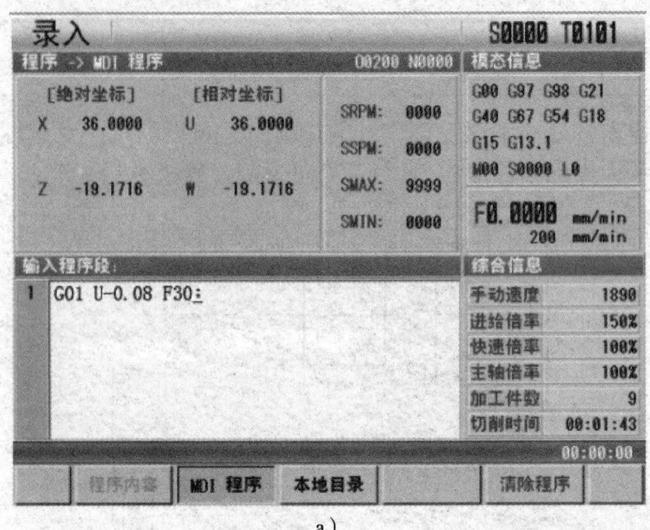

a）

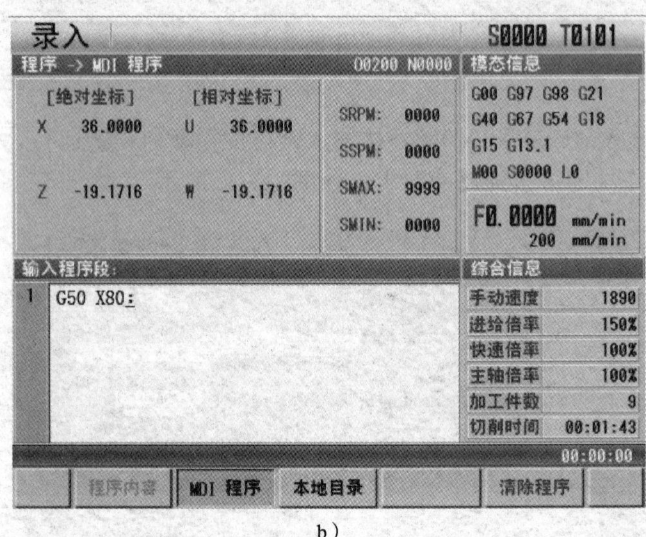

b）

图 18—6 录入方式的坐标设置

小提示

1. 此修改方法一般应用于稳定反向间隙的机床。

2. 使用此修改方法只能对基准刀坐标值进行设置，设置之前必须确定基准刀的坐标位置，否则会产生程序坐标值错乱。

3. 使用此修改方法设置后，所有的非基准刀坐标值会随着基准刀的坐标值变化；一般可以作为所有加工刀具的预留量，但在操作者不太熟练的情况下，建议不要采用此方法。

课题十九

综合加工实例

学习目标

- 能根据图样要求，了解加工条件，进行工艺综合分析。
- 能合理选择加工工艺和切削用量。
- 能确定加工步骤，编写加工程序。

一、综合加工实例1

综合加工实例1零件如图19—1所示。要求在GSK980TDc数控系统的数控车床上进行加工。毛坯为ϕ30 mm×150 mm，通过CAD软件得出 *A*（X22，Z－21.34）、*B*（X20，Z－39.8）两点坐标。

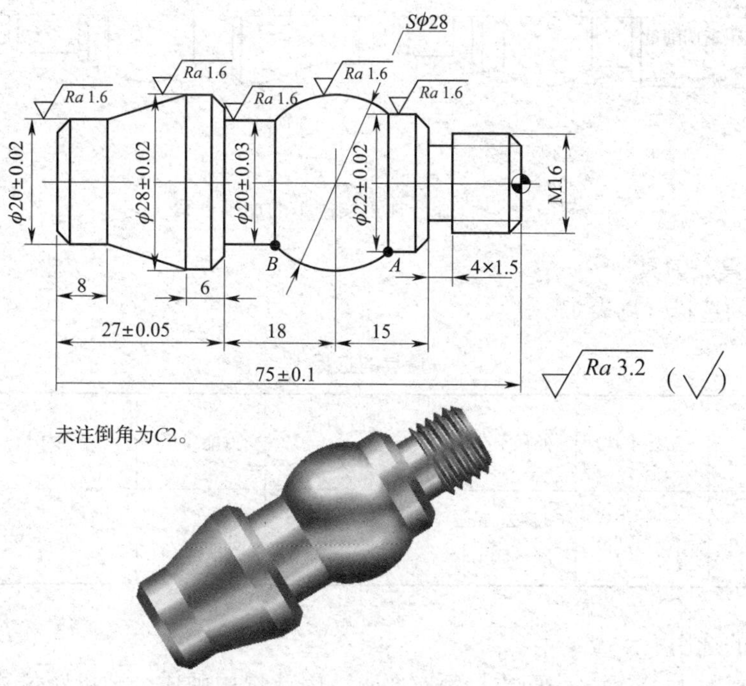

图19—1　综合加工实例1零件

1. 零件图样分析

该零件由 ϕ20 mm、ϕ22 mm、ϕ28 mm 的外圆，宽 4 mm 的螺纹退刀槽，M16 普通粗牙螺纹以及倒角组成。其中，零件精度要求较高的尺寸有 ϕ20 mm、ϕ22 mm、ϕ28 mm 外圆及 75 mm、27 mm 长度、外圆和圆弧表面粗糙度值要求为 Ra1.6 μm；尺寸标注完整，结构清晰。

2. 确定加工方案

（1）粗车右端外形轮廓，G71 指令（见图 19—2a）。

（2）车螺纹退刀槽，G94 指令；粗车中间槽轮廓，G72 指令（见图 19—2b）。

（3）粗车螺纹，G92 或 G76 指令。

（4）粗车左端外形轮廓，G94、G72 指令（见图 19—2c）。

（5）精车整个外形轮廓，G01、G03 指令（见图 19—2d）。

（6）精车螺纹，G92 指令。

（7）切断，G94 指令。

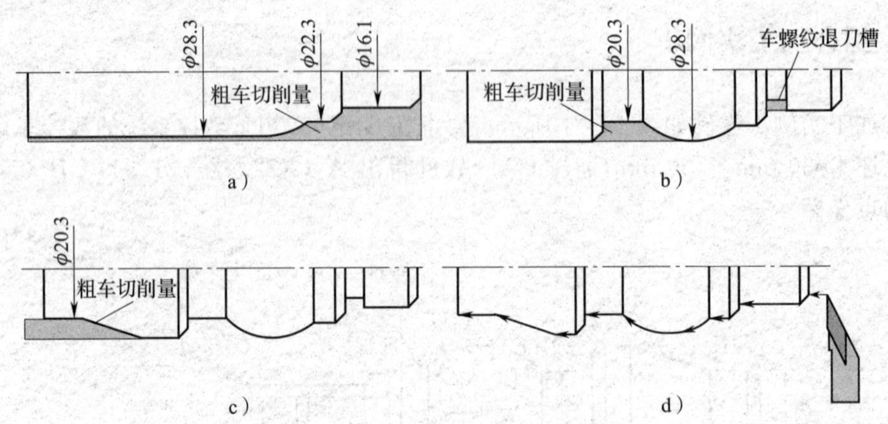

图 19—2 综合加工实例 1 的加工方案

3. 准备量具、刀具

（1）量具的选择（见表 19—1）

表 19—1 量具的选择

量具	钢直尺	游标卡尺	外径千分尺	螺纹中径千分尺	万能角尺	半径样板	表面粗糙度样板
规格	0～200 mm	0～150 mm	0～25 mm 25～50 mm	0～25 mm	0°～320°	R7～14.5 mm	—

（2）刀具的选用

由于加工材料为 45 钢，表面质量都有要求，因此选用硬质合金可转位式机夹刀。具体刀具的选用见表 19—2。

表 19—2　　具体刀具的选用

刀具号	刀具名称	数量	加工表面	对刀基准
T0101	菱形偏刀	1	加工方案 5	
T0202	90°外圆车刀	1	加工方案 1	
T0303	车槽刀（宽 3 mm）	1	加工方案 2、4、7	左刀位点
T0404	60°螺纹车刀	1	加工方案 3、6	

4. 制订加工工艺卡（见表 19—3）

表 19—3　　综合加工实例 1 的加工工艺卡

单位		零件名称	加工材料		零件图号
××××		综合加工实例 1	45 钢		
工序号	程序编号	夹具名称	夹具编号	数控系统	设备型号
1	1801	三爪自定心卡盘		GSK980TDc	CAK6140
工步号	工步内容	刀具号	主轴转速（r/min）	进给量（mm/min）	背吃刀量（mm）
1	粗车右端轮廓	T0202	600	100	2
2	加工螺纹退刀槽及粗车中间槽轮廓	T0303	500	50	3
3	粗车螺纹	T0404	400		
4	粗车左端轮廓	T0303	500	50	3
5	精车外形轮廓	T0101	1 000	80	0.3
6	精车螺纹	T0404	400		
7	切断	T0303	500	50	3
编制	审核	批准		共 1 页，第 1 页	

5. 编制程序

选择配置 GSK980TDc 系统、四工位前置刀架的数控车床加工零件，参考程序如下：

程序	注释
O1801；	程序名
G00 X80 Z80；	快速定位至安全换刀点（刀具起点）
M03 S600 T0202；	使用 2 号 90°外圆车刀，主轴正转，转速 600 r/min
G00 X30 Z2 M08；	快速定位到工件处，切削液开
G71 U2 R0.5；	*X* 向每次进刀量 4 mm（直径），退刀量 0.5 mm
G71 P1 Q2 U0.3 W0.1 F100；	*X* 向留 0.3 mm 的余量，*Z* 向留 0.1 mm 的余量
N1 G42 G00 X12；	采用刀具右补偿，N1～N2 程序编程路线：
G01 Z0 F80；	
X15.8 Z−2；	
Z−15；	
X18；	

续表

程序	注释
X22 Z－17；	
Z－21.34；	
G03 X28 Z－30 R14；	
N2 G01 Z－79；	
G40 G00 X80 Z80 M05；	取消刀具半径补偿，快速返回换刀点，主轴停止
T0303 S500 M03；	换 2 号车槽刀，主轴正转，转速 500 r/min
G00 X24 Z－15；	定位（螺纹退刀槽位置）
G94 X13 F50；	加工螺纹退刀槽
W1；	
G00 X30；	定位
Z－48；	
G94 X20.3 F50；	车槽
G72 W2 R0.3；	*Z* 向每次进刀量 2 mm，退刀量为 0.3 mm
G72 P3 Q4 U0.3 W0 F50；	*X* 向余量为 0.3 mm
N3 G00 Z－33；	N3～N4 程序编程路线：
G01 X28 F40；	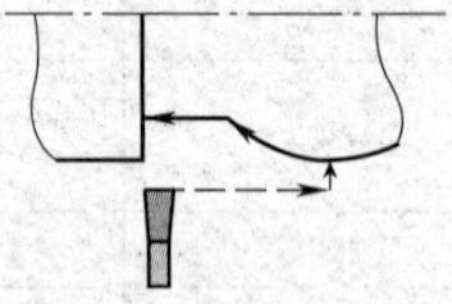
G03 X20 Z－42.8 R14；	
N4 G01 Z－48；	
G94 X24 Z－48 R－3；	加工 *C*2 mm 倒角
G00 X80 Z80 M05；	返回安全换刀点，主轴停止
T0404 S400 M03；	换 4 号 60°螺纹车刀，主轴正转，转速 400 r/min
G00 X18 Z2；	定位（螺纹起点）
G92 X15.3 Z－12 F2；	粗加工 M16 螺纹（可在刀补设有加工余量），也可用 G76 指令加工，程序如下：
X14.6；	
X14；	G76 P020000 Q20 R0.02；
X13.5；	G76 X13.4 Z－12 P1300 Q350 F2；
X13.4；	
G00 X80 Z80；	返回安全换刀点
T0303；	换 3 号车槽刀
G00 X30 Z－79；	定位（工件左端处）
G94 X20 F50；	车槽
G72 W2 R0.3；	*Z* 向每次进刀量 2 mm，退刀量为 0.3 mm
G72 P5 Q6 U0.3 W0 F60；	*X* 向余量为 0.3 mm
N5 G00 Z－57；	N5～N6 程序编程路线：
G01 X28 F50；	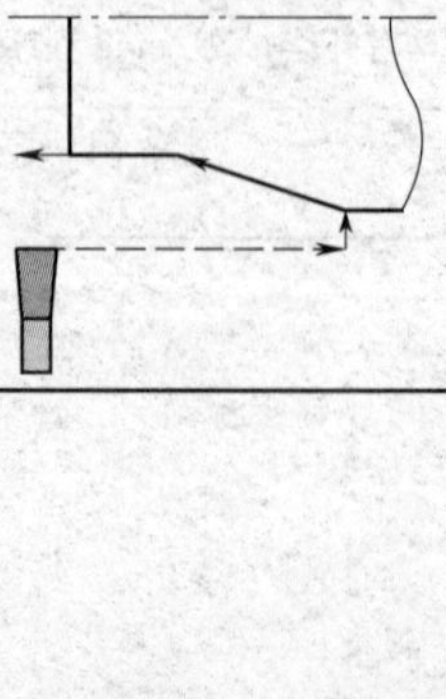
X20 Z－70；	
N6 G01 Z－79；	

续表

程序	注释
G00 X80 Z80 M05；	返回安全换刀点，主轴停止
T0101；	换 1 号菱形偏刀，取 1 号刀具偏置补偿，刀尖位置号为 3
S1000 M03；	主轴正转，转速为 1 000 r/min
G42 G00 X12 Z2；	采用刀具右补偿，精车整体外形轮廓
G01 Z0 F80；	
X15.8 Z−2；	
Z−15；	
X18；	
X22 Z−17；	
Z−21.34；	
G03 X20 Z−39.8 R14；	
G01 Z−48；	
X24；	
X28 Z−50；	
Z−54；	
X20 Z−67；	
Z−78.5；	
G40 G00 X80；	取消半径补偿，返回安全换刀点，主轴停止
Z80 M05；	
M00；	暂停，检测工件，修改尺寸后将光标移到 T0101 处再执行一次精车
T0404 S400 M03；	换 4 号 60°螺纹车刀（精车螺纹时转速必须与粗车螺纹时一致）
G00 X18 Z2；	
	定位（必须与粗车螺纹时位置一致）
G92 X13.4 Z−12 F2；	精加工 M16 螺纹
；	
；	
G00 X80 Z80 M05；	返回安全换刀点，主轴停止
T0303 S500 M03；	换 3 号车槽刀，主轴正转，转速 500 r/min
G00 X30 Z−78.5；	定位（工件总长处）
X22；	
G94 X14 F50；	车槽
X16 Z−78 R3；	切断处倒角 $C2$ mm
G01 Z−78；	定位总长处：Z=−（70+刀宽）
G94 X0；	切断
G00 X80；	返回安全换刀点，切削液关
Z80 M09；	
M05 T0100；	换回基准刀，主轴停止
M30；	程序结束

6. 加工操作

（1）工件装夹

利用三爪自定心卡盘一次装夹直接夹持毛坯直径，毛坯右端伸出卡盘 90 mm 左右。

（2）装刀与对刀

将表 19—2 所列刀具安装至相对应的刀位中，注意刀尖中心高度、刀头伸出长度及刀具主偏角的位置。

对刀时，把 1 号刀具设置为基准刀具，其余均以非基准刀具进行对刀操作。

（3）精度控制

在加工过程中，当程序暂停时，应对加工尺寸进行严格的检测。当各尺寸出现偏差时，根据误差的情况，利用刀补法或者修改程序法加以修正，再次执行精加工程序段，然后再次检测，保证零件尺寸加工精度。

二、综合加工实例 2

综合加工实例 2 零件如图 19—3 所示。要求在 GSK980TDc 数控系统的数控车床上进行加工。毛坯为 ϕ45 mm×100 mm。

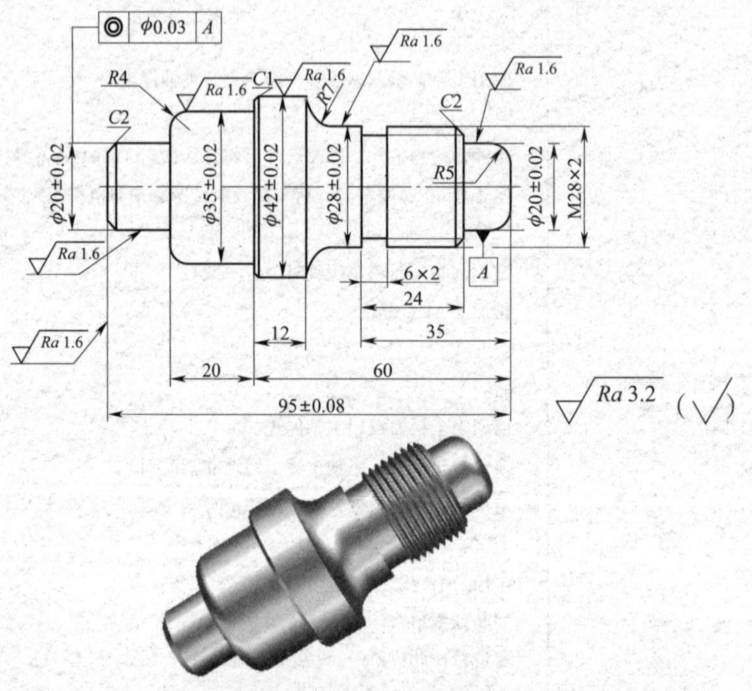

图 19—3　综合加工实例 2 零件

1. 零件图样分析

该零件由 ϕ20 mm、ϕ28 mm、ϕ35 mm、ϕ42 mm 的外圆，宽 6 mm 的螺纹退刀槽，M28 普通细牙螺纹以及倒角组成。其中，零件精度要求较高的尺寸有 ϕ20 mm、ϕ28 mm、ϕ35 mm、

ϕ42 mm 外圆及 95 mm 长度，其中两个 ϕ20 mm 同轴度误差为 0.03 mm；外圆表面粗糙度值要求为 Ra1.6 μm；尺寸标注完整，结构清晰。

2. 确定加工方案

（1）夹紧零件毛坯，夹持长度为 40 mm 左右，手动车削毛坯右端面，加工 ϕ44 mm×40 mm 外圆圆柱作为装夹半精基准。

（2）夹持 ϕ44 mm×40 mm 外圆圆柱，粗车零件左端面轮廓，G71 指令（见图 19—4a）。

（3）精车零件左端面轮廓，G70 指令。

（4）掉头二次装夹，垫铜片夹持 ϕ35 mm 外圆，利用“磁性表座＋百分表”打表法校正零件同轴度及端面跳动，粗车零件右端面轮廓，G71 指令（见图 19—4b）。

（5）精车零件右端面轮廓，G70 指令。

（6）加工螺纹退刀槽，G94 指令。

（7）粗、精车螺纹，G92 或 G76 指令。

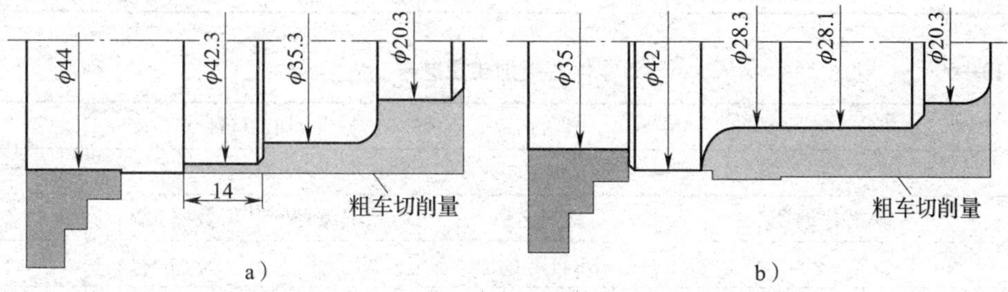

图 19—4 综合加工实例 2 的加工方案

3. 准备量具、刀具

（1）量具的选择（见表 19—4）

表 19—4 **量具的选择**

量具	钢直尺	游标卡尺	外径千分尺	螺纹中径千分尺	深度游标卡尺	半径样板	表面粗糙度样板
规格	0～200 mm	0～150 mm	0～25 mm 25～50 mm	0～25 mm	0～100 mm	R7～14.5 mm	

（2）刀具的选用

由于加工材料为 45 钢，表面质量都有要求，因此选用硬质合金可转位式机夹刀。具体刀具的选用见表 19—5。

表 19—5 **具体刀具的选用**

刀具号	刀具名称	数量	加工表面	对刀基准
T0101	90°外圆车刀（精车）	1	加工方案 3、5	
T0202	90°外圆车刀（粗车）	1	加工方案 2、4	
T0303	车槽刀（宽 3 mm）	1	加工方案 6	左刀位点
T0404	60°螺纹车刀	1	加工方案 7	

4. 制订加工工艺卡

零件左端加工工艺卡见表 19—6，零件右端加工工艺卡见表 19—7。

表 19—6　　零件左端加工工艺卡

单位			零件名称	加工材料		零件图号
×××			综合加工实例 2	45 钢		
工序号	程序编号		夹具名称	夹具编号	数控系统	设备型号
1	1802		三爪自定心卡盘		GSK980TDc	CAK6140
工步号	工步内容		刀具号	主轴转速（r/min）	进给量（mm/min）	背吃刀量（mm）
1	粗车左端轮廓		T0202	600	100	2
2	精车左端轮廓		T0101	1 000	80	3
编制		审核	批准		共 1 页，第 1 页	

表 19—7　　零件右端加工工艺卡

单位			零件名称	加工材料		零件图号
×××			综合加工实例 2	45 钢		
工序号	程序编号		夹具名称	夹具编号	数控系统	设备型号
2	1803		三爪自定心卡盘		GSK980TDc	CAK6140
工步号	工步内容		刀具号	主轴转速（r/min）	进给量（mm/min）	背吃刀量（mm）
1	粗车零件右端轮廓		T0202	600	100	2
2	精车零件右端轮廓		T0101	1 000	80	0.3
3	加工螺纹退刀槽		T0303	500	50	3
4	粗、精车螺纹		T0404	400		
编制		审核	批准		共 1 页，第 1 页	

5. 编制程序

选择配置 GSK980TDc 系统、四工位前置刀架的数控车床加工。零件左端加工参考程序如下：

程序	注释
O1802；	第 1 次装夹程序名
G00 X80 Z80；	快速定位至安全换刀点（刀具起点）
T0202；	换 2 号 90°外圆车刀，取 2 号刀具偏置补偿，刀尖位置号为 3
M03 S600；	主轴正转，转速 600 r/min
G00 X45 Z2 M08；	快速定位到工件处，切削液开
G71 U2 R0.5；	X 向每次进刀量 4 mm（直径），退刀量 0.5 mm

续表

程序	注释
G71 P1 Q2 U0.3 W0.1 F100；	*X* 向留 0.3 mm 的余量，*Z* 向留 0.1 mm 的余量
N1 G42 G00 X16；	采用刀具右补偿，N1～N2 程序编程路线：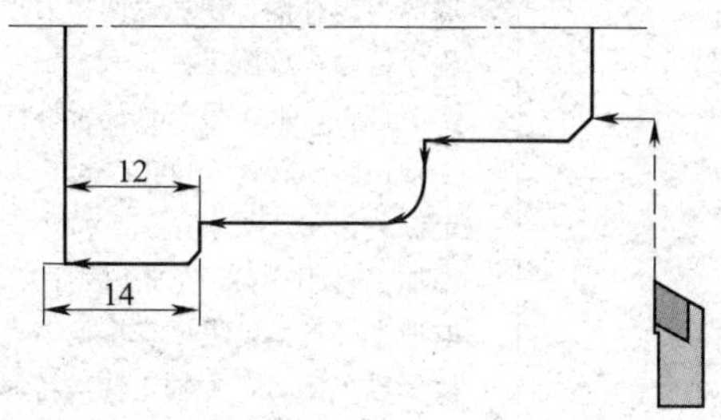
G01 Z0 F80；	
X20 Z−2；	
Z−15；	
X27；	
G03 X35 W−4 R4；	
G01 Z−35；	
X40；	
X42 Z−36；	
N2 Z−49；	
G40 G00 X80 Z80 M05；	取消半径补偿，快速返回换刀点，主轴停止
M00；	程序暂停，检测工件
T0101；	换 1 号 90°外圆车刀，取 1 号刀具偏置补偿，刀尖位置号为 3
S1000 M03；	主轴正转，转速 1 000 r/min
G00 X45 Z2；	定位
G70 P1 Q2；	精加工（P1～Q2 精加工程序群）
G40 G00 X80 Z80 M09；	取消半径补偿，返回刀具起点，切削液关
T0100 M05；	换 1 号基准刀，主轴停止
M30；	程序结束

零件右端加工参考程序如下：

程序	注释
O1803；	第 2 次装夹程序名
G00 X80 Z80；	快速定位至安全换刀点（刀具起点）
T0202；	换 2 号刀，取 2 号刀具偏置补偿，刀尖位置号为 3
M03 S600；	主轴正转，转速 600 r/min
G00 X45 Z2 M08；	快速定位到工件处
G71 U2 R0.5；	*X* 向每次进刀量 4 mm（直径），退刀量 0.5 mm
G71 P1 Q2 U0.3 W0.1 F100；	*X* 向留 0.3 mm 的余量，*Z* 向留 0.1 mm 的余量
N1 G42 G00 X0；	采用刀具右补偿，N1～N2 程序（保证零件总长）编程路线：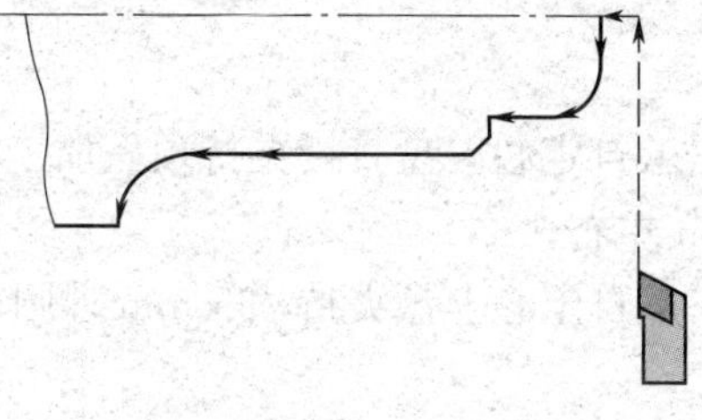
G01 Z0 F80；	
X10；	
G03 X20 W−5 R5；	
G01 Z−11；	
X24；	
X27.8 W−2；	
Z−35；	
X28；	
Z−41；	

续表

程序	注释
N2 G02 X42 W－7 R7；	
G40 G00 X80 Z80 M05；	取消半径补偿，快速返回换刀点，主轴停止
M00；	程序暂停，检测工件
T0101；	换 1 号刀，取 1 号刀具偏置补偿，刀尖位置号为 3
S1000 M03；	主轴正转，转速 1 000 r/min
G00 X45 Z2；	定位
G70 P1 Q2；	精加工（P1～Q2 精加工程序）
G40 G00 X80 Z80 M05；	取消半径补偿，返回安全换刀点，主轴停止
T0303 S500 M03；	换 3 号车槽刀，主轴正转，转速 500 r/min
G00 X30 Z－35；	定位（螺纹退刀槽位置）
G94 X24 F50；	
W2；	车螺纹退刀槽
W3；	
G00 X80 Z80 M05；	返回安全换刀点，主轴停止
T0404 S400 M03；	换 4 号 60°螺纹刀，主轴正转，转速 400 r/min
G00 X30 Z－8；	定位（螺纹起点）
G92 X27.3 Z－30 F2；	粗加工 M28 螺纹（可在刀补设有加工余量），也可用 G76 指令加工，程序如下：
X26.6；	
X26；	G76 P020000 Q20 R0.02；
X25.5；	G76 X25.4 Z－30 P1300 Q350 F2；
X25.4；	
G00 X80 Z80 M05；	返回安全换刀点，主轴停止
M00；	程序暂停，检测螺纹
S400 M03；	主轴正转，转速 400 r/min（转速必须与粗加工时的速度一致）
G00 X30 Z－8；	定位（螺纹起点必须一致）
G92 X25.4 Z－30 F2；	精加工 M28 螺纹
；	
；	
G00 X80 Z80 M09；	返回刀具起点，切削液关
T0100 M05；	换 1 号基准刀，主轴停止
M30；	程序结束

6. 加工操作

（1）工件装夹

第 1 次装夹利用三爪自定心卡盘直接夹持预先加工的 ϕ44 mm×40 mm 半精基准面，毛坯右端伸出卡盘 60 mm 左右。

第 2 次装夹利用三爪自定心卡盘夹持 ϕ35 mm 外圆表面，表面上垫薄铜片，夹紧并利用百分表校正零件。

（2）装刀与对刀

将表 19—5 所列刀具安装至相对应的刀位中，注意刀尖中心高度、刀头伸出长度及刀具主偏角的位置。

对刀时，把 1 号刀具设置为基准刀具，其余均以非基准刀具进行对刀操作。

工件掉头后，由于工件装夹时只有工件长度 Z 向有变化，所以在加工工序 2 中，为了保证零件总长的尺寸精度，以基准刀对刀法对 1 号刀具 Z 向；此时将工件右端面设置为 G50 Z 余量，Z 余量为此时零件实际长度与理论长度尺寸（95 mm）的差值。通过这个步骤，再与程序配合使用，可保证零件的总长尺寸。

（3）精度控制

在加工过程中，当程序暂停时，应对加工尺寸进行严格的检测。当外圆、螺纹尺寸出现偏差时，根据误差的情况，利用刀补法或者修改程序法加以修正，再次执行精加工程序段，然后再次检测，保证零件尺寸加工精度。

三、综合加工实例 3

综合加工实例 3 零件如图 19—5 所示。要求在 GSK980TDc 数控系统的数控车床上进行加工。毛坯为 ϕ50 mm×125 mm，通过 CAD 软件得出 A（X32，Z－55.41）、B（X34.67，Z－57.91）。

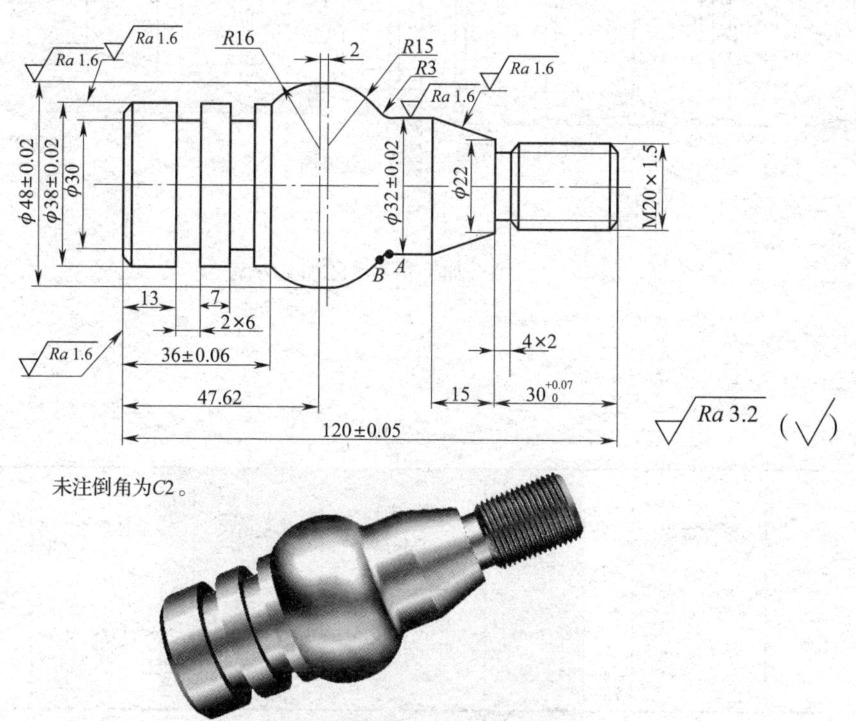

图 19—5　综合加工实例 3 零件

1. 零件图样分析

该零件由 ϕ32 mm、ϕ38 mm、ϕ48 mm 的外圆，宽 4 mm 的螺纹退刀槽及 2 条 6 mm 的

槽，M20 普通细牙螺纹以及倒角组成。其中，零件精度要求较高的尺寸有 ϕ32 mm、ϕ38 mm、ϕ48 mm 外圆及 30 mm、36 mm、120 mm 长度，其中外圆及圆锥表面粗糙度值要求为 Ra1.6 μm；尺寸标注完整，结构清晰。

2. 确定加工方案

（1）夹紧零件毛坯，夹持长度为 70 mm 左右，手动车削毛坯右端面，加工 ϕ48 mm×50 mm 外圆圆柱作为装夹半精加工基准。

（2）夹持 ϕ48 mm×50 mm 外圆圆柱，粗车零件左端面轮廓，G71 指令（见图 19—6a）。

（3）加工 2 mm×6 mm 槽，G94 指令。

（4）精车零件左端轮廓，G70 指令。

（5）掉头二次装夹，垫铜片夹持 ϕ38 mm 外圆，利用“磁性表座＋百分表”打表法校正零件同轴度及端面跳动，粗车零件右端面轮廓，G71 指令（见图 19—6b）。

（6）精车零件右端面轮廓，G70 指令。

（7）加工螺纹退刀槽，G94 指令。

（8）粗、精车螺纹，G92 或 G76 指令。

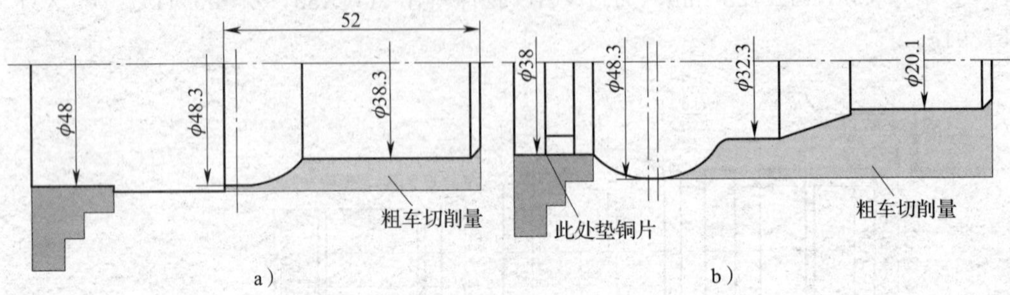

图 19—6　综合加工实例 3 的加工方案

3. 准备量具、刀具

（1）量具的选择（见表 19—8）

表 19—8　量具的选择

量具	钢直尺	游标卡尺	外径千分尺	螺纹中径千分尺	万能角尺	半径样板	表面粗糙度样板
规格	0～200 mm	0～150 mm	0～25 mm 25～50 mm	0～25 mm	0°～320°	R7～14.5 mm R15～25 mm	

（2）刀具的选用

由于加工材料为 45 钢，表面质量都有要求，因此选用硬质合金可转位式机夹刀。具体刀具的选用见表 19—9。

表 19—9　　具体刀具的选用

刀具号	刀具名称	数量	加工表面	对刀基准
T0101	90°外圆车刀（精车）	1	加工方案 4、6	
T0202	90°外圆车刀（粗车）	1	加工方案 2、5	
T0303	车槽刀（宽 3 mm）	1	加工方案 3、7	左刀位点
T0404	60°螺纹车刀	1	加工方案 8	

4. 制订加工工艺卡

零件左端加工工艺卡见表 19—10，零件右端加工工艺卡见表 19—11。

表 19—10　　零件左端加工工艺卡

单位		零件名称	加工材料		零件图号
×××		综合加工实例 3	45 钢		
工序号	程序编号	夹具名称	夹具编号	数控系统	设备型号
1	1804	三爪自定心卡盘		GSK980TDc	CAK6140
工步号	工步内容	刀具号	主轴转速（r/min）	进给量（mm/min）	背吃刀量（mm）
1	粗车左端轮廓	T0202	600	100	2
2	加工 2 条 6 mm 宽槽	T0303	500	50	3
3	精车左端轮廓	T0101	1 000	80	0.3
编制	审核	批准		共 1 页，第 1 页	

表 19—11　　零件右端加工工艺卡

单位		零件名称	加工材料		零件图号
×××		综合加工实例 3	45 钢		
工序号	程序编号	夹具名称	夹具编号	数控系统	设备型号
2	1805	三爪自定心卡盘		GSK980TDc	CAK6140
工步号	工步内容	刀具号	主轴转速（r/min）	进给量（mm/min）	背吃刀量（mm）
1	粗车零件右端轮廓	T0202	600	100	2
2	加工螺纹退刀槽	T0303	500	50	3
3	精车零件右端轮廓	T0101	1 000	80	0.3
4	粗、精车螺纹	T0404	400		
编制	审核	批准		共 1 页，第 1 页	

5. 编制程序

选择配置 GSK980TDc 系统、四工位前置刀架的数控车床加工，零件左端加工的参考程序如下：

程序	注释
O1804；	第 1 次装夹程序名
G00 X80 Z80；	快速定位至安全换刀点（刀具起点）
T0202；	换 2 号 90°外圆车刀，取 2 号刀具偏置补偿，刀尖位置号为 3
M03 S600；	主轴正转，转速 600 r/min
G00 X50 Z2 M08；	快速定位到工件处，切削液开
G71 U2 R0.5；	*X* 向每次进刀量 4 mm（直径），退刀量 0.5 mm
G71 P1 Q2 U0.3 W0.1 F100；	*X* 向留 0.3 mm 的余量，*Z* 向留 0.1 mm 的余量
N1 G42 G00 X34；	采用刀具右补偿，N1～N2 程序编程路线：
G01 Z0 F80；	
X38 Z−2；	
Z−36；	
G03 X48 Z−47.62 R16；	
N2 Z−52；	
G40 G00 X80 Z80 M05；	取消半径补偿，快速返回换刀点，主轴停止
T0303 S500 M03；	换 3 号车槽刀，主轴正转，转速 500 r/min
G00 X40 Z−19；	定位
G94 X30 F50；	
W2；	
W3；	加工 6 mm×4 mm 槽
G00 Z−32；	
G94 X30 F50；	
W2；	
W3；	
G00 X80 Z80 M05；	快速返回换刀点，主轴停止
M00；	程序暂停，检测工件
T0101；	换 1 号刀，取 1 号刀具偏置补偿，刀尖位置号为 3
S1000 M03；	主轴正转，转速 1 000 r/min
G00 X50 Z2；	定位
G70 P1 Q2；	精加工（P1～Q2 精加工程序）
G40 G00 X80 Z80 M09；	取消半径补偿，返回刀具起点，切削液关
T0100 M05；	换 1 号基准刀，主轴停止
M30；	程序结束

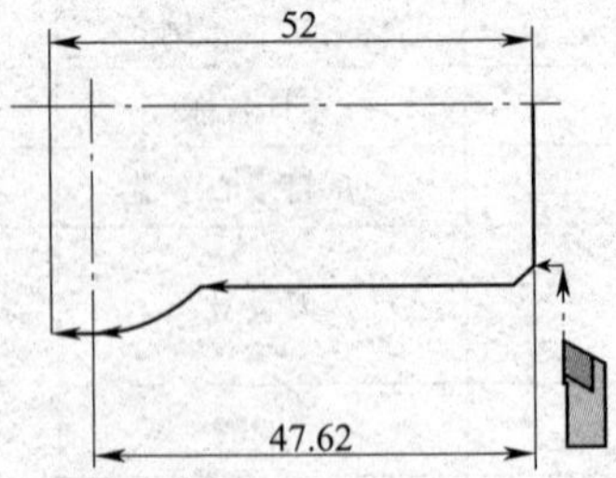

零件右端加工的参考程序如下：

程序	注释
O1805；	第 2 次装夹程序名
G00 X80 Z80；	快速定位至安全换刀点（刀具起点）
T0202；	换 2 号 90°外圆车刀，取 2 号刀具偏置补偿，刀尖位置号为 3
M03 S600；	主轴正转，转速 600 r/min
G00 X50 Z2 M08；	快速定位到工件处，切削液开
G71 U2 R0.5；	X 向每次进刀量 4 mm（直径），退刀量 0.5 mm
G71 P1 Q2 U0.3 W0.1 F100；	X 向留 0.3 mm 的余量，Z 向留 0.1 mm 的余量
N1 G42 G00 X0；	
G01 Z0 F80；	采用刀具右补偿，N1～N2 程序（保证零件总长）编程路线：
X16；	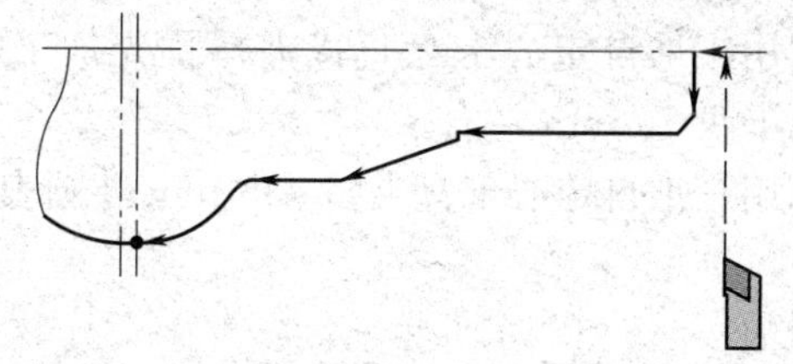
X19.8 Z−2；	
Z−30；	
X22；	
X32 Z−45；	
Z−55.41；	
G02 X34.67 Z−57.91 R3；	
N2 G03 X48 Z−70.38 R15；	取消半径补偿，快速返回换刀点，主轴停止
G40 G00 X80 Z80 M05；	程序暂停，检测工件
M00；	换 1 号刀，取 1 号刀具偏置补偿，刀尖位置号为 3
T0101；	主轴正转，转速 1 000 r/min
S1000 M03；	定位
G00 X50 Z2；	精加工（P1～Q2 精加工程序）
G70 P1 Q2；	取消半径补偿，返回安全换刀点，主轴停止
G40 G00 X80 Z80 M05；	换 3 号车槽刀，主轴正转，转速 500 r/min
T0303 S500 M03；	定位（螺纹退刀槽位置）
G00 X24 Z−30；	
G94 X16 F50；	车螺纹退刀槽
W1；	加工 C2 mm 倒角
X16 W1 R4；	返回安全换刀点，主轴停止
G00 X80 Z80 M05；	换 4 号 60°螺纹刀，主轴正转，转速 400 r/min
T0404 S400 M03；	定位（螺纹起点）
G00 X22 Z2；	粗加工 M28 螺纹（可在刀补设有加工余量），也可用 G76 指令加工，程序如下：
G92 X19.4 Z−27 F1.5；	
X18.9；	G76 P020000 Q20 R0.02；
X18.5；	G76 X18.05 Z−27 P975 Q300 F1.5；
X18.2；	
X18.05；	返回安全换刀点，主轴停止
G00 X80 Z80 M05；	程序暂停，检测螺纹
M00；	主轴正转，转速 400 r/min（转速必须与粗加工时的速度一致）
S400 M03；	
G00 X22 Z2；	定位（螺纹起点必须一致）

续表

程序	注释
G92 X18.05 Z−27 F1.5；	精加工 M28 螺纹
；	
；	
G00 X80 Z80 M09；	返回刀具起点，切削液关
T0100 M05；	换 1 号基准刀，主轴停止
M30；	程序结束

6. 加工操作

（1）工件装夹

第 1 次装夹利用三爪自定心卡盘直接夹持预先加工的 ϕ48 mm×50 mm 半精加工基准面，毛坯右端伸出卡盘 70 mm 左右。

第 2 次装夹利用三爪自定心卡盘夹持 ϕ35 mm 外圆表面，表面垫薄铜片，夹紧并利用百分表校正零件。

（2）装刀与对刀

将表 19—9 所列刀具安装至相对应的刀位中，注意刀尖中心高度、刀头伸出长度及刀具主偏角的位置。

对刀时，把 1 号刀具设置为基准刀具，其余均以非基准刀具进行对刀操作。

工件掉头后，由于工件装夹时只有工件长度 Z 向有变化，所以在加工工序 2 中，为了保证零件总长的尺寸精度，以基准刀对刀法对 1 号刀具 Z 向；此时将工件右端面设置为 G50 Z 余量，Z 余量为此时零件实际长度与理论长度尺寸的差值。通过这个步骤，再与程序配合使用，可保证零件的总长尺寸。

（3）精度控制

在加工过程中，当程序暂停时，应对加工尺寸进行严格的检测。当外圆、螺纹尺寸出现偏差时，根据误差的情况，利用刀补法或者修改程序法加以修正后，再次执行精加工程序段，然后再次检测，保证零件尺寸加工精度。

四、综合加工实例 4

综合加工实例 4 零件如图 19—7 所示。要求在 GSK980TDc 数控系统的数控车床上进行加工。毛坯为 ϕ50 mm×100 mm。

1. 零件图样分析

该零件由 ϕ35 mm、ϕ48 mm 外圆，R18 mm 凹圆弧，ϕ18 mm、ϕ30 mm 内圆及内圆锥，宽 4 mm 螺纹退刀槽，M20 普通粗牙螺纹以及倒角组成。其中，零件精度要求较高的尺寸有 ϕ35 mm、ϕ48 mm 外圆，ϕ18 mm、ϕ30 mm 内圆及 20 mm、40 mm、98 mm 长度，其中 ϕ35 mm 端面与零件右端面平行度误差为 0.04 mm，内、外圆表面粗糙度值要求为 Ra1.6 μm；尺寸标注完整，结构清晰。

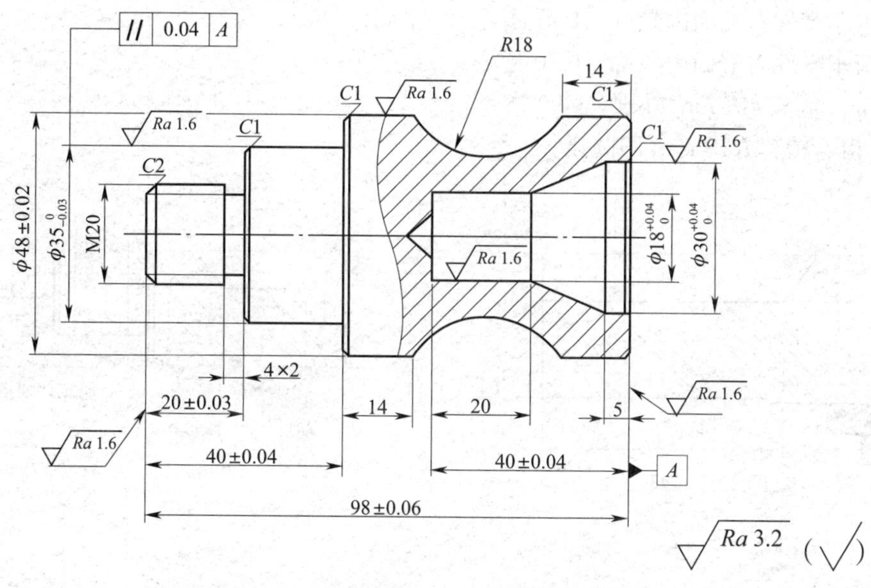

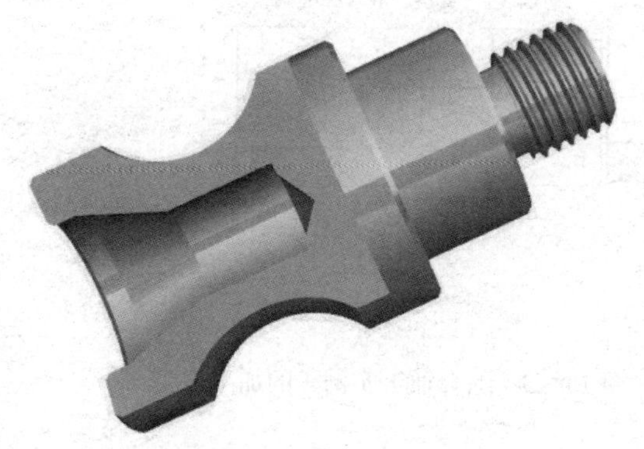

图 19—7　综合加工实例 4 零件

2. 确定加工方案

（1）夹紧零件毛坯，夹持长度为 80 mm 左右，手动车削毛坯右端面，打中心孔，钻 ϕ16 mm×42 mm 孔。将夹持长度改为 50 mm 左右，加工 ϕ49 mm×40 mm 外圆圆柱作为装夹半精加工基准（见图 19—8a）。

（2）在数控车床上夹持 ϕ49 mm×40 mm 外圆圆柱，粗车零件左端面轮廓，G71 指令（见图 19—8b）。

（3）精车零件左端轮廓，G70 指令。

（4）加工螺纹退刀槽，G94 指令。

（5）粗、精车 M20 螺纹，G92 或 G76 指令。

（6）掉头二次装夹，垫铜片夹持 ϕ35 mm 外圆，利用“磁性表座＋百分表”打表法校正零件同轴度及端面跳动，车削端面控制总长，G94 指令。

(7) 粗车零件右端面内轮廓，G71 指令（见图 19—8c）。

(8) 精车零件右端面内轮廓，G70 指令。

(9) 粗、精车 ϕ48 mm 外圆，G90 指令。

(10) 粗、精车 R18 mm 凹圆弧。

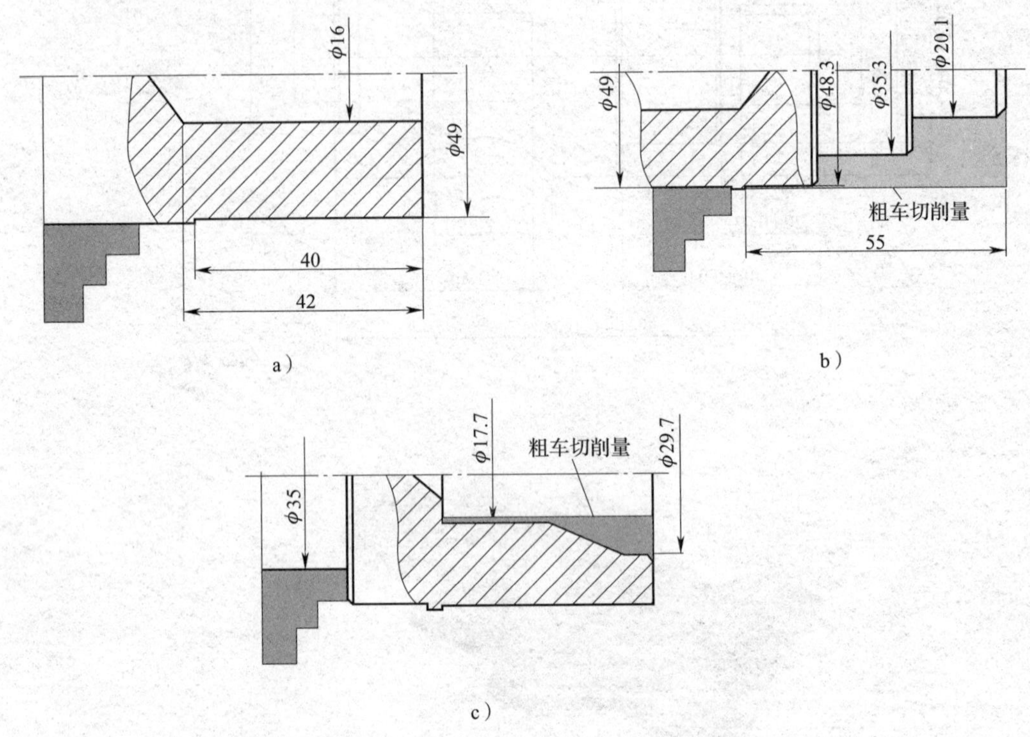

图 19—8　综合加工实例 4 的加工方案

3. 准备量具、刀具

(1) 量具的选择（见表 19—12）

表 19—12　量具的选择

量具	钢直尺	游标卡尺	外径千分尺	螺纹中径千分尺	内径百分表	半径样板	万能角度尺	深度游标卡尺	表面粗糙度样板
规格	0～200 mm	0～150 mm	0～25 mm 25～50 mm	0～25 mm	18～35 mm	R18～25 mm	0°～320°	0～100 mm	

(2) 刀具的选用

由于加工材料为 45 钢，表面精度都有要求，因此选用硬质合金可转位式机夹刀。具体刀具的选用见表 19—13。

表 19—13　具体刀具的选用

刀具号	刀具名称	数量	加工表面	对刀基准
T0101	90°外圆车刀	1	加工方案 2、3、9	
T0202	镗孔刀	1	加工方案 7、8	
T0303	车槽刀（宽 3 mm）	1	加工方案 4、6	左刀位点
T0404	60°螺纹车刀	1	加工方案 5、10	

4. 制订加工工艺卡

零件左端加工工艺卡见表 19—14，零件右端加工工艺卡见表 19—15。

表 19—14　零件左端加工工艺卡

单位				零件名称	加工材料		零件图号
×××				综合加工实例 4	45 钢		
工序号	程序编号			夹具名称	夹具编号	数控系统	设备型号
1	1806			三爪自定心卡盘		GSK980TDc	CAK6140
工步号	工步内容			刀具号	主轴转速 (r/min)	进给量 (mm/min)	背吃刀量 (mm)
1	粗车左端轮廓			T0101	600	100	2
2	精车左端轮廓			T0101	1 000	80	0.3
3	加工螺纹退刀槽			T0303	500	50	3
4	粗、精车 M20 螺纹			T0404	400		
编制		审核		批准		共 1 页，第 1 页	

表 19—15　零件右端加工工艺卡

单位				零件名称	加工材料		零件图号
×××				综合加工实例 4	45 钢		
工序号	程序编号			夹具名称	夹具编号	数控系统	设备型号
2	1807			三爪自定心卡盘		GSK980TDc	CAK6140
工步号	工步内容			刀具号	主轴转速 (r/min)	进给量 (mm/min)	背吃刀量 (mm)
1	粗车零件右端内轮廓			T0202	600	80	1
2	精车零件右端内轮廓			T0202	800	60	0.3
3	粗、精车 ϕ48 mm 外圆			T0101	600	80	1/0.3
4	粗、精车 R18 mm 凹圆弧			T0404	600	60	1/0.3
编制		审核		批准		共 1 页，第 1 页	

5. **编制程序**

选择配置 GSK980TDc 系统、四工位前置刀架的数控车床加工，零件左端加工的参考程序如下：

程序	注释
O1806；	第1次装夹程序名
G00 X80 Z80；	快速定位至安全换刀点（刀具起点）
T0101；	换1号90°外圆车刀，取1号刀具偏置补偿，刀尖位置号为3
M03 S600；	主轴正转，转速600 r/min
G00 X50 Z2 M08；	快速定位到工件处，切削液开
G71 U2 R0.5；	*X*向每次进刀量4 mm（直径），退刀量0.5 mm
G71 P1 Q2 U0.3 W0.1 F100；	*X*向留0.3 mm的余量，*Z*向留0.1 mm的余量
N1 G42 G00 X16；	采用刀具右补偿，N1～N2程序编程路线：
G01 Z0 F80；	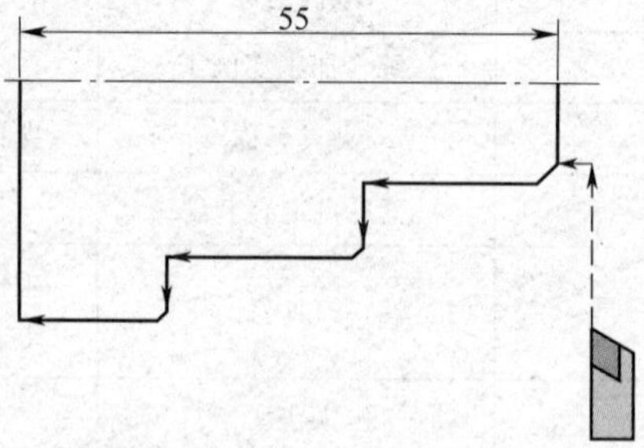
X19.8 Z−2；	
Z−20；	
X33；	
X35 W−1；	
Z−40；	
X46；	
X48 Z−41；	
N2 Z−55；	
G40 G00 X80 Z80 M05；	取消半径补偿，快速返回换刀点，主轴停止
M00；	程序暂停，检测工件
S1000 M03；	主轴正转，转速1 000 r/min
G00 X50 Z2；	定位
G70 P1 Q2；	精加工（P1～Q2精加工程序）
G40 G00 X80 Z80 M05；	取消半径补偿，返回安全换刀点，主轴停止
T0303 S500 M03；	换3号车槽刀，主轴正转，转速500 r/min
G00 X36 Z−20；	定位（螺纹退刀槽处）
G94 X16 F50；	加工螺纹退刀槽
W1；	
G00 X80 Z80 M05；	返回安全换刀点，主轴停止
T0404 S400 M03；	换4号60°螺纹车刀，主轴正转，转速400 r/min
G00 X22 Z2；	定位（螺纹起点）
G92 X19.2 Z−17 F2.5；	粗加工M20螺纹（可在刀补处设有加工余量），也可用G76指令加工，程序如下：
X18.5；	
X17.9；	G76 P020000 Q20 R0.02；
X17.4；	G76 X16.75 Z−17 P1625 Q400 F2.5；
X17；	
X16.75；	
G00 X80 Z80 M05；	返回安全换刀点，主轴停止
M00；	程序暂停，检测螺纹

续表

程序	注释
S400 M03；	主轴正转，转速 400 r/min（转速必须与粗加工时的速度一致）
G00 X22 Z2；	定位（螺纹起点必须一致）
G92 X16.75 Z−17 F2.5；	精加工 M20 螺纹
；	
；	
G00 X80 Z80 M09；	返回刀具起点，切削液关
T0100 M05；	换 1 号基准刀，主轴停止
M30；	程序结束

零件右端加工的参考程序如下：

程序	注释
O1807；	掉头装夹程序名
G00 X100 Z200；	快速定位至安全换刀点（刀具起点）
M03 S600 T0303；	使用 3 号车槽刀，主轴正转，转速 600 r/min
G00 X50 Z0 M08；	切削端面（保证总长尺寸）
G94 X15 F50；	
G00 X100 Z200；	返回安全换刀点
T0202；	换 2 号镗孔刀，取 2 号刀具偏置补偿，刀尖位置号为 2
G00 X16 Z5；	定位
G71 U1 R0.5；	X 向每次进刀量 2 mm（直径），退刀量 0.5 mm
G71 P1 Q2 U−0.3 W0.1 F100；	X 向留−0.3 mm 的余量，Z 向留 0.1 mm 的余量
N1 G41 G00 X32；	采用刀具左补偿，N1～N2 程序编程路线：
G01 Z0 F80；	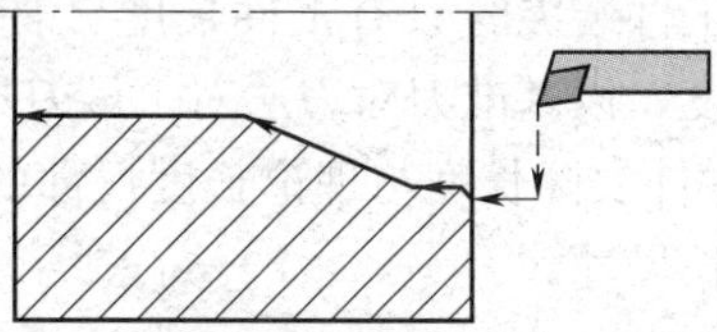
X30 Z−1；	
Z−5；	
X18 Z−20；	
N2 G01 Z−40；	
G40 G00 X100 Z200 M05；	取消半径补偿，快速返回换刀点，主轴停止
M00；	程序暂停，检测工件
S800 M03；	主轴正转，转速 800 r/min
G00 X16 Z5；	定位
G70 P1 Q2；	精加工（P1～Q2 精加工程序）
G40 G00 X100 Z200 M05；	取消半径补偿，返回安全换刀点
T0101；	换 1 号刀，取 1 号刀具偏置补偿，刀尖位置号为 3
S500 M03；	主轴正转，转速 500 r/min
G41 G00 X50 Z2；	定位，采用刀具右补偿
G90 X48.3 Z−44 F80；	粗车 ϕ48 mm 外圆
X48；	精车 ϕ48 mm 外圆
X48 Z−1 R−3；	加工 C1 mm 倒角
G40 G00 X100 Z200；	取消半径补偿，返回安全换刀点

续表

程序	注释
T0404；	换 4 号刀，取 4 号刀具偏置补偿，刀尖位置号为 8
G00 X50 Z−14；	定位
G73 U6.5 R7；	X 向退刀距离 6.5 mm，分 7 层切削
G73 P3 Q4 U0.3 W0 F60；	X 向留 0.3 mm 的余量
N3 G42 G01 X48 F50；	采用右补偿，N3～N4 精加工程序（R18 mm 凹圆弧）
N4 G02 X48 Z−44 R18；	
G70 P3 Q4；	精加工（P3～Q4 精加工程序）
G40 G00 X100 Z200 M09；	取消半径补偿，返回刀具起点，切削液关
T0100 M05；	换 1 号基准刀，主轴停止
M30；	程序结束

6. 加工操作

（1）工件装夹

第 1 次装夹利用三爪自定心卡盘直接夹持预先加工的 ϕ48 mm×50 mm 半精加工基准面，毛坯右端伸出卡盘 70 mm 左右。

第 2 次装夹利用三爪自定心卡盘夹持 ϕ35 mm 外圆表面，表面垫薄铜片，夹紧并利用百分表校正零件。

（2）装刀与对刀

将表 19—13 所列刀具安装至相对应的刀位中，注意刀尖中心高度、刀头伸出长度及刀具主偏角的位置。

对刀时，把 1 号刀具设置为基准刀具，其余均以非基准刀具进行对刀操作。

工件掉头后，由于工件装夹时只有工件长度 Z 向有变化，所以在加工工序 2 中，为了保证零件总长的尺寸精度，以基准刀对刀法对 1 号刀具 Z 向；此时将工件右端面设置为 G50 Z 余量，Z 余量为此时零件实际长度与理论长度尺寸的差值。通过这个步骤，再与程序配合使用，可保证零件的总长尺寸。

（3）精度控制

在加工过程中，当程序暂停时，应对加工尺寸进行严格的检测。当内、外圆及螺纹尺寸出现偏差时，根据误差的情况，利用刀补法或者修改程序法加以修正，再次执行精加工程序段，然后再次检测，保证零件尺寸加工精度。

五、综合加工实例 5

综合加工实例 5 零件如图 19—9 所示。要求在 GSK980TDc 数控系统的数控车床上进行加工。毛坯为 ϕ50 mm×120 mm。

1. 零件图样分析

该零件由 ϕ32 mm、ϕ34 mm、ϕ40 mm、ϕ48 mm 外圆及 R3 mm 圆弧，ϕ16 mm、ϕ21 mm 内圆及 R2 mm 圆弧，宽 4 mm 内螺纹退刀槽，M24 普通细牙内螺纹以及倒角、锥面组成。

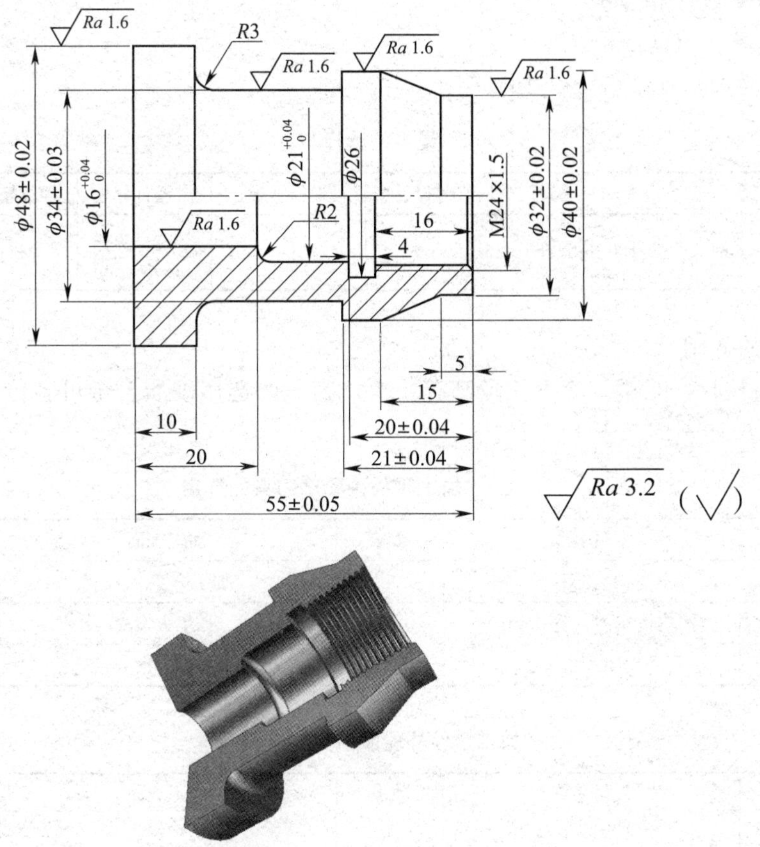

图 19—9　综合加工实例 5 零件

其中，零件精度要求较高的尺寸有 $\phi32$ mm、$\phi34$ mm、$\phi40$ mm、$\phi48$ mm 外圆，$\phi16$ mm、$\phi21$ mm 内圆及 20 mm、21. 55 mm 长度，其中内、外圆表面粗糙度值要求为 $Ra1.6$ μm；尺寸标注完整，结构清晰。

2. 确定加工方案

（1）夹紧零件毛坯，夹持长度伸出 40 mm 左右，手动车削毛坯右端面，打中心孔，钻 $\phi14$ mm×60 mm 孔。

（2）夹紧零件毛坯，夹持长度伸出 80 mm 左右，粗车零件内轮廓，G71 指令。

（3）精车零件内轮廓，G70 指令。

（4）加工螺纹退刀槽，G94 指令。

（5）粗、精车 M24 内螺纹，G92 或 G76 指令。

（6）粗车外形轮廓，G71 指令。

（7）精车外形轮廓，G70 指令。

（8）粗车槽轮廓，G72 指令。

（9）精车槽轮廓，G70 指令。

（10）切断，G94 指令。

3. 准备量具、刀具

（1）量具的选择（见表 19—16）

表 19—16　　量具的选择

量具	钢直尺	游标卡尺	外径千分尺	半径样板	内径百分表	螺纹塞规	粗糙度样板
规格	0～200 mm	0～150 mm	25～50 mm	R1～6.5 mm	10～18 mm 18～35 mm	M24	

（2）刀具的选用

由于加工材料为 45 钢，表面质量都有要求，因此，选用硬质合金可转位式机夹刀。具体选用刀具见表 19—17、表 19—18。

表 19—17　　加工零件内轮廓刀具的选用

刀具号	刀具名称	数量	加工表面	对刀基准
T0202	镗孔刀	1	加工方案 2、3	左刀位点
T0303	内沟槽车刀（宽 3 mm）	1	加工方案 4	
T0404	60°内螺纹车刀	1	加工方案 5	

表 19—18　　加工零件外轮廓刀具的选用

刀具号	刀具名称	数量	加工表面	对刀基准
T0101	90°外圆车刀	1	加工方案 6、7	左刀位点
T0202	车槽刀（宽 3 mm）	1	加工方案 8、9、10	

4. 制订加工工艺卡

零件内轮廓加工工艺卡见表 19—19，零件外轮廓加工工艺卡见表 19—20。

表 19—19　　零件内轮廓加工工艺卡

单位		零件名称	加工材料		零件图号
×××		综合加工实例 5	45 钢		
工序号	程序编号	夹具名称	夹具编号	数控系统	设备型号
1	1808	三爪自定心卡盘		GSK980TDc	CAK6140
工步号	工步内容	刀具号	主轴转速（r/min）	进给量（mm/min）	背吃刀量（mm）
1	粗车内轮廓	T0202	600	80	1
2	精车内轮廓	T0202	800	60	0.3
3	加工内螺纹退刀槽	T0303	400	50	3
4	粗、精车 M24 内螺纹	T0404	400		
编制	审核	批准		共 1 页，第 1 页	

表 19—20 **零件外轮廓加工工艺卡 2**

单位		零件名称	加工材料		零件图号
×××		综合加工实例 5	45 钢		
工序号	程序编号	夹具名称	夹具编号	数控系统	设备型号
1	1809	三爪自定心卡盘		GSK980TDc	CAK6140
工步号	工步内容	刀具号	主轴转速 (r/min)	进给量 (mm/min)	背吃刀量 (mm)
1	粗车外轮廓	T0101	600	100	1
2	精车外轮廓	T0101	1 000	80	0.3
3	粗、精槽轮廓	T0202	500	50/40	3/0.3
编制	审核	批准		共 1 页，第 1 页	

5. 编制程序

选择配置 GSK980TDc 系统、四工位前置刀架的数控车床加工，零件内轮廓加工的参考程序如下：

程序	注释
O1808；	程序名
G00 X100 Z200；	快速定位至安全换刀点（刀具起点）
T0202；	换 2 号镗孔刀，取 2 号刀具偏置补偿，刀尖位置号为 2
M03 S600；	主轴正转，转速 600 r/min
G00 X14 Z2 M08；	快速定位到工件处，切削液开
G71 U1 R0.5；	*X* 向每次进刀量 2 mm（直径），退刀量 0.5 mm
G71 P1 Q2 U−0.3 W0.1 F80；	*X* 向留−0.3 mm 的余量，*Z* 向留 0.1 mm 的余量
N1 G41 G00 X24；	采用刀具左补偿，N1～N2 程序编程路线：
G01 Z0 F60；	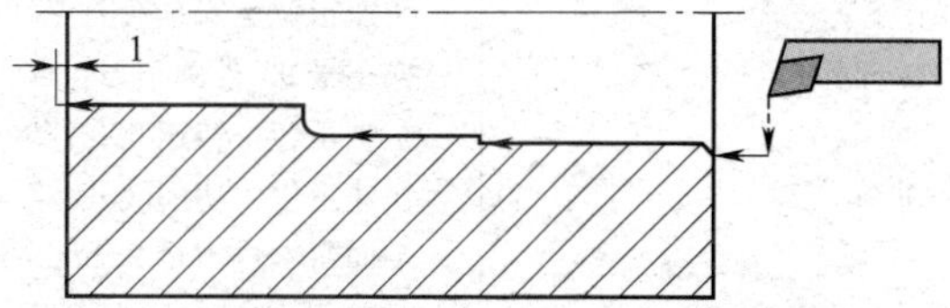
X22.5 Z−1；	
Z−20；	
X21；	
Z−33；	
G03 X16 Z−35 R2；	
N2 G01 Z−56；	
G40 G00 X100 Z200 M05；	取消半径补偿，返回换刀点，主轴停止
M00；	程序暂停，检测工件
S800 M03；	主轴正转，转速 800 r/min
G00 X14 Z2；	定位
G70 P1 Q2；	精加工（P1～Q2 精加工程序）
G40 G00 X100 Z200 M05；	取消半径补偿，返回安全换刀点，主轴停止
T0303 S400 M03；	换 3 号内沟槽车刀，主轴正转，转速 400 r/min
G00 X20 Z5；	定位（螺纹退刀槽处）

续表

程序	注释
Z－20；	
G94 X26 F50；	加工螺纹退刀槽
W1；	
G00 Z5；	
X100 Z200；	返回安全换刀点
T0404 S400；	换 4 号 60°螺纹车刀
G00 X20 Z4；	定位（螺纹起点）
G92 X23 Z－17 F1.5；	粗加工 M24 内螺纹（可在刀补处设加工余量），也可用 G76 指令加工，程序如下：
X23.4；	
X23.7；	G76 P020000 Q20 R0.02；
X23.9；	G76 X24 Z－17 P750 Q300 F1.5；
X24；	
G00 X100 Z200 M05；	返回安全换刀点，主轴停止
M00；	程序暂停，检测螺纹
S400 M03；	主轴正转，转速 400 r/min（转速必须与粗加工时的速度一致）
G00 X20 Z4；	定位（螺纹起点必须一致）
G92 X24 Z－17 F1.5；	精加工 M24 内螺纹
；	
；	
G00 X100 Z200 M09；	返回刀具起点，切削液关
T0100 M5；	换 1 号基准刀，主轴停止
M30；	程序结束

零件外轮廓加工的参考程序如下：

程序	注释
O1809；	第 1 次装夹程序名
G00 X80 Z80；	快速定位至安全换刀点（刀具起点）
T0101；	换 1 号 90°外圆车刀，取 1 号刀具偏置补偿，刀尖位置号为 3
M03 S600；	主轴正转，转速 600 r/min
G00 X50 Z2 M08；	快速定位，切削液开
G71 U1 R0.5；	*X* 向每次进刀量 2 mm（直径），退刀量 0.5 mm
G71 P1 Q2 U－0.3 W0.1 F100；	*X* 向留－0.3 mm 的余量，*Z* 向留 0.1 mm 的余量
N1 G42 G00 X32；	采用刀具右补偿，N1～N2 程序编程路线：
G01 Z－5 F80；	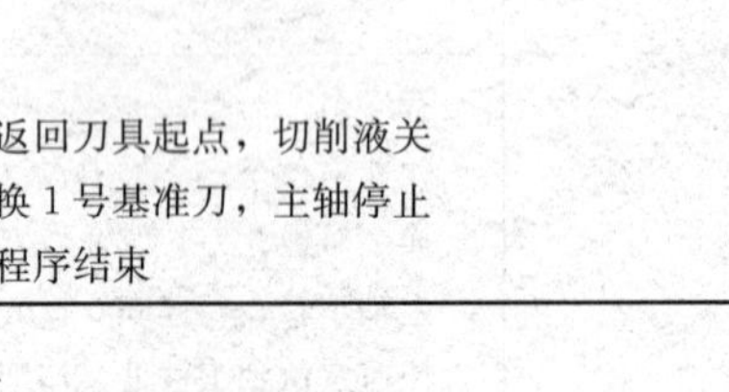
X40 Z－15；	
Z－21；	4
X48 Z－45；	
N2 Z－59；	
G40 G00 X80 Z80 M05；	取消半径补偿，返回换刀点，主轴停止
M00；	程序暂停，检测工件

续表

程序	注释
S1000 M03;	主轴正转，转速 1 000 r/min
G00 X50 Z2;	定位
G70 P1 Q2;	精加工（P1～Q2 精加工程序）
G40 G00 X80 Z80 M05;	取消半径补偿，返回安全换刀点
T0202 S500 M03;	换 2 号车槽刀，主轴正转，转速 500 r/min
G00 X50 Z−24;	定位
G94 X34.3 F40;	车槽
G72 W2 R0.3;	Z 向每次进刀量 2 mm，退刀量为 0.3 mm
G72 P3 Q4 U0.3 W0 F650;	X 向留 0.3 mm 的余量
N3 G00 Z−45;	N3～N4 精加工程序群，编程路线：
G01 X40 F40;	
G03 X34 Z−42 R3;	
N4 G01 Z−24;	
G00 X80 Z80 M05;	快速返回换刀点，主轴停止
M00;	程序暂停，检测工件
M03;	主轴正转
G00 X50 Z−24;	定位（与粗车时相同）
G70 P3 Q4;	精加工（P3～Q4 精加工程序）
G00 Z−58;	定位总长处，Z=−（55+刀宽）
G94 X0 F40;	切断
G00 X80 Z80 M09;	返回刀具起点，切削液关
T0100 M05;	换回基准刀，主轴停止
M30;	程序结束

6. 加工操作

（1）工件装夹

利用三爪自定心卡盘 1 次装夹直接夹持毛坯直径，毛坯右端伸出卡盘 70 mm 左右。

（2）装刀与对刀

由于车床的刀架为四工位，一次只能装 4 把刀具，根据表 19—17、表 19—18 选用的刀具要 2 次安装，安装至相对应的刀位中，注意刀尖中心高度、刀头伸出长度及刀具主偏角的位置。

对刀时，把 1 号刀具设置为基准刀具，其余均以非基准刀具进行对刀操作。

在加工内轮廓时，基准刀不参加加工，只是为了设置基准。

（3）精度控制

在加工过程中，当程序暂停时，应对加工尺寸进行严格的检测。当内、外圆及内螺纹尺寸出现偏差时，根据误差的情况，利用刀补法或者修改程序法加以修正，再次执行精加工程序段，然后再次检测，保证零件尺寸加工精度。

综合训练图集

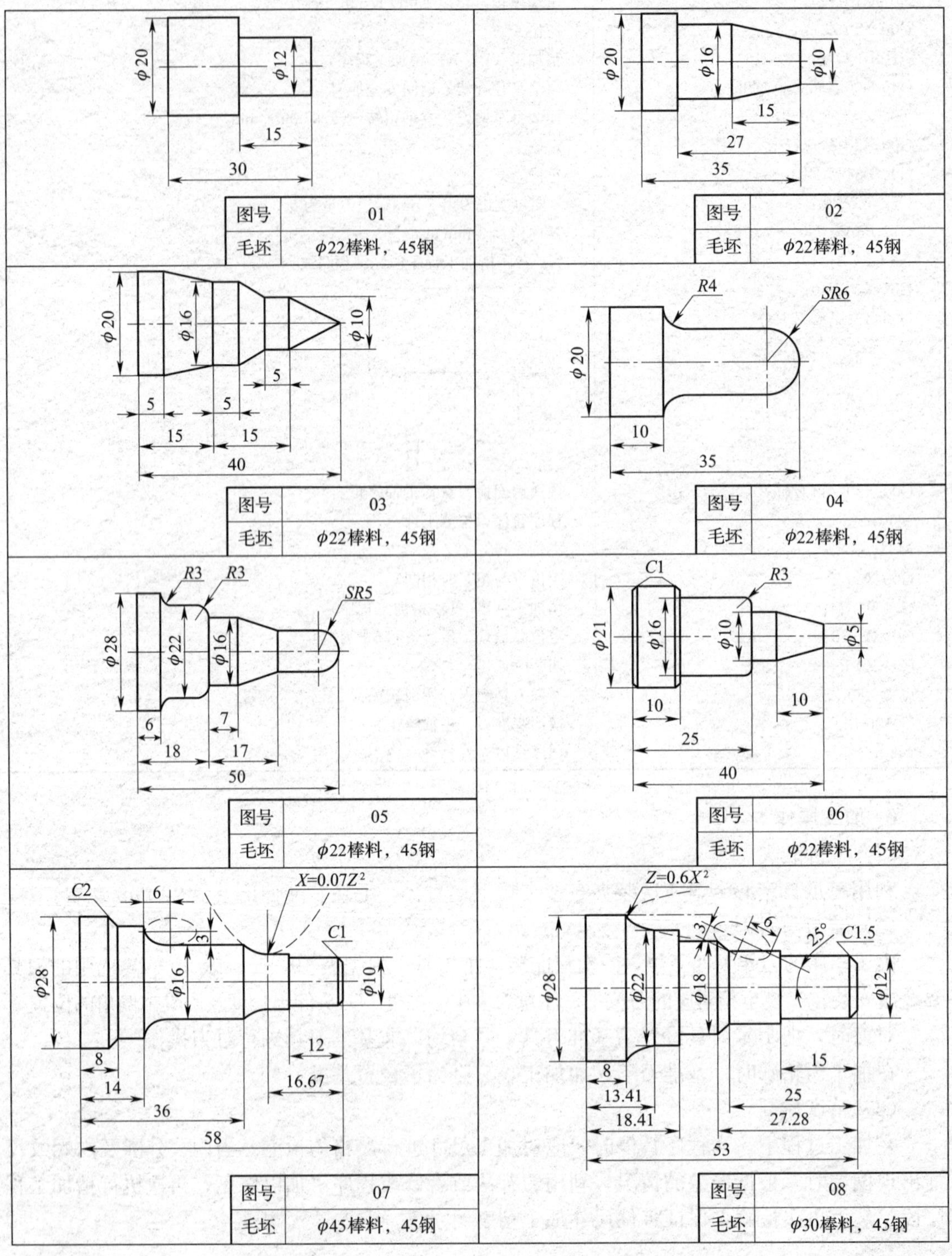

图号 01
毛坯 ϕ22棒料，45钢
图号 02
毛坯 ϕ22棒料，45钢
图号 03
毛坯 ϕ22棒料，45钢
图号 04
毛坯 ϕ22棒料，45钢
图号 05
毛坯 ϕ22棒料，45钢
图号 06
毛坯 ϕ22棒料，45钢
X=0.07Z²
图号 07
毛坯 ϕ45棒料，45钢
Z=0.6X²
图号 08
毛坯 ϕ30棒料，45钢

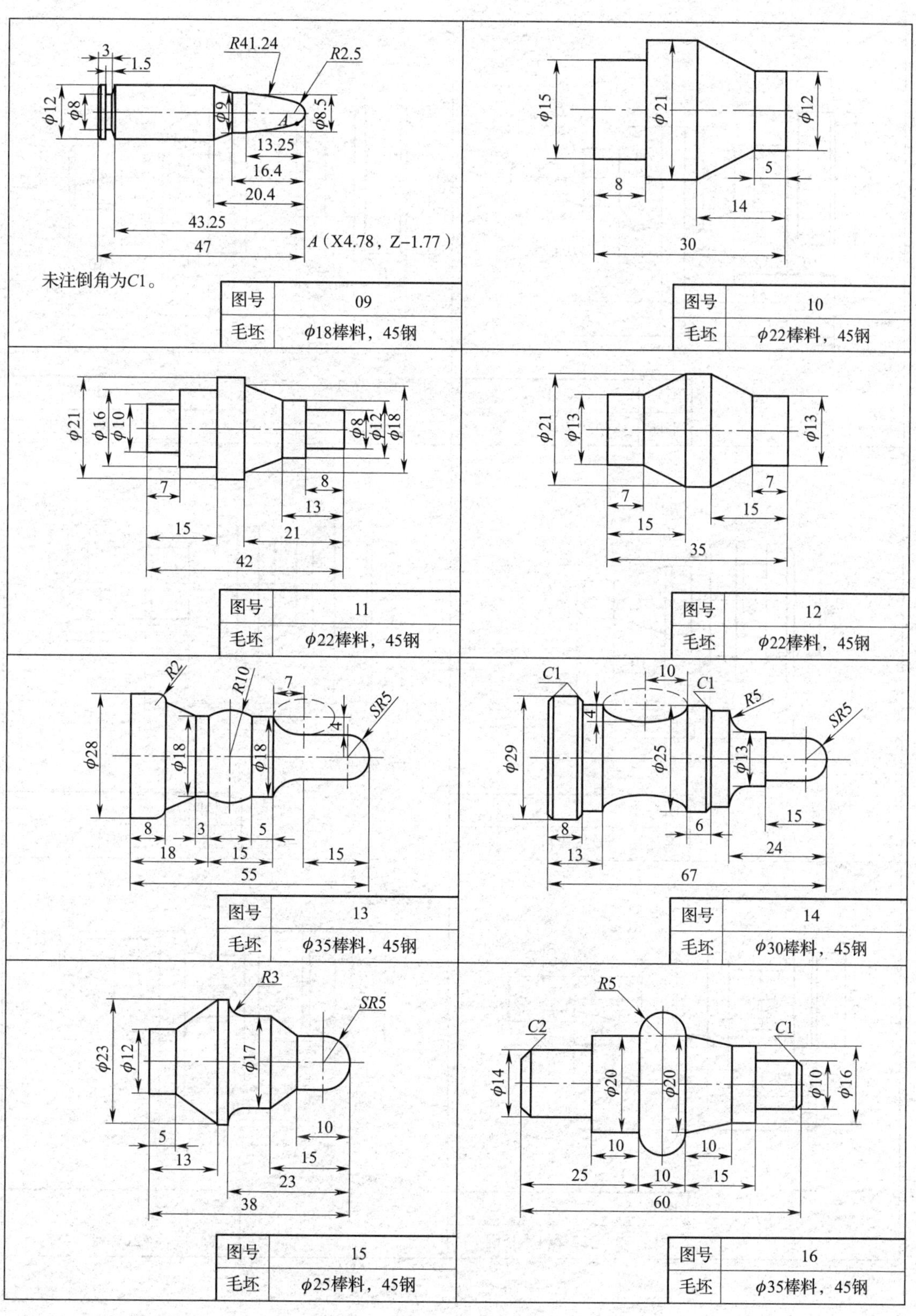
A（X4.78，Z−1.77）
未注倒角为C1。
图号 09
毛坯 φ18棒料，45钢
图号 10
毛坯 φ22棒料，45钢
图号 11
毛坯 φ22棒料，45钢
图号 12
毛坯 φ22棒料，45钢
图号 13
毛坯 φ35棒料，45钢
图号 14
毛坯 φ30棒料，45钢
图号 15
毛坯 φ25棒料，45钢
图号 16
毛坯 φ35棒料，45钢

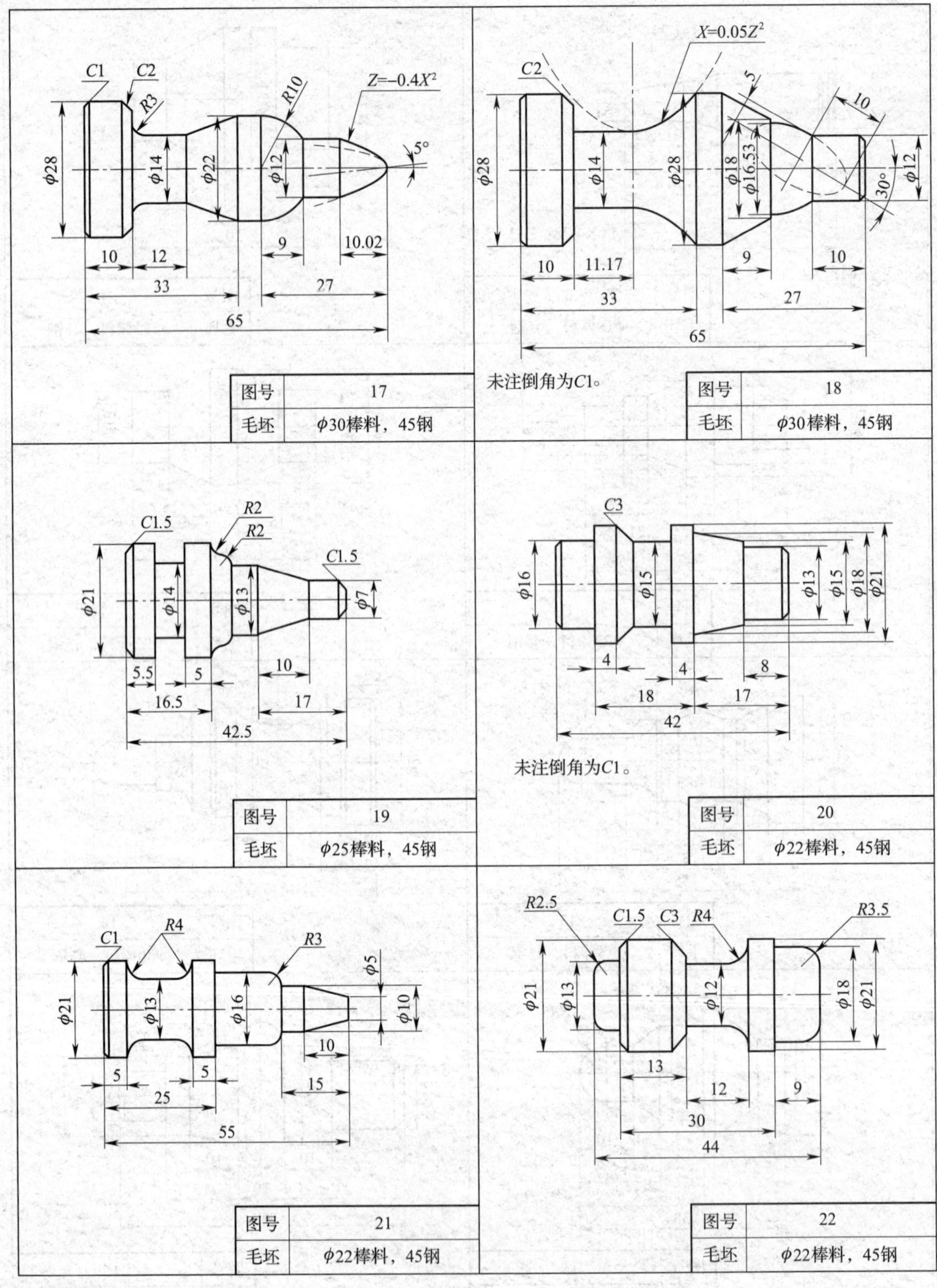
C1
C2
R3
R10
Z=-0.4X²
5°
φ28
φ14
φ22
φ12
10
12
9
10.02
33
27
65
图号 17
毛坯 φ30棒料，45钢
X=0.05Z²
C2
5
10
φ28
φ14
φ28
φ18
φ16.53
φ12
30°
10
11.17
9
10
33
27
65
未注倒角为C1。
图号 18
毛坯 φ30棒料，45钢
R2
R2
C1.5
C1.5
φ21
φ14
φ13
φ7
5.5
5
10
16.5
17
42.5
图号 19
毛坯 φ25棒料，45钢
C3
φ16
φ15
φ13
φ15
φ18
φ21
4
4
8
18
17
42
未注倒角为C1。
图号 20
毛坯 φ22棒料，45钢
C1
R4
R3
φ21
φ13
φ16
φ5
φ10
5
5
10
25
15
55
图号 21
毛坯 φ22棒料，45钢
R2.5
C1.5
C3
R4
R3.5
φ21
φ13
φ12
φ18
φ21
13
12
9
30
44
图号 22
毛坯 φ22棒料，45钢

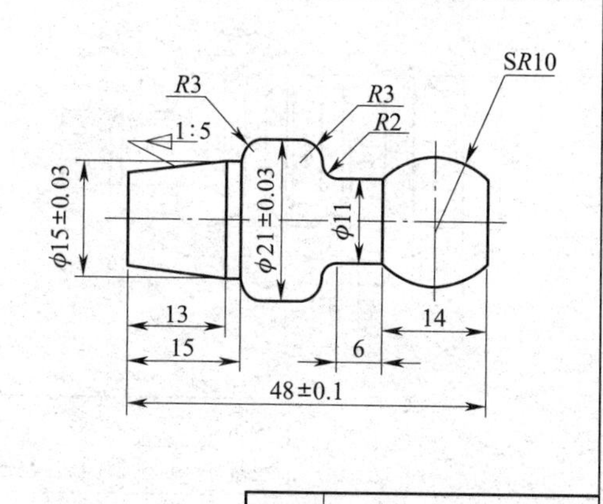

图号	23
毛坯	φ22棒料，45钢

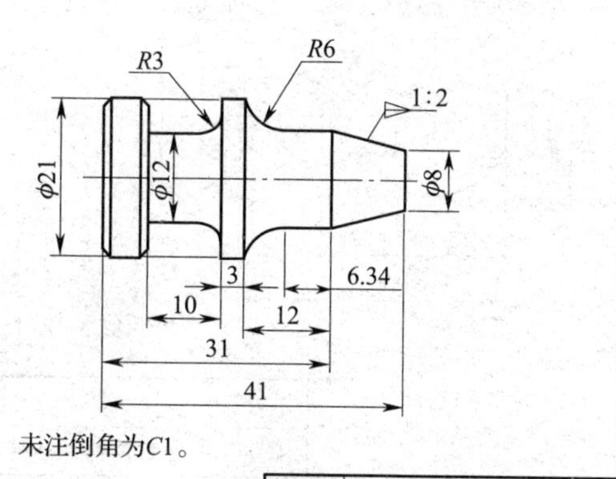

未注倒角为C1。

图号	24
毛坯	φ22棒料，45钢

图号	25
毛坯	φ30棒料，45钢

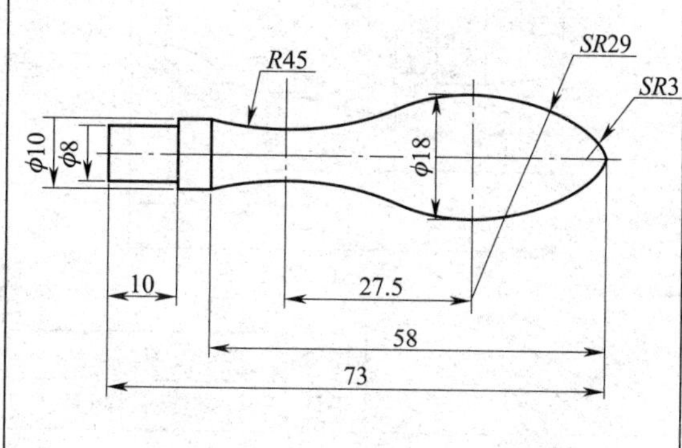

图号	26
毛坯	φ22棒料，45钢

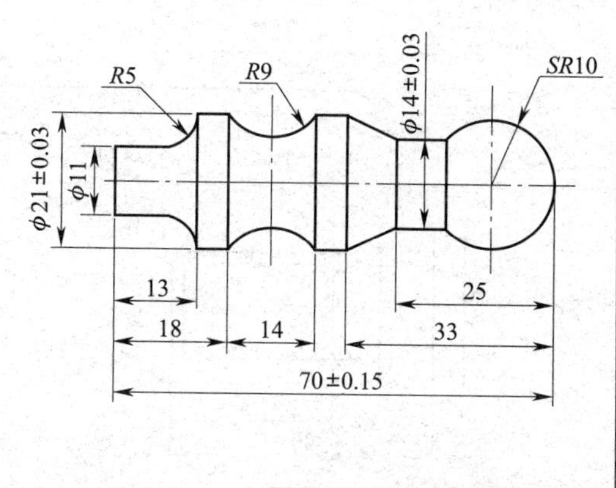

图号	27
毛坯	φ22棒料，45钢

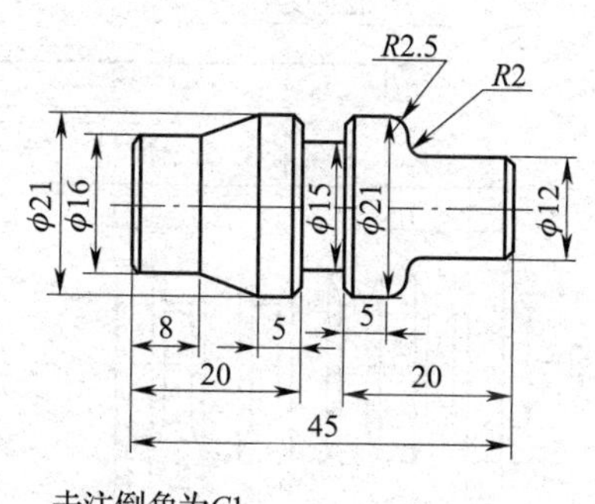

未注倒角为C1。

图号	28
毛坯	φ22棒料，45钢

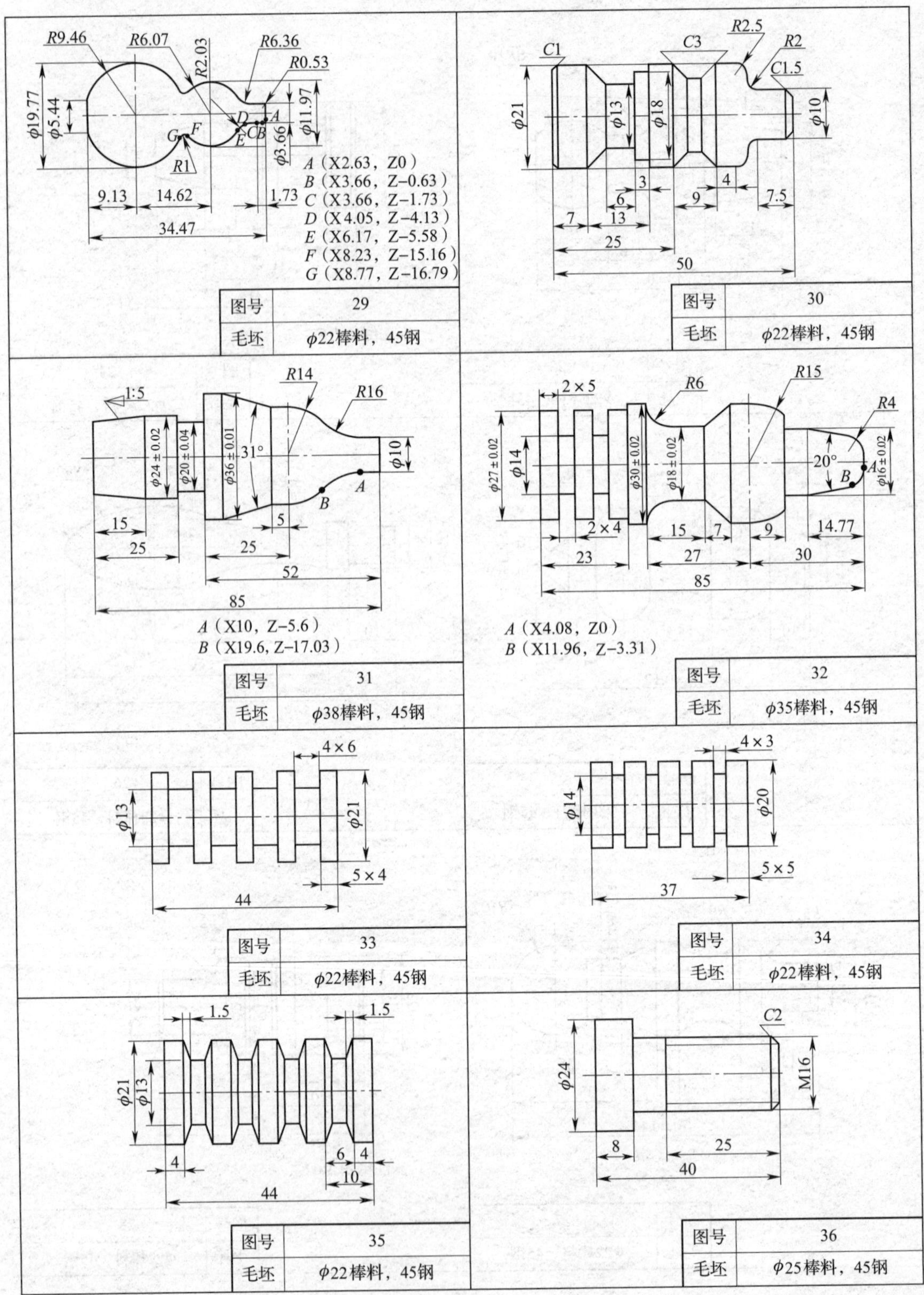
R9.46
R6.07
R2.03
R6.36
R0.53
φ19.77
φ5.44
φ11.97
φ3.66
R1
9.13
14.62
1.73
34.47
A（X2.63，Z0）
B（X3.66，Z-0.63）
C（X3.66，Z-1.73）
D（X4.05，Z-4.13）
E（X6.17，Z-5.58）
F（X8.23，Z-15.16）
G（X8.77，Z-16.79）
图号 29
毛坯 φ22棒料，45钢
C1
C3
R2.5
R2
C1.5
φ21
φ13
φ18
φ10
3
6
13
7
25
50
9
4
7.5
图号 30
毛坯 φ22棒料，45钢
1:5
R14
R16
φ24±0.02
φ20±0.04
φ36±0.01
31°
φ10
15
25
5
25
52
85
A（X10，Z-5.6）
B（X19.6，Z-17.03）
图号 31
毛坯 φ38棒料，45钢
2×5
R6
R15
R4
φ27±0.02
φ14
φ30±0.02
φ18±0.02
20°
φ16±0.02
2×4
15
7
9
14.77
23
27
30
85
A（X4.08，Z0）
B（X11.96，Z-3.31）
图号 32
毛坯 φ35棒料，45钢
4×6
φ13
φ21
5×4
44
图号 33
毛坯 φ22棒料，45钢
4×3
φ14
φ20
5×5
37
图号 34
毛坯 φ22棒料，45钢
1.5
1.5
φ21
φ13
4
6
4
10
44
图号 35
毛坯 φ22棒料，45钢
C2
φ24
M16
8
25
40
图号 36
毛坯 φ25棒料，45钢

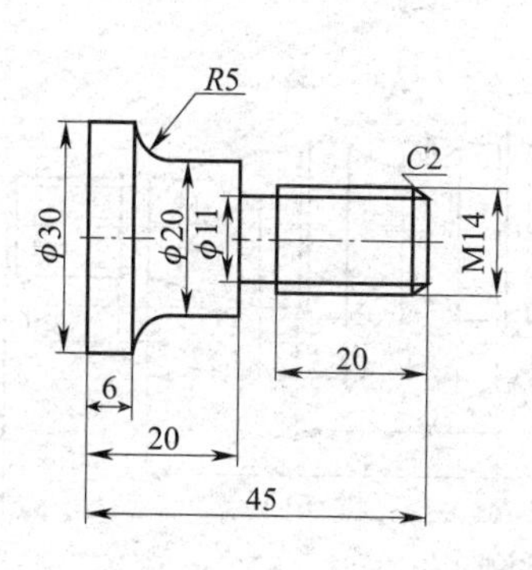

图号	37
毛坯	φ35棒料，45钢

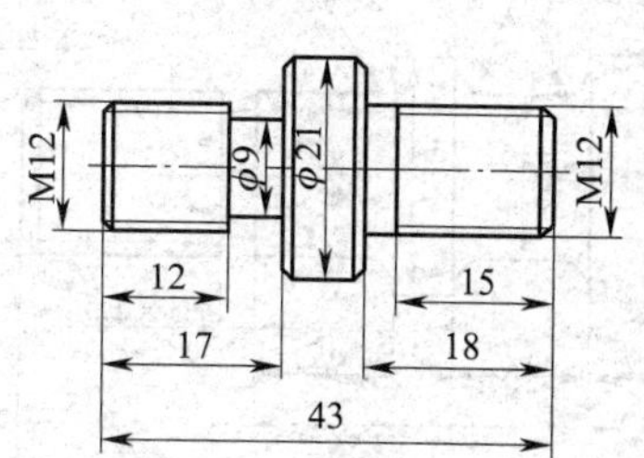

未注倒角为C1。

图号	38
毛坯	φ22棒料，45钢

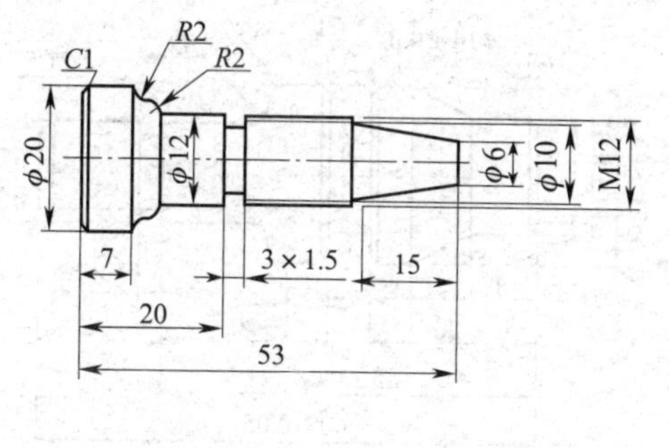

图号	39
毛坯	φ22棒料，45钢

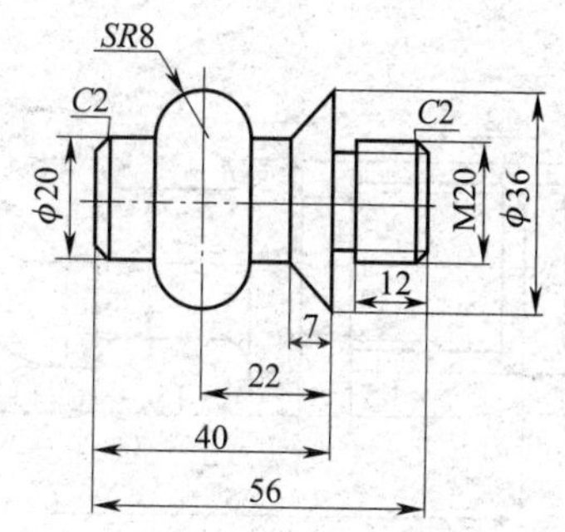

图号	40
毛坯	φ40棒料，45钢

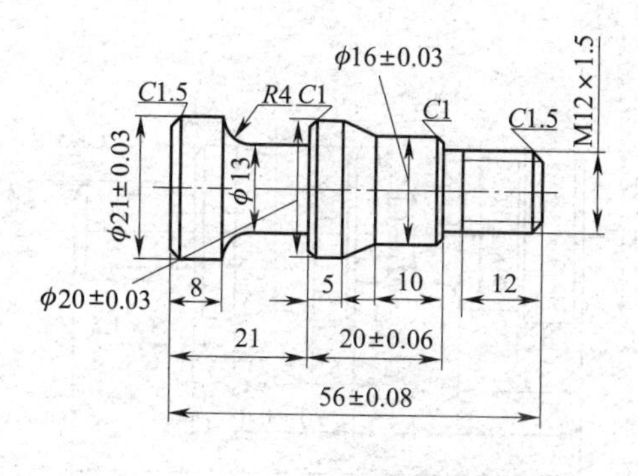

图号	41
毛坯	φ22棒料，45钢

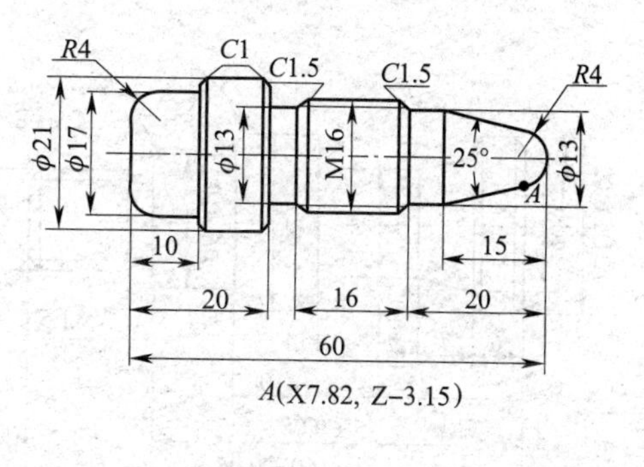

图号	42
毛坯	φ22棒料，45钢

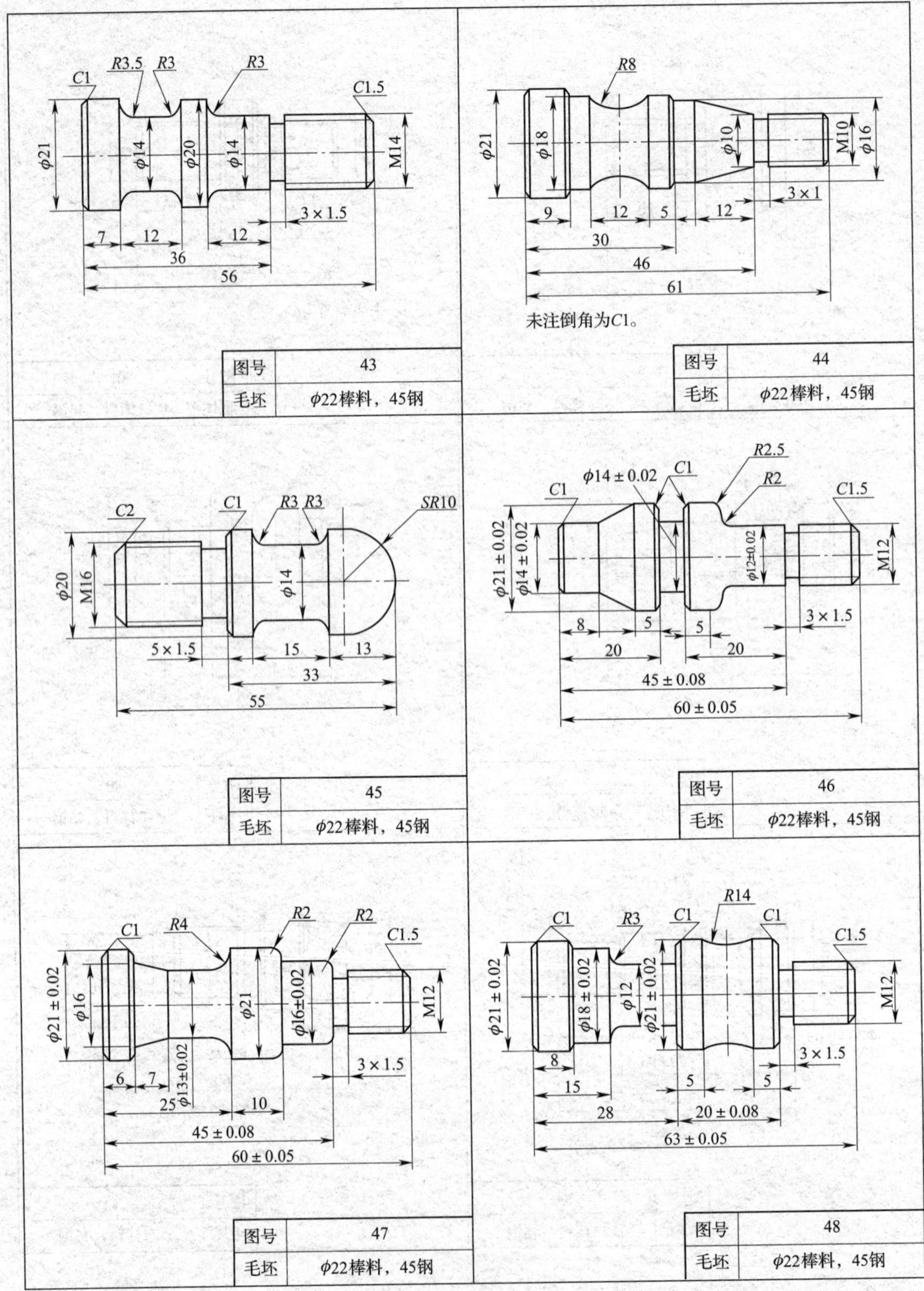

图号	43
毛坯	ϕ22棒料，45钢

图号	44
毛坯	ϕ22棒料，45钢

图号	45
毛坯	ϕ22棒料，45钢

图号	46
毛坯	ϕ22棒料，45钢

图号	47
毛坯	ϕ22棒料，45钢

图号	48
毛坯	ϕ22棒料，45钢

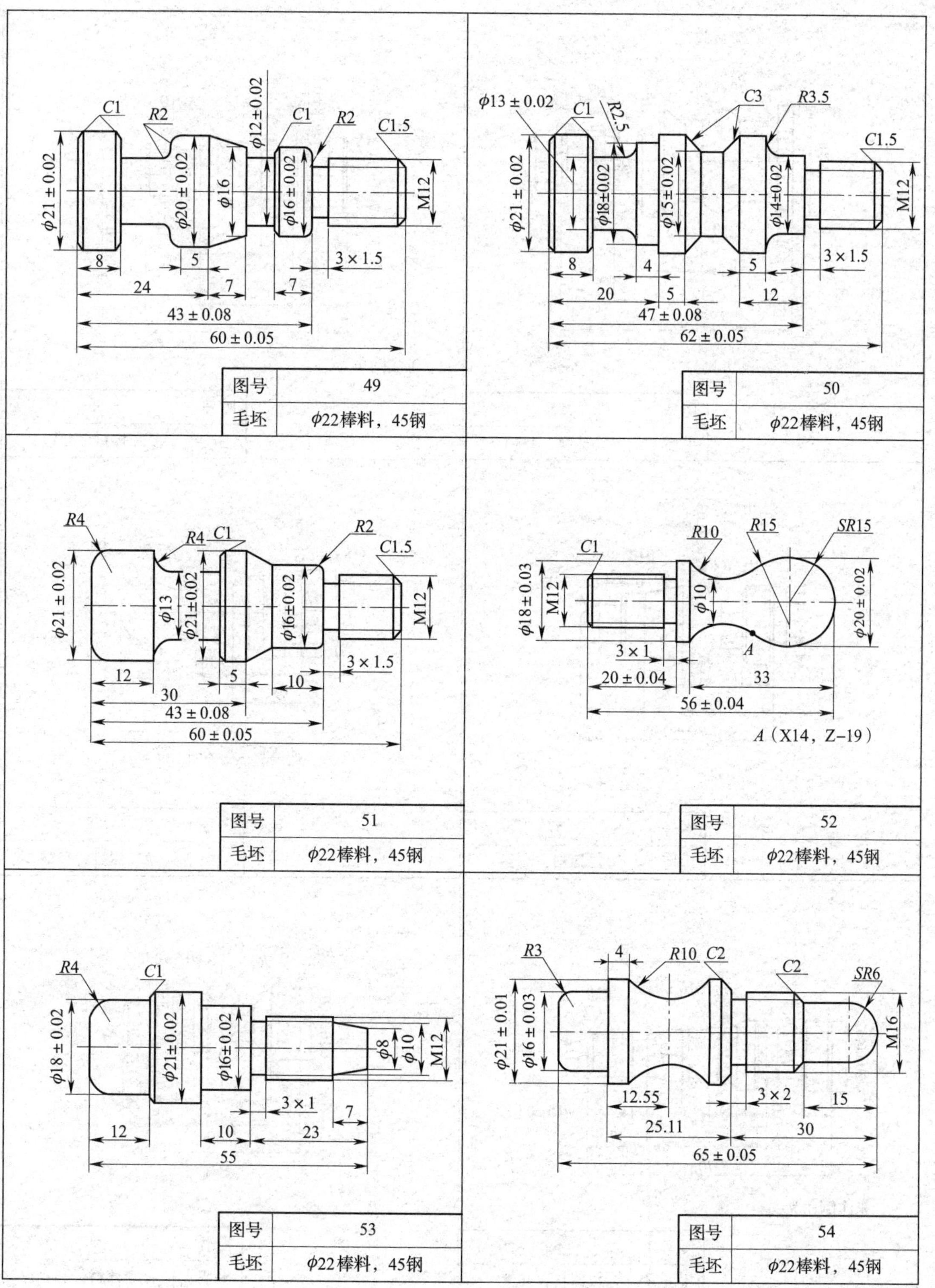
C1
R2
ϕ12 ± 0.02
C1
R2
C1.5
ϕ21 ± 0.02
ϕ20 ± 0.02
ϕ16
ϕ16 ± 0.02
M12
8
5
3 × 1.5
24
7
7
43 ± 0.08
60 ± 0.05
图号 49
毛坯 ϕ22棒料，45钢
ϕ13 ± 0.02
C1
R2.5
C3
R3.5
C1.5
ϕ21 ± 0.02
ϕ18±0.02
ϕ15±0.02
ϕ14±0.02
M12
8
4
5
3 × 1.5
20
5
12
47 ± 0.08
62 ± 0.05
图号 50
毛坯 ϕ22棒料，45钢
R4
R4
C1
R2
C1.5
ϕ21 ± 0.02
ϕ13
ϕ21±0.02
ϕ16±0.02
M12
12
5
10
3 × 1.5
30
43 ± 0.08
60 ± 0.05
图号 51
毛坯 ϕ22棒料，45钢
C1
R10
R15
SR15
ϕ18 ± 0.03
M12
ϕ10
ϕ20 ± 0.02
A
3 × 1
20 ± 0.04
33
56 ± 0.04
A（X14，Z−19）
图号 52
毛坯 ϕ22棒料，45钢
R4
C1
ϕ18 ± 0.02
ϕ21±0.02
ϕ16±0.02
ϕ8
ϕ10
M12
3 × 1
7
12
10
23
55
图号 53
毛坯 ϕ22棒料，45钢
R3
4
R10
C2
C2
SR6
ϕ21 ± 0.01
ϕ16 ± 0.03
M16
12.55
3 × 2
15
25.11
30
65 ± 0.05
图号 54
毛坯 ϕ22棒料，45钢

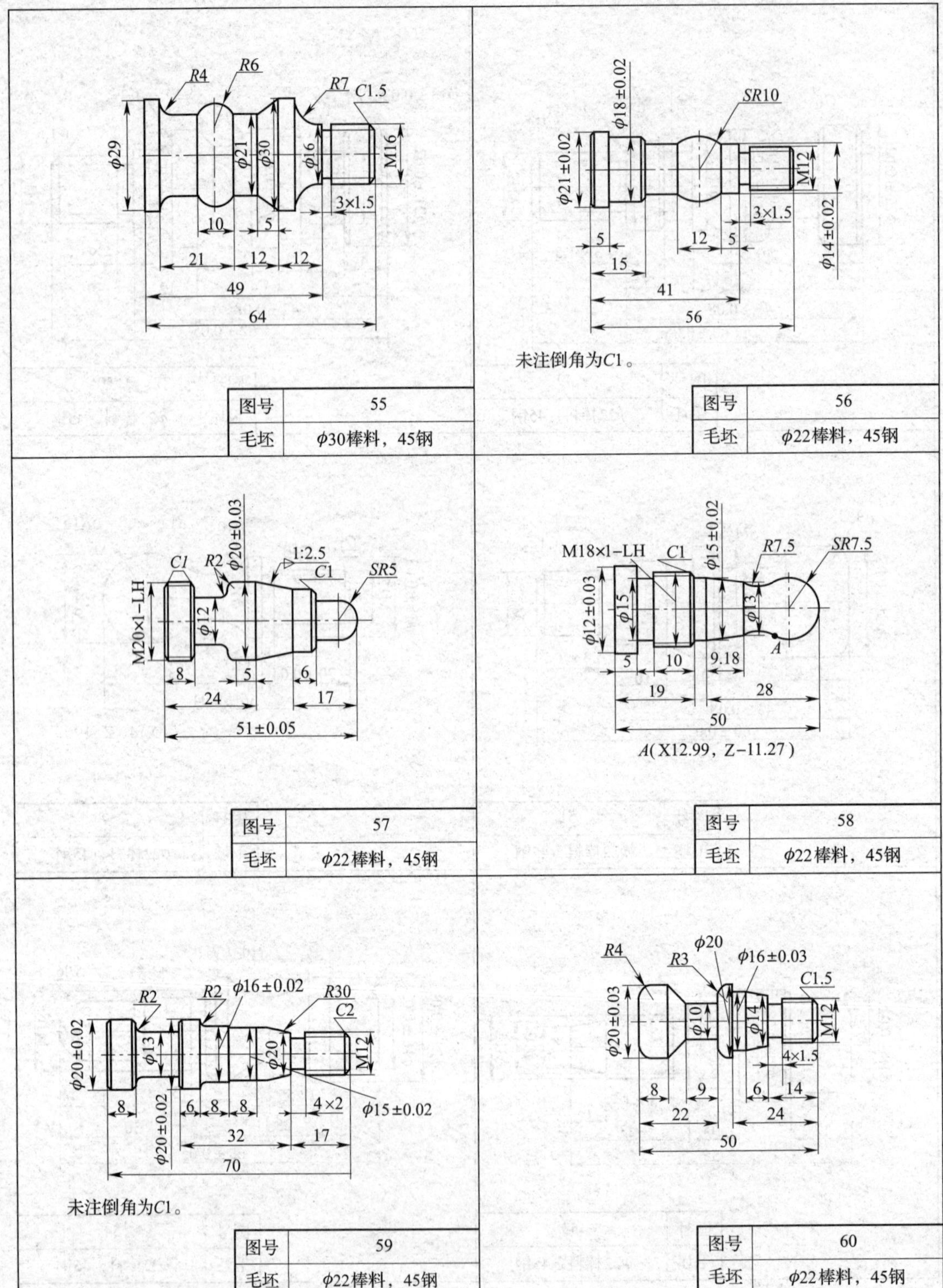
R4
R6
R7
C1.5
φ29
φ21
φ30
φ16
M16
3×1.5
10
5
21
12
12
49
64
图号
55
毛坯
φ30棒料，45钢
φ18±0.02
SR10
φ21±0.02
M12
3×1.5
φ14±0.02
5
12
5
15
41
56
未注倒角为C1。
图号
56
毛坯
φ22棒料，45钢
φ20±0.03
1:2.5
C1
R2
C1
SR5
M20×1−LH
φ12
8
5
6
24
17
51±0.05
图号
57
毛坯
φ22棒料，45钢
φ15±0.02
M18×1−LH
C1
R7.5
SR7.5
φ12±0.03
φ15
φ13
A
5
10
9.18
19
28
50
A(X12.99，Z−11.27)
图号
58
毛坯
φ22棒料，45钢
R2
R2
φ16±0.02
R30
C2
φ20±0.02
φ13
φ20
M12
8
φ20±0.02
6
8
8
4×2
φ15±0.02
32
17
70
未注倒角为C1。
图号
59
毛坯
φ22棒料，45钢
R4
φ20
R3
φ16±0.03
C1.5
φ20±0.03
φ10
φ14
M12
4×1.5
8
9
6
14
22
24
50
图号
60
毛坯
φ22棒料，45钢

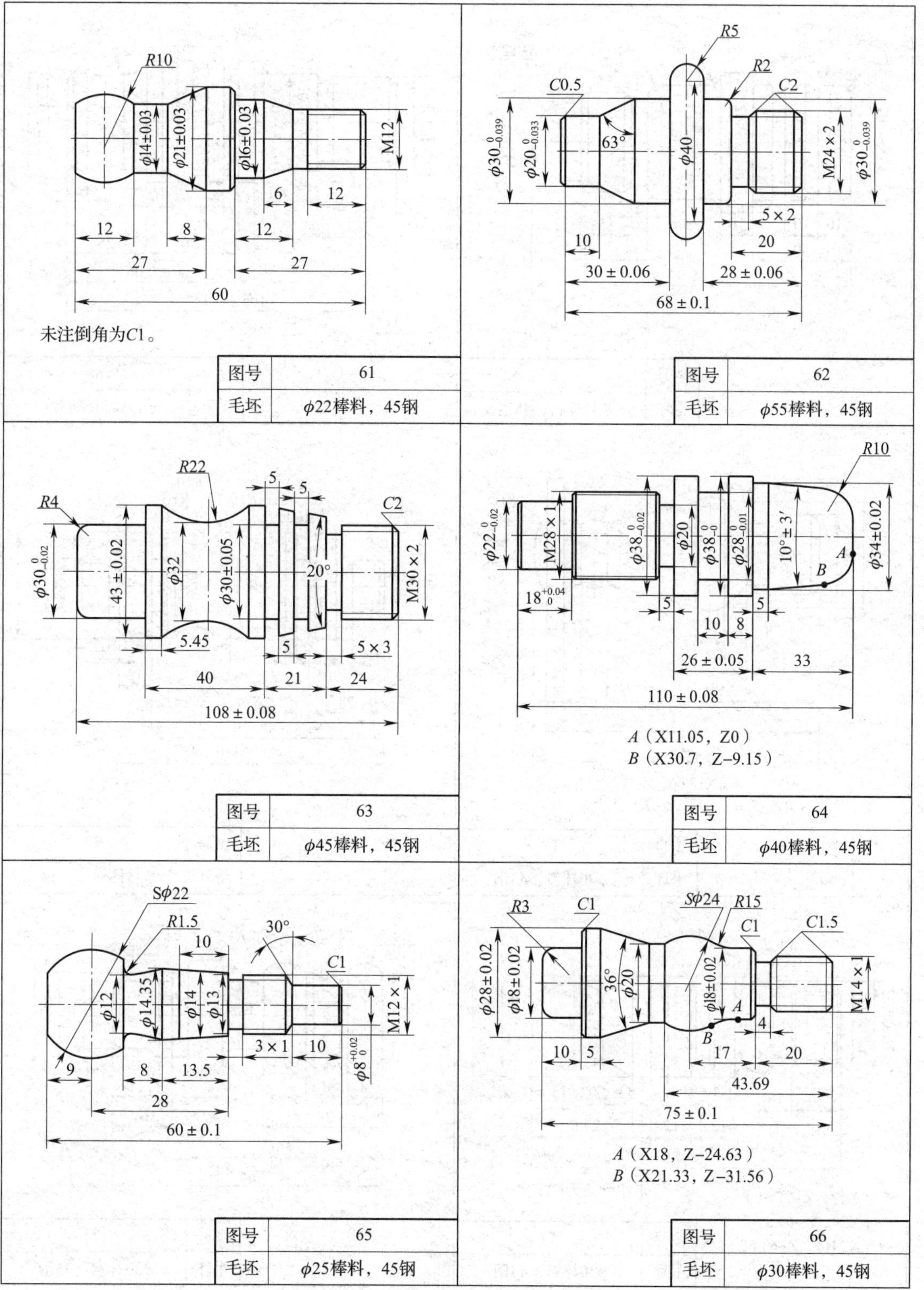
R10
φ14±0.03
φ21±0.03
φ16±0.03
M12
6
12
12
8
12
27
27
60
未注倒角为C1。
图号 61
毛坯 φ22棒料，45钢
R5
R2
C0.5
C2
63°
φ30 0 -0.039
φ20 0 -0.033
φ40
M24×2
φ30 0 -0.039
5×2
10
20
30±0.06
28±0.06
68±0.1
图号 62
毛坯 φ55棒料，45钢
R22
R4
C2
5
5
φ30 0 -0.02
43±0.02
φ32
φ30±0.05
20°
M30×2
5.45
5
5×3
40
21
24
108±0.08
图号 63
毛坯 φ45棒料，45钢
R10
φ22 0 -0.02
M28×1
φ38 0 -0.02
φ20
φ38 0 -0
φ28 0 -0.01
10°±3′
φ34±0.02
A
B
18 +0.04 0
5
5
10
8
26±0.05
33
110±0.08
A（X11.05，Z0）
B（X30.7，Z−9.15）
图号 64
毛坯 φ40棒料，45钢
Sφ22
R1.5
10
30°
C1
φ12
φ14.35
φ14
φ13
M12×1
3×1
10
φ8 +0.02 0
9
8
13.5
28
60±0.1
图号 65
毛坯 φ25棒料，45钢
R3
C1
Sφ24
R15
C1
C1.5
φ28±0.02
φ18±0.02
36°
φ20
φ18±0.02
A
B
M14×1
4
10
5
17
20
43.69
75±0.1
A（X18，Z−24.63）
B（X21.33，Z−31.56）
图号 66
毛坯 φ30棒料，45钢

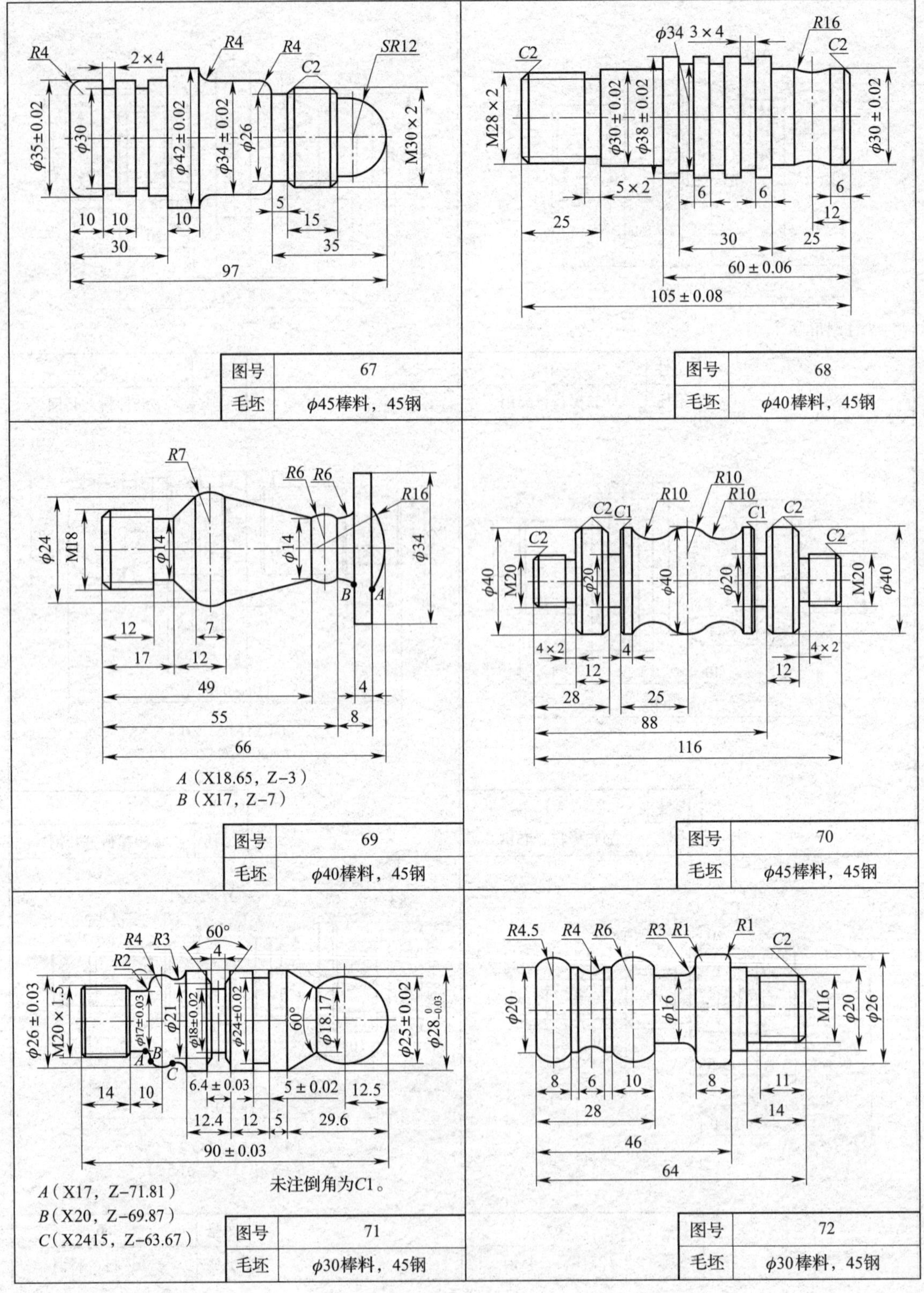

R4
2×4
R4
R4
SR12
C2
φ35±0.02
φ30
φ42±0.02
φ34±0.02
φ26
M30×2
10
10
10
5
15
30
35
97
图号 67
毛坯 φ45棒料，45钢
C2
φ34
3×4
R16
C2
M28×2
φ30±0.02
φ38±0.02
φ30±0.02
5×2
6
6
6
12
25
30
25
60±0.06
105±0.08
图号 68
毛坯 φ40棒料，45钢
R7
R6
R6
R16
φ24
M18
φ14
φ14
φ34
B
A
12
7
17
12
49
4
55
8
66
A（X18.65，Z–3）
B（X17，Z–7）
图号 69
毛坯 φ40棒料，45钢
R10
R10
C2
C1
R10
C1
C2
C2
C2
φ40
M20
φ20
φ40
φ20
M20
φ40
4×2
4
4×2
12
12
28
25
88
116
图号 70
毛坯 φ45棒料，45钢
60°
R4
R3
4
R2
φ26±0.03
M20×1.5
φ17±0.03
φ21
φ18±0.02
φ24±0.02
60°
φ18.17
φ25±0.02
$\phi28^{0}_{-0.03}$
A
B
C
14
10
6.4±0.03
5±0.02
12.5
12.4
12
5
29.6
90±0.03
未注倒角为C1。
A（X17，Z–71.81）
B（X20，Z–69.87）
C（X2415，Z–63.67）
图号 71
毛坯 φ30棒料，45钢
R4.5
R4
R6
R3
R1
R1
C2
φ20
φ16
M16
φ20
φ26
8
6
10
8
11
28
14
46
64
图号 72
毛坯 φ30棒料，45钢

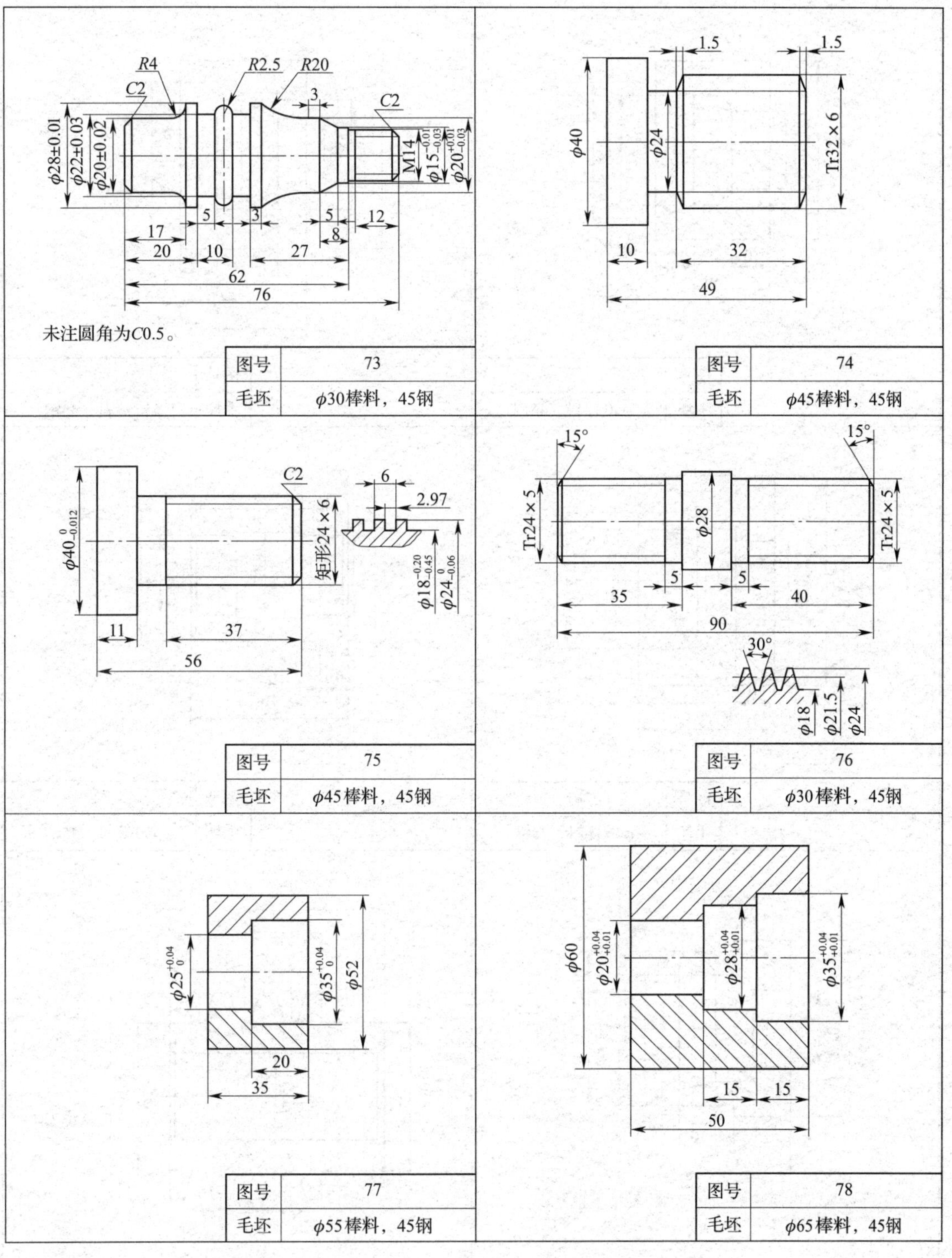
未注圆角为C0.5。
图号 73
毛坯 φ30棒料，45钢
图号 74
毛坯 φ45棒料，45钢
图号 75
毛坯 φ45棒料，45钢
图号 76
毛坯 φ30棒料，45钢
图号 77
毛坯 φ55棒料，45钢
图号 78
毛坯 φ65棒料，45钢

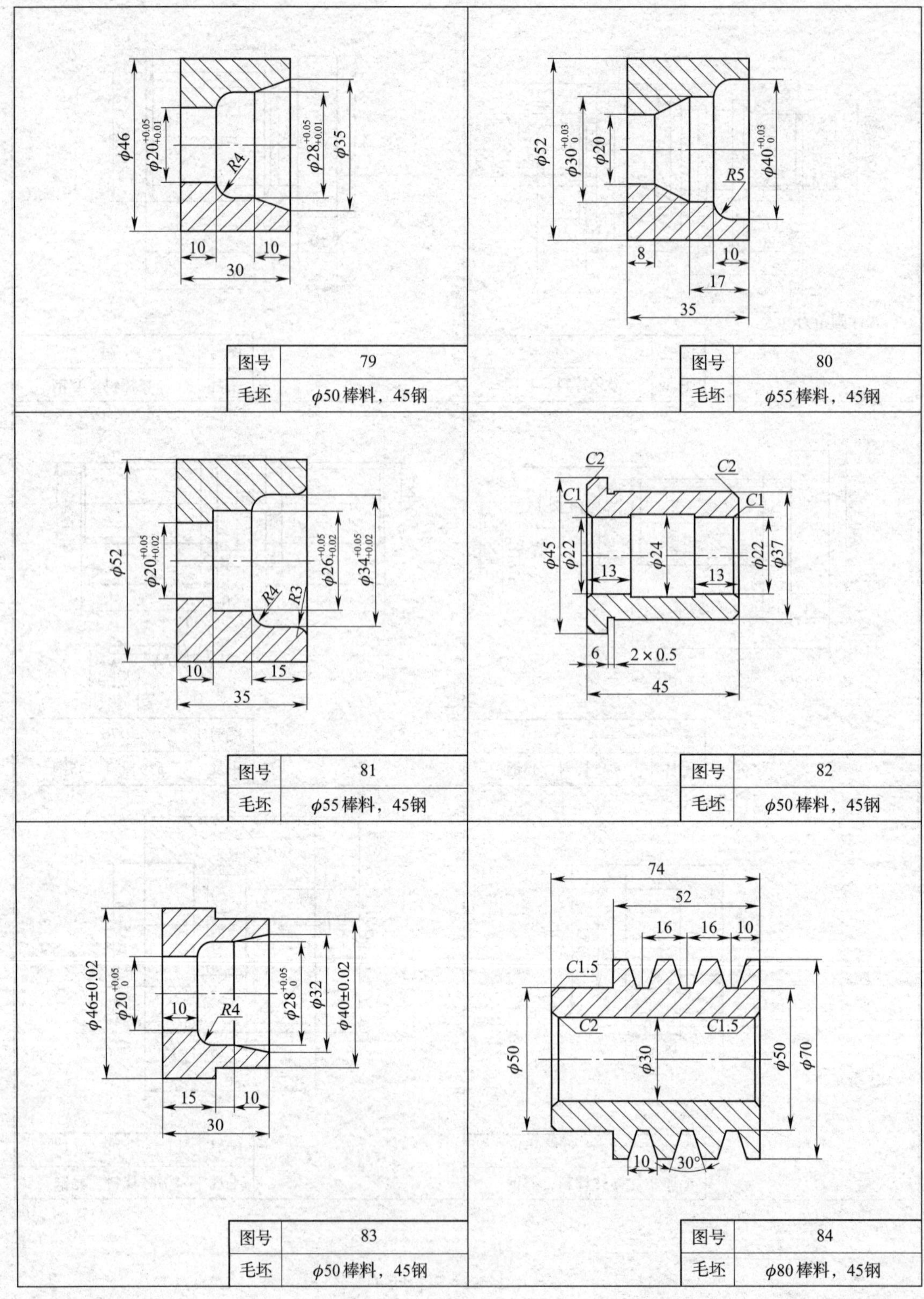
φ46
φ20+0.05 +0.01
R4
φ28+0.05 +0.01
φ35
10
10
30
图号
79
毛坯
φ50 棒料，45钢
φ52
φ30+0.03 0
φ20
φ40+0.03 0
R5
8
10
17
35
图号
80
毛坯
φ55 棒料，45钢
φ52
φ20+0.05 +0.02
φ26+0.05 +0.02
φ34+0.05 +0.02
R4
R3
10
15
35
图号
81
毛坯
φ55 棒料，45钢
C2
C2
C1
C1
φ45
φ22
φ24
φ22
φ37
13
13
6
2×0.5
45
图号
82
毛坯
φ50 棒料，45钢
φ46±0.02
φ20+0.05 0
10
R4
φ28+0.05 0
φ32
φ40±0.02
15
10
30
图号
83
毛坯
φ50 棒料，45钢
74
52
16
16
10
C1.5
C2
C1.5
φ50
φ30
φ50
φ70
10
30°
图号
84
毛坯
φ80 棒料，45钢

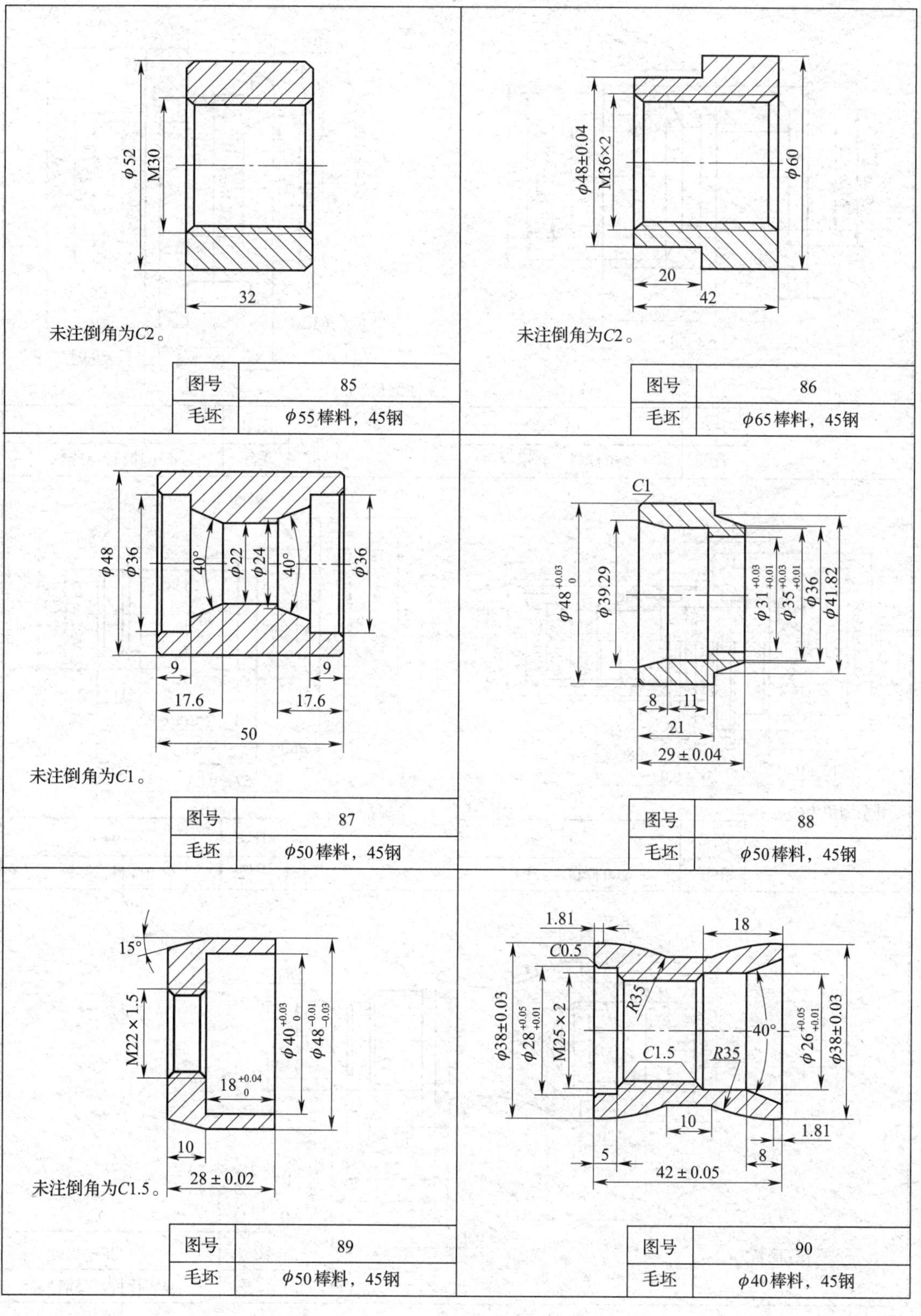

未注倒角为C2。

图号	85
毛坯	φ55棒料，45钢

未注倒角为C2。

图号	86
毛坯	φ65棒料，45钢

未注倒角为C1。

图号	87
毛坯	φ50棒料，45钢

图号	88
毛坯	φ50棒料，45钢

未注倒角为C1.5。

图号	89
毛坯	φ50棒料，45钢

图号	90
毛坯	φ40棒料，45钢

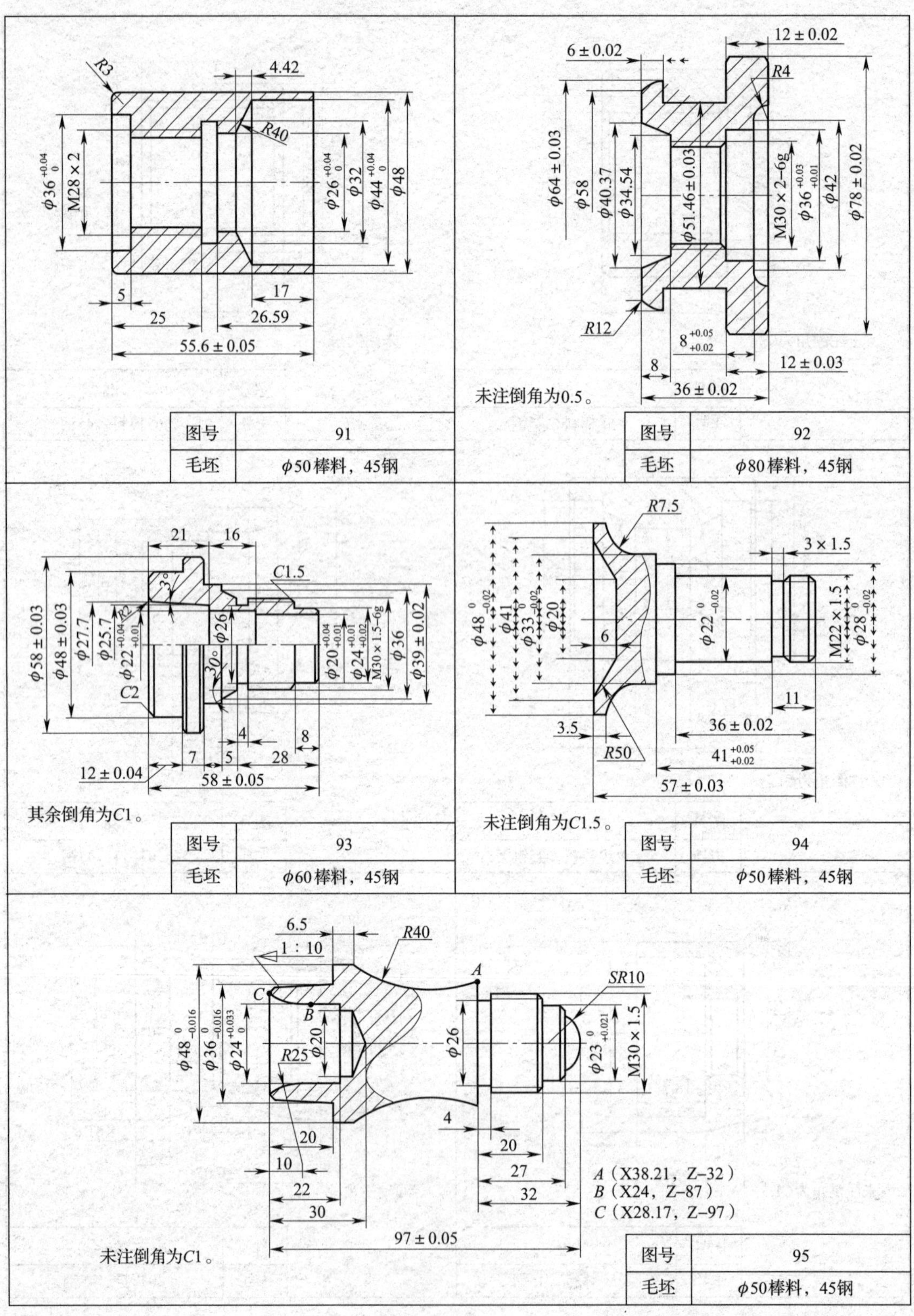
R3
4.42
R40
M28×2
5
25
17
26.59
55.6±0.05
图号 91
毛坯 ϕ50棒料，45钢
6±0.02
12±0.02
R4
ϕ64±0.03
ϕ58
ϕ40.37
ϕ34.54
ϕ51.46±0.03
M30×2–6g
ϕ42
ϕ78±0.02
R12
8
12±0.03
36±0.02
未注倒角为0.5。
图号 92
毛坯 ϕ80棒料，45钢
21
16
C1.5
ϕ58±0.03
ϕ48±0.03
ϕ27.7
ϕ25.7
R2
ϕ26
M30×1.5–6g
ϕ36
ϕ39±0.02
C2
30°
4
8
7
5
28
12±0.04
58±0.05
其余倒角为C1。
图号 93
毛坯 ϕ60棒料，45钢
R7.5
3×1.5
6
M22×1.5
11
36±0.02
3.5
R50
57±0.03
未注倒角为C1.5。
图号 94
毛坯 ϕ50棒料，45钢
6.5
1∶10
R40
A
SR10
C
B
R25
ϕ20
ϕ26
M30×1.5
4
20
10
22
30
27
32
97±0.05
A（X38.21，Z–32）
B（X24，Z–87）
C（X28.17，Z–97）
未注倒角为C1。
图号 95
毛坯 ϕ50棒料，45钢

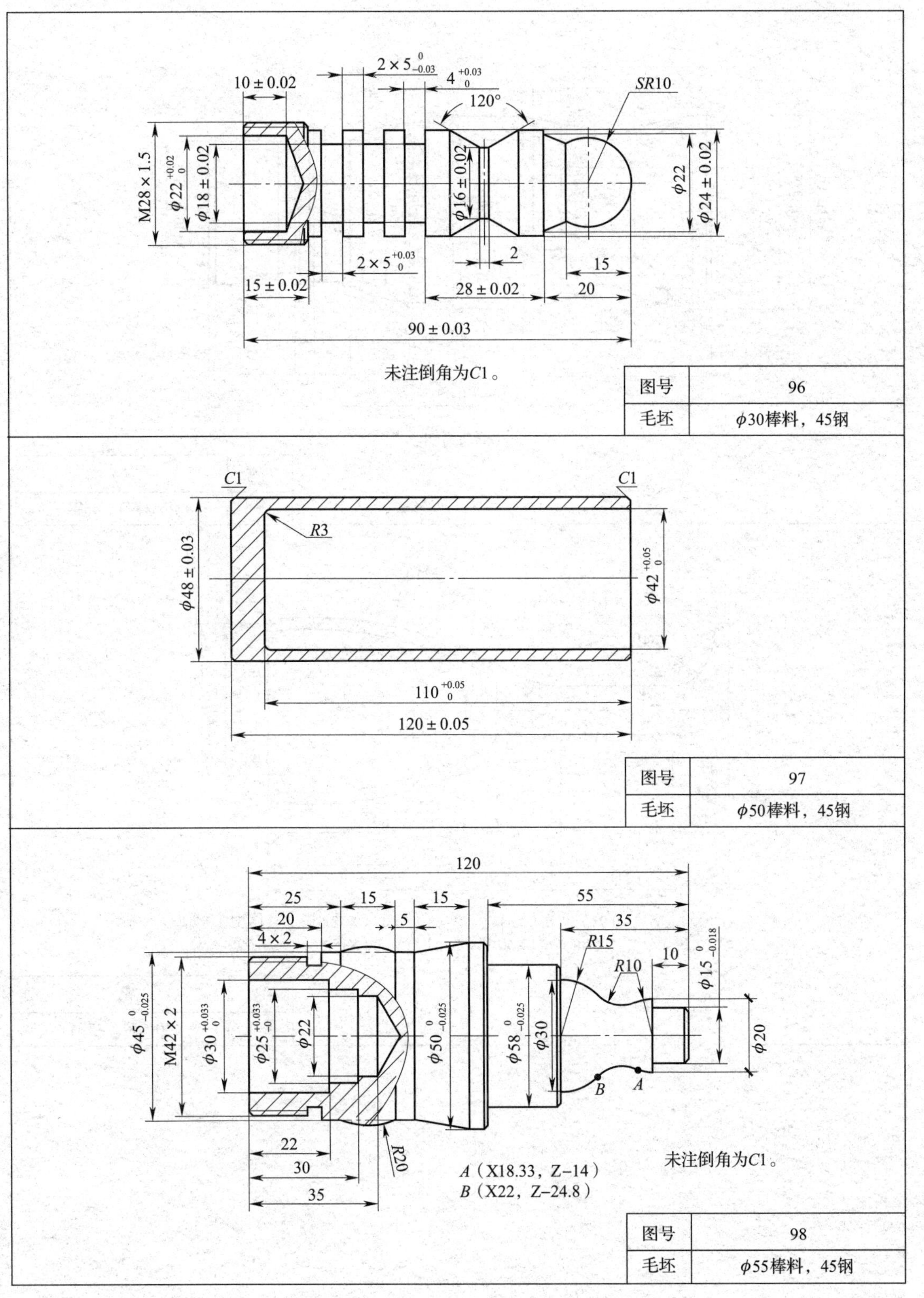
10 ± 0.02
2 × 5 $^{0}_{-0.03}$
4 $^{+0.03}_{0}$
120°
SR10
M28 × 1.5
ϕ22 $^{+0.02}_{0}$
ϕ18 ± 0.02
ϕ16 ± 0.02
ϕ22
ϕ24 ± 0.02
2 × 5 $^{+0.03}_{0}$
2
15
15 ± 0.02
28 ± 0.02
20
90 ± 0.03
未注倒角为C1。
图号
96
毛坯
ϕ30棒料，45钢
C1
C1
R3
ϕ48 ± 0.03
ϕ42 $^{+0.05}_{0}$
110 $^{+0.05}_{0}$
120 ± 0.05
图号
97
毛坯
ϕ50棒料，45钢
120
25
15
15
55
20
5
35
4 × 2
R15
10
R10
ϕ15 $^{0}_{-0.018}$
ϕ45 $^{0}_{-0.025}$
M42 × 2
ϕ30 $^{+0.033}_{0}$
ϕ25 $^{+0.033}_{-0}$
ϕ22
ϕ50 $^{0}_{-0.025}$
ϕ58 $^{0}_{-0.025}$
ϕ30
ϕ20
B
A
22
30
35
R20
A（X18.33，Z−14）
B（X22，Z−24.8）
未注倒角为C1。
图号
98
毛坯
ϕ55棒料，45钢

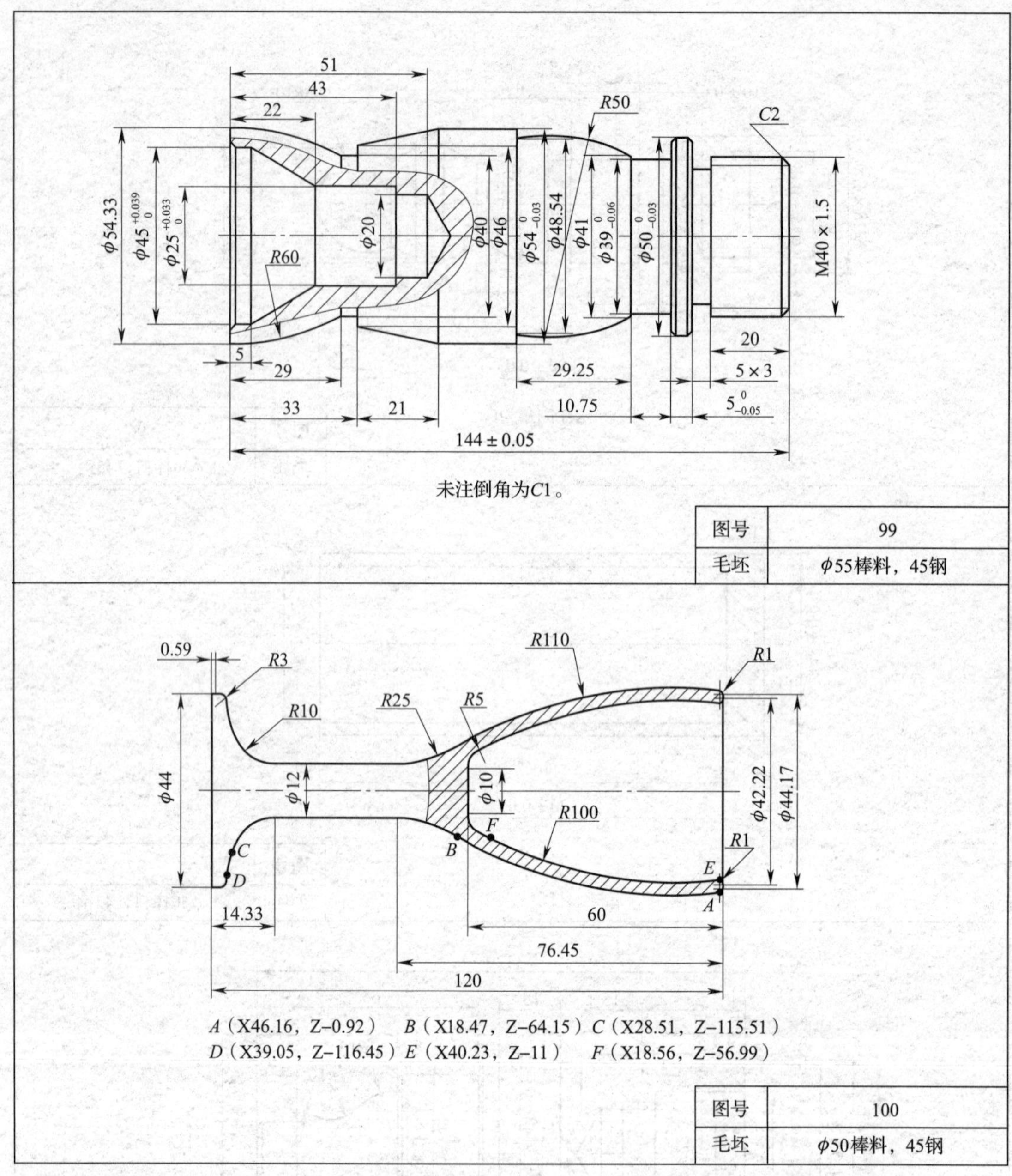
51
43
22
R50
C2
φ54.33
φ45 +0.039 0
φ25 +0.033 0
φ20
R60
φ40
φ46
φ54 0 −0.03
φ48.54
φ41
φ39 0 −0.06
φ50 0 −0.03
M40×1.5
20
5
29
29.25
5×3
33
21
10.75
5 0 −0.05
144±0.05
未注倒角为C1。
图号 99
毛坯 φ55棒料，45钢
0.59
R3
R10
R25
R5
R110
R1
φ44
φ12
φ10
F
B
C
D
R100
R1
E
A
φ42.22
φ44.17
14.33
60
76.45
120
A（X46.16，Z−0.92） B（X18.47，Z−64.15） C（X28.51，Z−115.51）
D（X39.05，Z−116.45） E（X40.23，Z−11） F（X18.56，Z−56.99）
图号 100
毛坯 φ50棒料，45钢